高等职业院校教学改革创新教材·计算机系列教材

办公自动化高级应用案例教程
（微课版）（第2版）

宋玲玲　主　编

张秀玲　朱玉业　副主编

电子工业出版社
Publishing House of Electronics Industry
北京·BEIJING

内 容 简 介

本书以 Office 2021 为平台，精选典型实用案例，以任务驱动的方式，对 Office 高级应用所需的知识与技能进行详细深入讲解。全书共分为四个部分：Word 高级应用、Excel 高级应用、PowerPoint 高级应用和 Visio 应用，由 9 个实际工作任务、20 个拓展实训任务和 9 个综合实践任务组成。

本书采用三层递进的方式编写，立足应用，充分考虑办公人员的认知特点，更加符合学生的认知和能力形成规律。本书配有电子课件、任务素材、课程标准等教学资源，便于教学和读者自学。

本书既适用于本科及高职高专相关专业学生，同时也适用于因岗位需要而希望提高办公应用操作水平的各领域办公人员。

未经许可，不得以任何方式复制或抄袭本书之部分或全部内容。
版权所有，侵权必究。

图书在版编目（CIP）数据

办公自动化高级应用案例教程 ：微课版 / 宋玲玲主编. -- 2 版. -- 北京 ：电子工业出版社，2024. 10.
ISBN 978-7-121-49027-9

Ⅰ．TP317.1

中国国家版本馆 CIP 数据核字第 2024N1S014 号

责任编辑：邱瑞瑾
印　　刷：三河市华成印务有限公司
装　　订：三河市华成印务有限公司
出版发行：电子工业出版社
　　　　　北京市海淀区万寿路 173 信箱　邮编　100036
开　　本：787×1 092　1/16　印张：17.75　字数：477 千字
版　　次：2019 年 6 月第 1 版
　　　　　2024 年 10 月第 2 版
印　　次：2024 年 10 月第 1 次印刷
定　　价：58.00 元

凡所购买电子工业出版社图书有缺损问题，请向购买书店调换。若书店售缺，请与本社发行部联系，联系及邮购电话：(010) 88254888，88258888。
质量投诉请发邮件至 zlts@phei.com.cn，盗版侵权举报请发邮件至 dbqq@phei.com.cn。
本书咨询联系方式：(010) 88254580，zuoya@phei.com.cn。

前　　言

《办公自动化应用案例教程》（1~3 版）和《办公自动化高级应用案例教程》是办公自动化课程的系列教材。系列教材自 2011 年出版以来，以其全新的教学理念、鲜明的职业教育特色、独特的体系编写结构、与企业办公事务无缝对接的教学内容，得到了广大院校师生的欢迎和认可，累计销售十余万册。本教材从体系结构设计、教学内容选取、实训模式与技能提高等方面体现了职业教育的教学特色，主要体现在以下几方面。

1. 符合学生认知和发展的体系结构设计。采用"基础—拓展—应用"的编写体例。基础部分介绍知识性和原理性内容，通过典型案例达到直观且便于理解的目的；拓展部分增加新的知识元素，使学生进一步掌握相关知识和技能，保证学习的深度和广度；应用部分通过一个较为完整且典型的案例，让学生综合运用所学知识和技能，达到学以致用的目的。

2. 贴近企业实际，融通岗位需求的内容选取。以办公岗位需求为出发点，筛选和精练岗位技能及所需理论知识，选取具有典型代表性的实际任务，通过适当裁剪和融合作为知识和技能的载体，保证教材内容最大限度地满足实际工作岗位需求。在内容设计上具有以下特点。

- 突出重点。以办公事务为主线，选取技术技能必备知识点、操作流程及方法，注重知识粒度的适度性和方法的简练性，避免传统大而全、缺乏重点的内容组织方式。
- 任务驱动。按照"基础—拓展—应用"三个层次，任务逐层递进，能力螺旋提升，利于学生学习效果的积累和持续，且利于分层教学和弹性教学。基础部分强调基本技能的训练和积累；拓展部分促进学生进一步探讨，拓展知识运用的能力；应用部分锻炼学生知识选择、组合和运用的能力，提高解决实际问题的能力。
- 真实案例。教材案例源于实际工作，是真实项目案例的剪裁，具有广泛的代表性，承载着必要的知识，蕴含新方法、新流程和时代气息，同时具有简易、灵活的特点，便于组织教与学。语言表述言简意赅、深入浅出，操作流程和步骤清晰准确。
- 思政元素。全章节根据内容融入思政元素，让学生在潜移默化中提升综合素质。思政元素分两部分，一是蕴含式思政教育，将爱国敬业、职业操守和道德品质等融入知识传授和能力培养；二是通过课后导读思政案例，并结合每部分专业内容开展爱国敬业教育，宣传社会主义核心价值观。

党的二十大报告强调，"要实施科教兴国战略，强化现代化建设人才支撑""教育、科技、人才是全面建设社会主义现代化国家的基础性、战略性的支撑"。以企业岗位需求为导向的人才培养模式是当前推动现代职业教育发展的基本要求。为了使本教材紧跟职业教育发展，更好地反映本课程教学内容的行业性、实用性和先进性，在保留原教材主体内容与特色的基础上，对内容进行了优化、调整和补充，主要做了以下几方面的修订工作。

1. 将 Office 2013 版本升级为 Office 2021 版本。
2. 删除原任务 9 中 9.8、9.9、9.10 小节内容。
3. 删除原任务 4 拓展实训 1 多人协作编辑商业计划书和实训 2 云端在线文档协同处理，更新为实训 1 基于云存储的多人实时在线编辑和实训 2 运用 Python 实现自动化办公。
4. 添加了部分 Office 新功能和应用技巧。
5. 以电子活页的形式为每个任务构建了综合应用实训题库。

6．将思政元素融入教学内容。

本书由滨州职业学院宋玲玲任主编，张秀玲和朱玉业任副主编。

为了方便教师教学，本书配有电子教学课件及素材，请登录华信教育资源网（http://www.hxedu.com.cn）注册后免费下载，如有问题可在网站留言板留言或与电子工业出版社联系。

由于水平有限，书中难免存在不足之处，期待广大读者提出宝贵意见和建议，以便进一步修订，使之不断完善。编者邮箱：songlingling@bzpt.edu.cn。

编　者

目 录

任务 1　机关标准公文与模板制作 ··· 1
　1.1　任务情境 ·· 1
　1.2　任务分析 ·· 2
　1.3　任务实施 ·· 2
　　　1.3.1　公文格式基本要求 ·· 2
　　　1.3.2　公文组成 ··· 3
　　　1.3.3　相关参数计算与页面设置 ··· 4
　　　1.3.4　编制公文版头 ··· 6
　　　1.3.5　公文主体 ··· 9
　　　1.3.6　版记编排 ·· 11
　　　1.3.7　公文模板制作 ··· 15
　1.4　拓展实训 ·· 18
　　　实训 1：制作多部门联合发文公文 ··· 18
　　　实训 2：制作信函格式公文 ·· 22
　1.5　综合实践 ·· 24

任务 2　基于窗体控件的规范表格制作 ·· 25
　2.1　任务情境 ·· 25
　2.2　任务分析 ·· 25
　2.3　任务实施 ·· 27
　　　2.3.1　编制"职工个人信息表" ·· 27
　　　2.3.2　创建表格窗体 ··· 27
　　　2.3.3　设置窗体保护 ··· 37
　2.4　拓展实训 ·· 38
　　　实训 1：使用重复分区内容控件制作简历 ·· 38
　　　实训 2：套打及批量生成请柬 ··· 41
　　　实训 3：制作企业问卷调查表 ··· 45
　2.5　综合实践 ·· 49

任务 3　毕业论文编排 ·· 50
　3.1　任务情境 ·· 50
　3.2　任务分析 ·· 51
　　　3.2.1　毕业论文排版要求 ·· 51
　　　3.2.2　长文档排版基本流程 ·· 52
　3.3　任务实施 ·· 53
　　　3.3.1　版面布局与内容划分 ·· 53
　　　3.3.2　使用样式快速编排标题与正文 ·· 56
　　　3.3.3　论文正文的输入 ·· 64
　　　3.3.4　题注与交叉引用 ·· 69

V

　　　　3.3.5　参考文献及引用 75
　　　　3.3.6　提取和生成目录 78
　　　　3.3.7　页眉页脚设置 80
　3.4　拓展实训 84
　　　实训1：为书籍创建关键词索引 84
　　　实训2：为文档设置引文目录与书签 87
　3.5　综合实践 90

任务4　多部门协同处理公司总结报告文档 91
　4.1　任务情境 91
　4.2　任务分析 92
　4.3　任务实施 94
　　　　4.3.1　创建主控文档并生成子文档 94
　　　　4.3.2　批注 96
　　　　4.3.3　修订 100
　　　　4.3.4　合并与比较文档 103
　　　　4.3.5　接受或拒绝修订 104
　　　　4.3.6　转为普通文档 105
　　　　4.3.7　标记文档的最终状态 106
　4.4　拓展实训 106
　　　实训1：基于云存储的多人实时在线编辑 106
　　　实训2：运用Python实现办公自动化 110
　4.5　综合实践 112

任务5　数据可视化分析 113
　5.1　任务情境 113
　5.2　任务分析 114
　5.3　任务实施 114
　　　　5.3.1　生产交付统计分析 114
　　　　5.3.2　产品生产情况对比分析 122
　　　　5.3.3　交付情况分析 124
　5.4　拓展实训 126
　　　实训1：结构化数据操作 126
　　　实训2：应用数据透视表分析数据 127
　　　实训3：可视化分析销售数据 128
　5.5　综合实践 129

任务6　优化与决策分析 130
　6.1　任务情境 130
　6.2　任务分析 130
　6.3　任务实施 131
　　　　6.3.1　建立优化模型 131
　　　　6.3.2　线性规划 132

		6.3.3 非线性规划	138
		6.3.4 非平滑规划	143
	6.4	拓展实训	146
		实训1：为汽车零部件制造公司求解最优生产计划	146
		实训2：为便民超市寻找最佳地址1	147
		实训3：为便民超市寻找最佳地址2	148
	6.5	综合实践	148

任务7 汽车公司产品与企业宣传（上） ... 149

7.1	任务情境	149
7.2	任务分析	150
7.3	任务实施	151
	7.3.1 演示文稿制作一般步骤	151
	7.3.2 内容视觉化	151
	7.3.3 文字表达与呈现	155
	7.3.4 文字创意与特效	156
	7.3.5 图片处理与美化	164
	7.3.6 炫幻文本框	172
	7.3.7 形状的布尔运算	175
	7.3.8 创意图表	181
7.4	拓展实训	183
	实训1：文档的PPT处理	183
	实训2：青春毕业相册设计（上）	187
	实训3：扁平化设计及案例	193
7.5	综合实践	198

任务8 汽车公司产品与企业宣传（下） ... 199

8.1	PPT中的动画	200
	8.1.1 解密动画	200
	8.1.2 时间轴动画	203
	8.1.3 跑马灯动画	207
	8.1.4 文本框动画（含逐帧动画）	210
	8.1.5 遮罩动画	213
	8.1.6 触发器动画	215
	8.1.7 补位动画	217
	8.1.8 组合动画	220
	8.1.9 页面切换动画	222
8.2	PPT中的音频与视频	224
	8.2.1 音频编辑	224
	8.2.2 视频编辑	225
8.3	拓展实训	227
	实训1：老唱片音乐播放页面	227

    实训 2：青春毕业相册设计（下） 229
  8.4 综合实践 230

任务 9 Visio 图形设计 231
  9.1 任务情境 231
  9.2 任务分析 231
    9.2.1 图表类型 232
    9.2.2 项目图表分析与效果 235
  9.3 Visio 绘图基础 237
    9.3.1 操作环境 237
    9.3.2 概念与术语 240
  9.4 绘制组织结构图 240
    9.4.1 创建绘图文档 241
    9.4.2 设置文档页面 243
    9.4.3 管理绘图页 245
    9.4.4 为组织结构图添加形状 248
    9.4.5 编辑文本 254
    9.4.6 数据应用 256
  9.5 绘制施工任务思维导图（灵感触发图） 260
    9.5.1 添加任务标题 260
    9.5.2 排列与布局 263
    9.5.3 设置图例 265
    9.5.4 导出施工任务 265
  9.6 绘制施工进度横道图（甘特图） 266
    9.6.1 设置甘特图选项 266
    9.6.2 管理甘特图任务 267
    9.6.3 导入导出数据 268
  9.7 绘制工程管理跨职能流程图（泳道图） 269
    9.7.1 创建流程图框架 270
    9.7.2 形状与文本设置 271
    9.7.3 样式设置 271
    9.7.4 添加注释与超链接 272
  9.8 综合实践 273

参考文献 274

任务 1　机关标准公文与模板制作

公文是国家行政机关、企事业单位、各种团体组织在行政管理过程中，用以表达意志、发布号令、传递和交流重要信息的最主要载体和工具，是一种具有特定效力和规范格式的公务文书。在我国，公文的格式、种类、行文规则、办理等都是全国统一的。国家针对公文制定了专门的国家标准——GB/T 9704—2012《党政机关公文格式》（以下简称 GB 标准），国家各级行政机关、企事业单位在印发公文时必须按照此标准执行。

公文体式的规范化和格式的标准化是公文程序化、规范化直观的体现，对于保证公文的合法性、有效性、权威性和外观形式的美感具有重要作用。本任务主要介绍如何编辑符合 GB 标准的行政公文及生成模板；如何制作多部门联合发文公文；如何制作信函格式、命令格式、纪要格式等具有特定格式的公文。本任务的设置目的在于通过相关知识技能的学习与实践，使得行政办公人员了解一般公文的组成、通用格式要求，以及制作方法和规范，以达到在日常行政管理中能够快捷、高效、规范地编辑各类公文的目标。

本任务制作的机关标准公文效果图如图 1-1 所示。

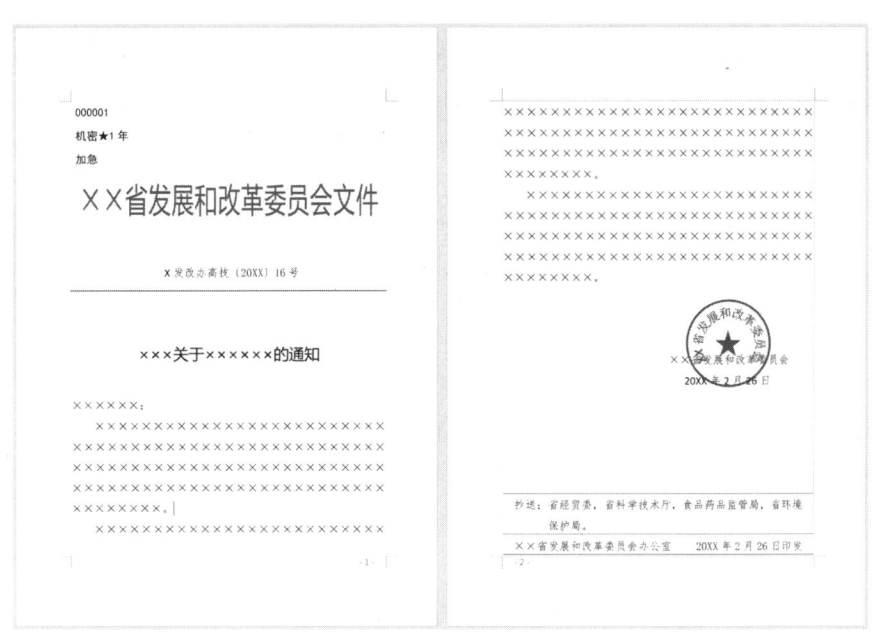

图 1-1　机关标准公文效果图

1.1　任务情境

××省发展和改革委员会办公室姜主任根据办公会议安排，拟下发《关于印发促进生物质能供热发展指导意见的通知》的会议纪要交给办公室刚入职的小沈，要求她起草通知，并报各相关领导审批后下发至地市发展和改革委员会并抄送至有关部门。

1.2 任务分析

由任务情境可知，小沈的工作任务主要有两个步骤，即起草通知和审批下发通知。其中，审批下发是流程性工作，在入职时已有培训。剩下的问题就是如何起草"通知"。经过向老职员咨询，小沈了解到，行政机关公文有国家标准，必须按标准执行。首先，需要学习公文国家标准，以便了解公文的标准要求；其次，需要掌握公文的标准格式及编排规则；接着，用 Word 编辑器实现这些公文格式；最后，创建公文通用模板方便将来行文工作。

知识目标

- 了解公文处理的基本知识；
- 了解公文的写作格式及要求；
- 熟悉公文的基本要素和格式要求；
- 掌握使用 Word 编排标准格式公文的方法和技巧。

能力目标

- 能够根据 GB 标准制作各类文种公文；
- 能够创建各类公文的通用模板。

公文是党政机关和企事业单位依法行政的重要载体，其规范化和程序化对各级单位"提高行政效率和公信力"至关重要。公文的历史源远流长，古今中外的公文，都有比较明确、细致的格式规范。这种格式的规范化是公文的本质要求，也反映了公文的内在规律和客观需要，更是公文生命力的关键所在。通过本任务的学习，使学习者认识到行政类办公公文的严肃性和重要性，从而在日常工作中培养起规范、细致的职业素养，以及严格保守公司秘密、坚决维护公司权益的职业精神和责任感。

1.3 任务实施

1.3.1 公文格式基本要求

GB 标准规定的党政机关公文格式基本要求如表 1-1 所示。A4 型公文用纸的页边与版心尺寸要求如图 1-2 所示。

表 1-1 公文格式基本要求

公 文 格 式	基 本 要 求
公文用纸	一般使用纸张定量为 60g/m² ~ 80g/m² 的胶版印刷纸或复印纸，纸张白度为 80%~90%，横向耐折度≥15 次，不透明度≥85%，pH 值为 7.5~9.5
纸张大小	A4 型纸：210mm×297mm
版面	页边与版心尺寸：公文用纸天头（上白边）为 37mm±1mm，订口（左白边）为 28mm±1mm，版心尺寸为 156mm×225mm，如图 1-2 所示

续表

公文格式	基本要求
字体和字号	如无特殊说明，公文各要素一般用三号仿宋字体，特定情况可适当调整
行数和字数	一般每面排22行，每行排28个字，并撑满版心，特定情况可适当调整
印刷	双面印刷
装订	左侧装订

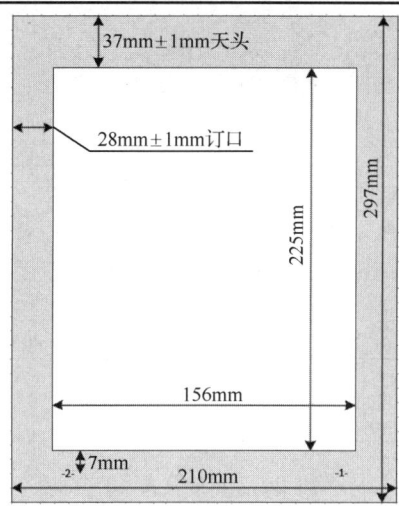

图1-2　A4型公文用纸的页边与版心尺寸要求

1.3.2　公文组成

公文由"版头""主体""版记"三部分组成，如图1-3至图1-5所示。

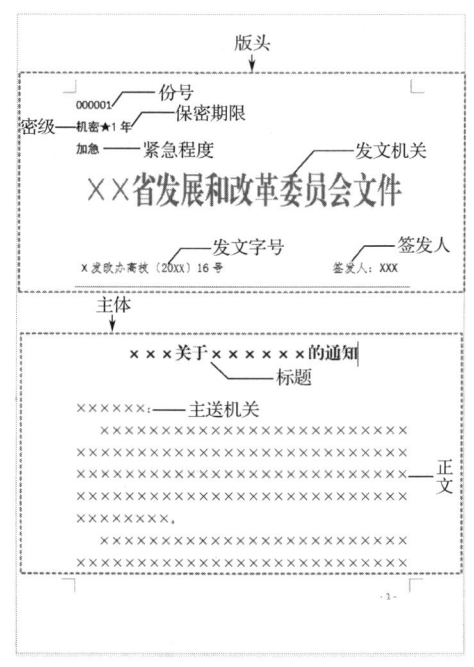

图1-3　公文组成（1）

图1-4　公文组成（2）

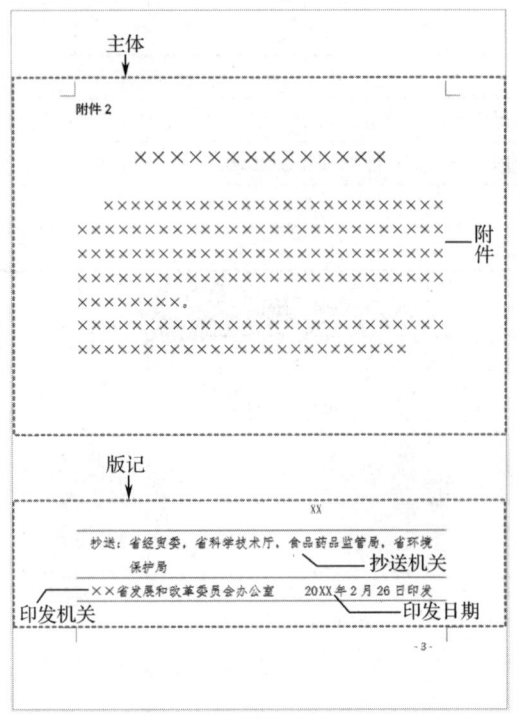

图 1-5 公文组成（3）

1.3.3 相关参数计算与页面设置

首先进行页面设置，根据 GB 标准确定上、下、左、右页边距的值，页眉、页脚的位置，以及每页行数和每行字符数等。

1．GB 标准公文的版面要求

（1）页边距。见表 1-1 和图 1-2 所示。

"右边距"和"下边距"的计算方法如下。

① 右边距=公文总宽度 210mm-版心宽度 156mm-左边距 28mm，由此计算出右边距应为 26mm。

② 下边距=公文总高度 297mm-版心高度 225mm-上边距 37mm，由此计算出下边距应为 35mm。

（2）行数和字数。每页 22 行，每行 28 个字符。

（3）字体字号。三号仿宋体字。

（4）页脚距边界的值。GB 标准中规定，页码一般用四号半角宋体阿拉伯数字，编排在公文版心下边缘之下，数字左右各放一条"一字线"，一字线上距版心下边缘 7mm，如图 1-2 所示。根据计算，页脚距边界的距离设置为 25.53mm 时，最符合 GB 标准的要求（因计算比较复杂，只要记住这个值即可）。

（5）页眉和页脚设置为"奇偶页不同"。

2．页面设置

新建一个文件名为"发改办高技 16 号.docx"的空白文档，根据 GB 标准和前面的计算，进行如图 1-6 至图 1-9 所示的页面设置。

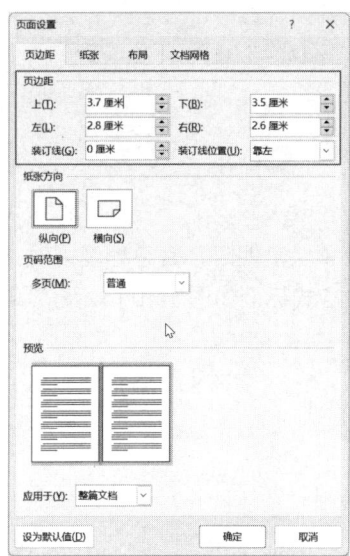
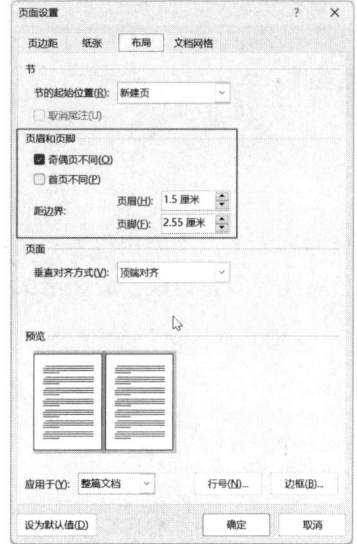
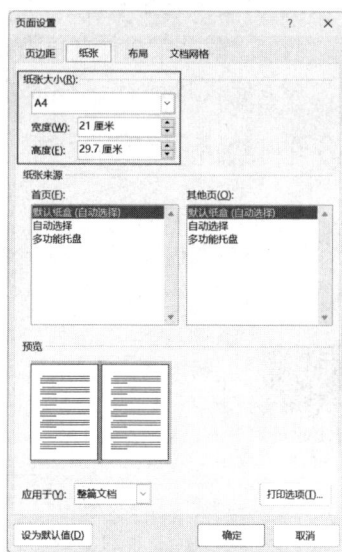

图 1-6　页边距设置　　　　图 1-7　布局设置　　　　图 1-8　纸张大小设置

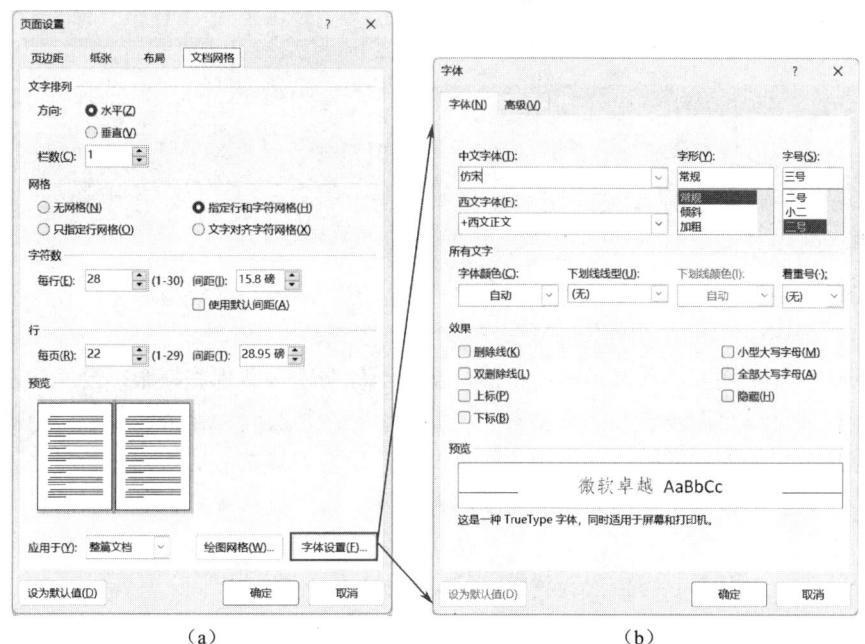

（a）　　　　　　　　　　　　　　　　（b）

图 1-9　文档网格和字体设置

> **注意**
>
> Word 文档的默认字体格式是五号宋体字。在图 1-9（b）中进行了字体、字号设置后，当前文档的默认字体格式就变成了三号仿宋字。如果设置后单击图 1-9（a）左下方的【设为默认值】按钮，则会将修改保存至 NORMAL 模板，后面所有新建文档的默认字体格式变为设置后的字体格式（即三号仿宋字）。

3. 公文编制前准备

（1）下载并安装"方正小标宋"字体。

（2）安装 Photoshop 图像处理软件。

1.3.4 编制公文版头

1. 版头格式要求

公文首页红色分隔线以上部分称为版头，主要由份号、密级和保密期限、紧急程度、发文机关标志、发文字号、签发人、分隔线等要素组成。版头组成与格式标准如图 1-10 所示。

微课

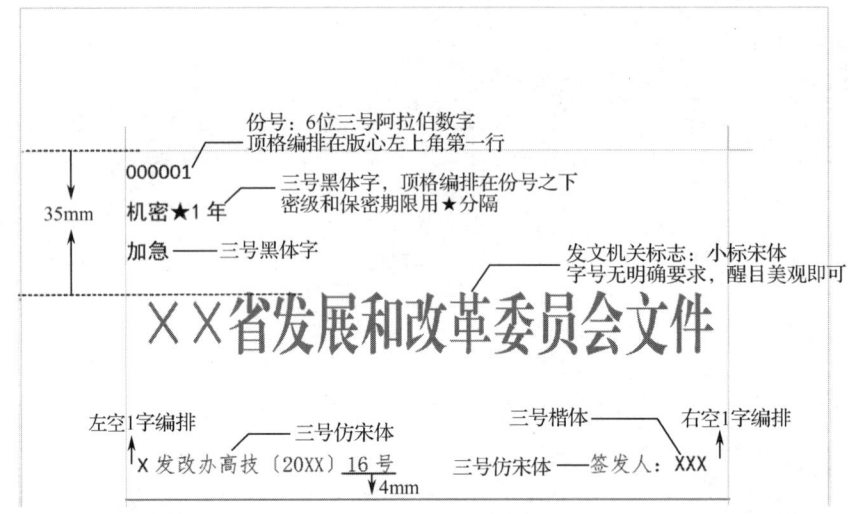

图 1-10　版头组成与格式标准

（1）份号。份号就是每份文件的序列号，一般情况下涉密公文应当标注份号，用 6 位三号阿拉伯数字，顶格编排在版心左上角第一行。

（2）密级和保密期限。涉及国家秘密的公文应当标明密级和保密期限。公文的密级由公文制发机关根据公文内容涉及党和国家秘密的程度来划定，密级分为秘密、机密、绝密三种。

如需标注密级和保密期限，一般用三号黑体字，顶格编排在版心左上角份号之下，保密期限中的数字用阿拉伯数字，密级和保密期限用★分隔，如"机密★1 年"。

（3）紧急程度。紧急公文应当根据紧急程度分别标明"特急""加急"等。电报格式的公文紧急程度分为四级，从急到缓依次为特提、特急、加急、平急。

紧急程度的格式与密级和保密期限格式相同，位于密级和保密期限下一行。

（4）发文机关标志。由发文机关全称或规范化简称后加"文件"二字组成，也可直接使用发文机关全称或规范化简称。发文机关标志居中排布，上边缘至版心上边缘为 35mm，颜色为红色，GB 标准中没有具体规定其字体和字号，字体推荐使用小标宋体字，字号以醒目美观为原则。

（5）发文字号。由发文机关代字、年份和发文顺序号组成。机关代字要求准确、规范、精练、无歧义、易识别。如"鄂政办发〔2024〕18 号"，即湖北省人民政府办公厅 2024 年第 18 号文件。

发文字号编排在发文机关标志下空 2 行位置,居中排布,年份、发文顺序号用阿拉伯数字;年份用全称 4 位,用六角括号〔 〕括起;发文顺序号不编虚位,不加"第"字。上行文中因为有签发人,这时发文字号居左空 1 个字符编排。

(6)签发人。上行文中需标注签发人姓名。签发人居右空 1 个字符编排,签发人用三号仿宋体,姓名用三号楷体字标注。

(7)分隔线。发文字号之下 4mm 处居中设置一条与版心等宽的红色分隔线。

相关知识

《党政机关公文处理工作条例》规定,现行党政机关公文种类主要包括以下 15 种:决议、决定、命令(令)、公报、公告、通告、意见、通知、通报、报告、请示、批复、议案、函、纪要。这 15 种党政机关公文根据行文关系或行文方向,又可划分为上行文、下行文、平行文 3 类。其中,上行文指下级机关向所属上级机关的一种行文;下行文指上级领导机关或业务主管部门对所属下级机关的一种行文;平行文指同级机关,或者不相隶属的,没有领导与指导关系的机关、部门、单位之间的一种行文。

2. 份号、密级和紧急程度编排

在 Word 中使用表格可以使版面更加规范整齐,更易定位和编辑管理。此处对份号、密级和紧急程度的编排应采用表格完成。

微课

(1)插入一个 1 列 3 行的表格,设置表格的宽度为公文版心宽度 156mm,即列指定宽度为 15.6cm,如图 1-11 所示。

(2)因为要求发文机关标志上边缘至版心上边缘为 35mm,所以设置表格的行高为 35mm/3 行≈11.6mm,即行指定高度为 1.16cm,如图 1-12 所示。

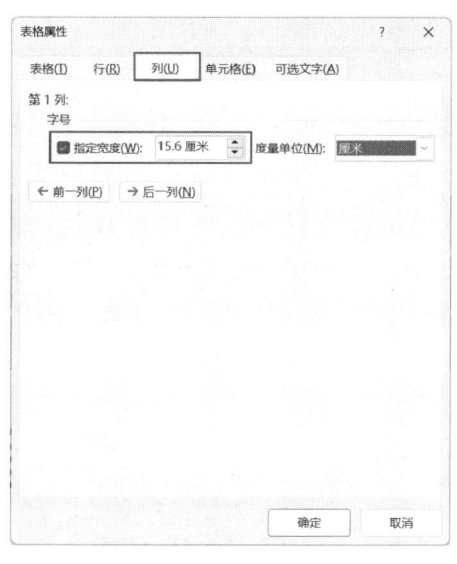

图 1-11 设置表格宽度

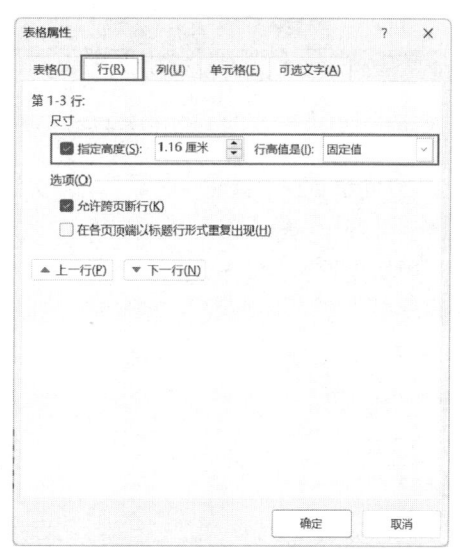

图 1-12 设置表格高度

(3)设置表格字体格式为黑体三号,输入份号、密级等内容。

(4)将表格边框设置为无边框,如图 1-13 所示。份号、密级和紧急程度编排效果如图 1-14 所示。

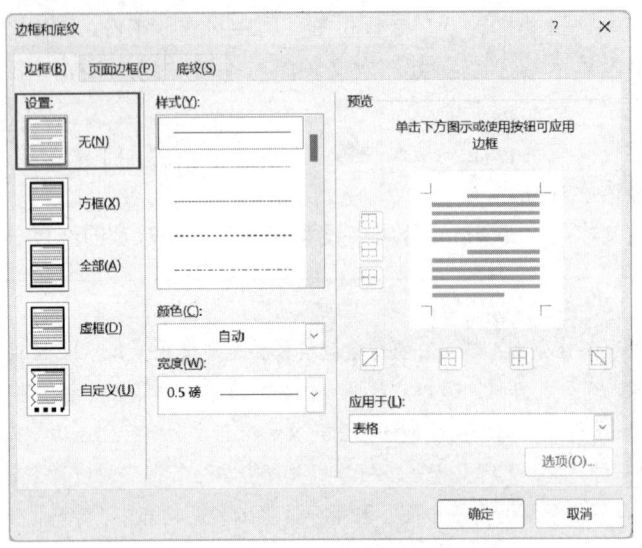

图1-13　表格边框设置

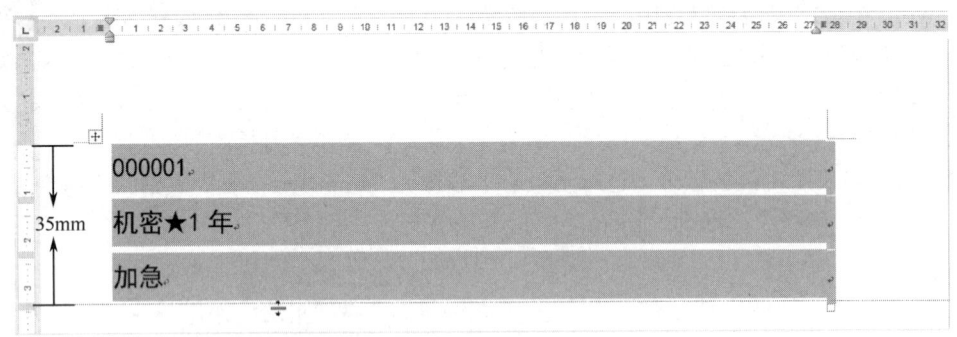

图1-14　份号、密级和紧急程度编排效果

3. 发文机关标志编排

在表格下一行输入发文机关标志文字，设置其字体为方正小标宋简，字号为48磅（字号大小根据版面设置）。因一般字体都是方块字，为增加美观性，可适当设置缩放比。字符的缩放比是指字高不变，字宽可变。经实验和计算，设置缩放比为"68%"比较美观。缩放比设置如图1-15所示，缩放前后效果对比如图1-16所示。

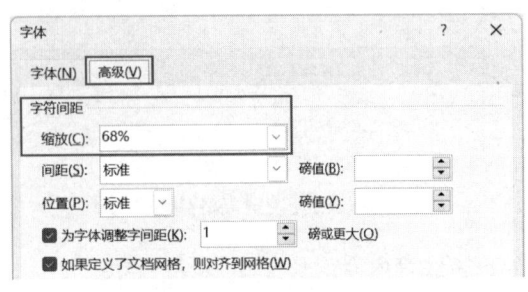

图1-15　缩放比设置

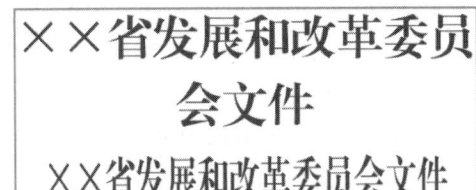

图1-16　缩放前后效果对比

4. 发文字号和分隔线编排

发文字号：在发文机关标志文字下面空出两行，选中两空行并将其格式设置成"正文"样式。将光标定位在标志文字下的第 3 行，输入"×发改办高技〔20XX〕16 号"文字，居中对齐。六角括号"〔〕"可通过插入符号获得。

微课

分隔线：在发文字号下方 4mm 处要求绘制一条与版心等宽的红色分隔线，要精确制作这样一条符合 GB 标准要求的反线，可通过"边框"命令实现。

（1）选中发文字号所在行，在【开始】选项卡【段落】选项组中，单击【边框】右侧三角形按钮打开【边框和底纹】对话框，设置如图 1-17 所示的边框样式，颜色为红色，宽度为"1.5 磅"；单击"预览"下方的下边框线，则在发文字号下方绘制出一条红色线条。

（2）单击【选项】按钮，打开【边框和底纹选项】对话框，在"距正文间距"栏中设置"下"为"4 毫米"（确定设置后，系统自动将其转换成磅值），如图 1-18 所示。

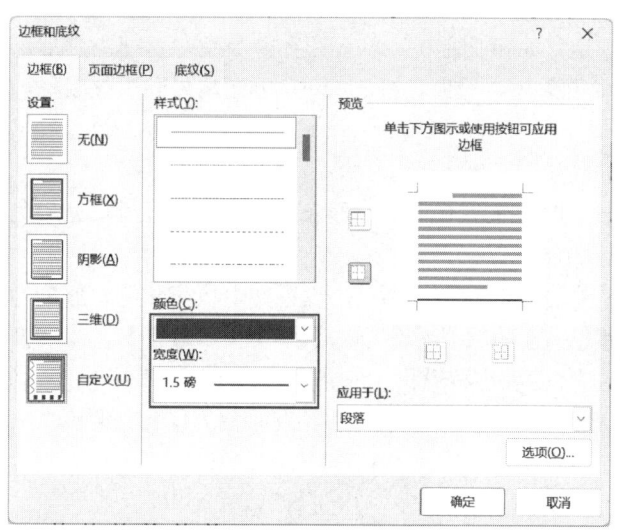

图 1-17　下边框线设置

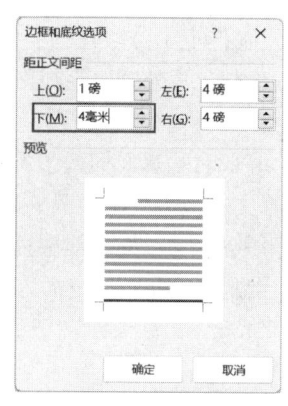

图 1-18　距正文间距设置

1.3.5　公文主体

1. 公文主体格式要求

（1）公文标题。编排于红色分隔线下空 2 行位置，分一行或多行排布，多行排列时应当使用梯形或菱形。

（2）主送机关。编排于标题下空 1 行位置，三号仿宋字体。

（3）正文。三号仿宋字体，编排于主送机关下 1 行。公文首页必须显示有正文。

（4）发文机关署名、成文日期和印章。成文日期用阿拉伯数字将年、月、日标全，年份标全称，月、日不编虚位，右缩 4 个字符编排。注意：对于右缩 4 个字符，建议不要使用空格实现，应当使用"段落"中的"右缩进"设置。

印章加盖端正，居中下压署名和日期，顶端应距正文 1 行之内，如图 1-19 所示。

> **相关知识**
>
> 印章加盖分两种情况。当印章下弧无文字时，采用下套方式，即仅以下弧压在成文日期上；当印章下弧有文字时，采用中套方式，即印章中心线压在成文日期上。

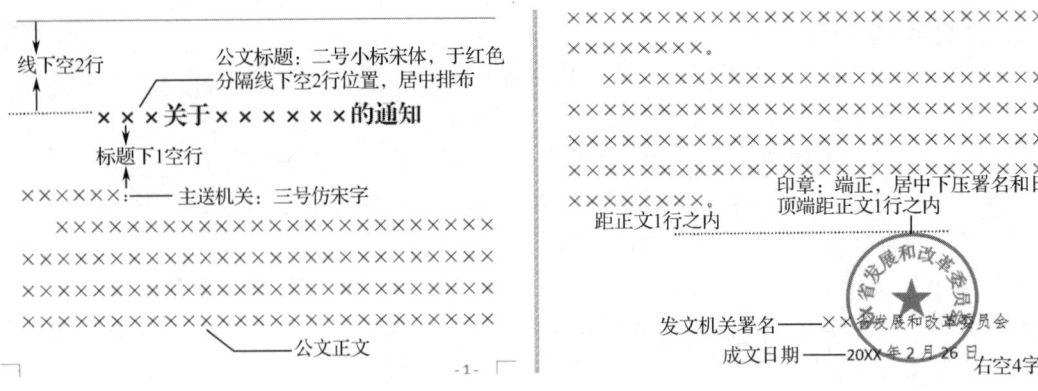

图 1-19 公文主体格式

2. 制作电子公章

（1）公章规格要求。根据国家相关规定，企事业单位、社会团体等公章，一律为圆形，直径为 4.2cm，圆边宽 0.12cm。公章中央为五角星，星尖直径 1.4cm，五角星外刊单位名称，自左而右环行，字体可使用简化宋体。

（2）制作电子公章。电子公章制作过程如图 1-20 所示。

① 绘制公章外圆。绘制直径为 4.2cm、圆边宽为 0.12cm、线条颜色为红色、无填充颜色的圆形。

② 编制艺术字。插入艺术字"××省发展和改革委员会"，设置文本填充和轮廓颜色为红色，设置文本效果为上弯弧（选择【形状格式】→【艺术字样式】→【文本效果】→【转换】→【拱形】命令）；拖动周围控点调整艺术字的大小和形状，使文字约占 3/4 圆弧。

③ 绘制五角星。通过插入形状绘制五角星图形，设置填充和轮廓颜色为红色，调整大小使直径为 1.4cm。

对制作好的公章进行抓图（PrtSc 键），粘贴到画图工具中进行裁剪，并保存成图像文件"gzh.jpg"。

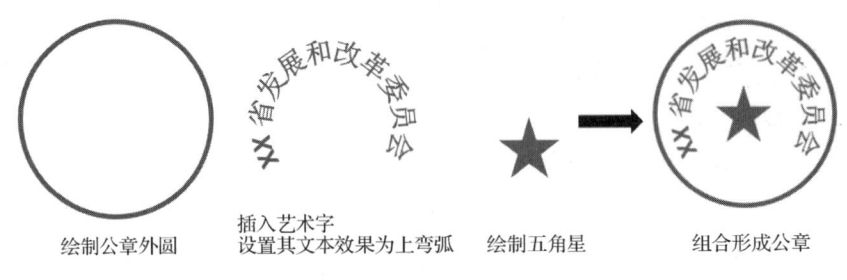

图 1-20 电子公章制作过程

（3）公章抠图处理。上述制作的公章带有白色背景，为使用方便，下面使用 Photoshop 进行抠图处理。

① 在 Photoshop 中打开"gzh.jpg"文件，单击【选择】菜单下【色彩范围】命令，打开【色彩范围】对话框，如图 1-21 所示。

② 此时光标变为，在图像任一白色背景处单击鼠标吸取，单击【确定】按钮。

③ 图像中所有白色区域被选中，如图 1-22 所示。

④ 使用"Ctrl+Shift+I"组合键对当前选区进行反选，即选中图像中除白色之外的颜色作为

选区，如图 1-23 所示。

⑤ 按"Ctrl+C"组合键复制当前选区，新建一个图层，按"Ctrl+V"组合键粘贴选区到新建图层；删除原图层。

⑥ 将文件另存为"公章.png"。

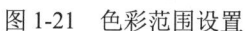

图 1-21　色彩范围设置　　　　图 1-22　白色选区　　　　图 1-23　公章选区

1.3.6　版记编排

1. 版记格式要求

版记位于公文最后一页，由抄送机关、印发机关、印发日期、分隔线组成（新版 GB 标准中已将版记中的主题词部分去除）。

（1）抄送机关。抄送机关指除主送机关外需要执行或者知晓公文内容的其他机关，可以是上级、平级、下级及不相隶属机关。排列顺序上一般按机关性质和隶属关系确定，依照为上级、平级、下级。

字体格式用四号仿宋体字，编排在印发机关和日期之上一行，左、右各空 1 字编排。各机关之间用逗号分隔，最后一个机关后标句号结束。

（2）印发机关和印发日期。印发机关指公文的印制主管部门。印发机关和日期用四号仿宋体字，编排在末条分隔线上，印发机关左空 1 个字符，印发日期右空 1 个字符。印发日期用阿拉伯数字，年、月、日标全，后加"印发"二字。

（3）分隔线。分隔线与版心等宽，首条分隔线和末条分隔线用粗线（推荐高度为 0.35mm），中间分隔线用细线（推荐高度为 0.2mm）。首条分隔线位于版记中第一个要素之上，末条分隔线与版心下边缘重合。

版记格式如图 1-24 所示。

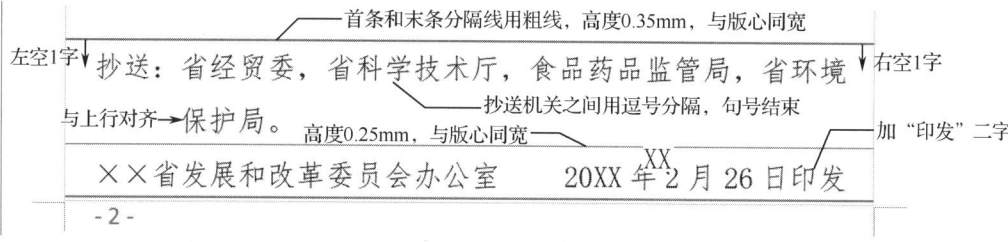

图 1-24　版记格式

2. 使用制表位实现同行中不同部分格式编排

整个版记内容都要求左、右各空 1 个字符编排。对于"抄送"内容，可以通过设置【段落】对话框中的左、右缩进来实现。而对于印发机关和印发日期，因为它们是同一行中的两部分内容，单纯使用简单的字符缩进无法实现，此处引入"制表位"概念，使用制表位可轻松实现同行中不同内容的格式编排。

（1）输入印发机关名称，设置段落左右各缩进 1 个字符，按"Tab"键，在印发机关名称后插入制表符"→"，输入印发时间。

（2）将光标移到标尺任意位置上，双击鼠标，则在鼠标双击处生成一个制表位"└"；双击此制表位打开【制表位】对话框，如图 1-25 所示。

（3）在如图 1-25 所示对话框中，单击【全部清除】按钮，将已有的制表位位置清除，在"制表位位置"下输入"27 字符"，"对齐方式"选择"右对齐"。设置后效果如图 1-26 所示。

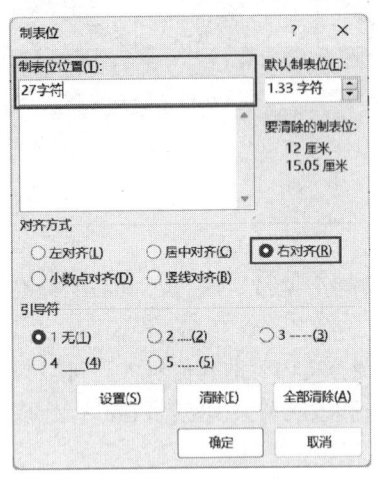

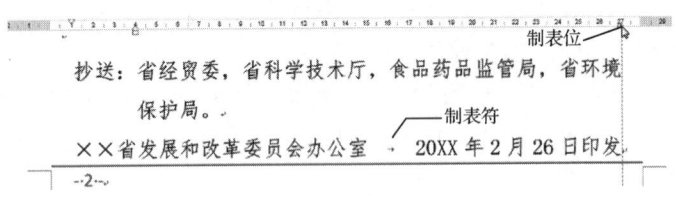

图 1-25　制表位设置　　　　图 1-26　使用制表位设置同行不同部分左、右各空 1 个字符效果

> **说明**
>
> 制表符位置设置为"27 字符"，是因为公文标准中一行字符为 28 个，此行右缩进 1 个字符，即从页面最左边到需要对齐的右缩进位置为 27 个字符。

3. 版记分隔线（反线）制作

版记里的反线不能使用边框线的方法来制作，这是因为版记中的抄送、印发机关等都采用了左、右缩进，若采用边框线的方法制作反线，这条反线也会缩进，无法达到 GB 标准要求的贯穿版心效果。对此，可以通过绘制直线，并使用图形锁定标记来完成。

（1）使用插入形状的方法在"抄送"所在行上方（位置不必精确，下面会做精确设置）绘制一条红色直线（建议按住"Shift"键绘制），设置其粗细为"0.35 毫米"，宽度为"156 毫米"（与版心同宽）。

（2）选择【文件】→【选项】命令，打开【Word 选项】对话框，勾选【显示】→"始终在屏幕上显示这些格式标记"下的"对象位置"复选框，如图 1-27 所示。

（3）选中绘制的直线，会看到直线所在段落前面出现"⚓"标记，它是图形锁定标记，表示图形将随"↓"对应段落的移动而移动。将光标移到此标记上,按住鼠标左键不放,移动鼠标,将"↓"标记移到"抄送机关"段的前面,这样不管直线在何处,它的移动只会受到"抄送机关"段落的影响。此时可将光标定位在"抄送机关"前面,按回车键感受一下。

(4)直线版式设置。选中直线,右击,在弹出的快捷菜单中选择【其他布局选项】命令,打开【布局】对话框;在【位置】选项卡下,设置"水平"和"垂直"位置如图1-28所示。

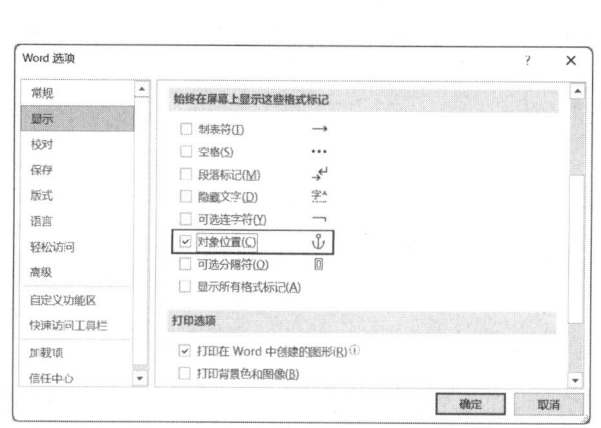

图1-27 显示"对象位置"格式标记

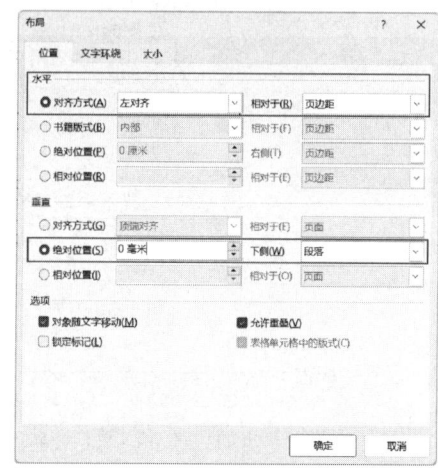

图1-28 直线版式设置

> **说明**
>
> 垂直方向绝对位置是相对↓而言的,若设置为"0厘米",则直线和↓在同一水平线上,即正好在抄送行的上方,如图1-29所示。直线绝对位置对比如图1-29和图1-30所示。

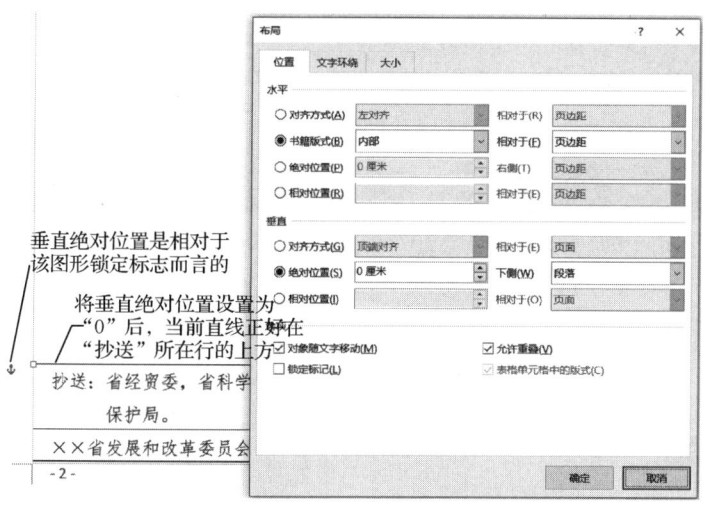

图1-29 垂直绝对位置为0厘米时的直线位置

(5)选中直线,使用"Ctrl+C"和"Ctrl+V"组合键复制两条直线;选中复制的一条直线,设置其粗细为"0.25毫米";打开【布局】对话框,将"垂直"栏中的"绝对位置"设置为"20毫米",其他设置同图1-28中的设置。

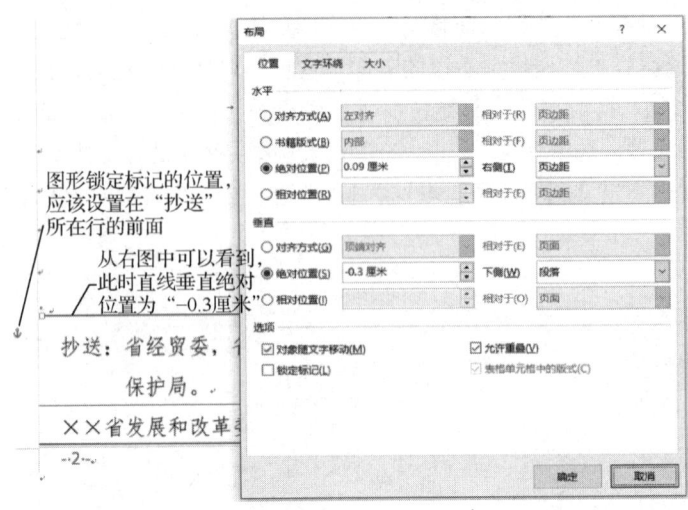

图1-30 垂直绝对位置为-0.3厘米时的直线位置

> **说明**
>
> 将"垂直"栏中的"绝对位置"设置为"20毫米",是因为版心高度为225mm,每页设置为22行,即每行约10mm高,又因为设置的直线位于两行下,所以设置垂直绝对位置为20mm,如图1-31所示。

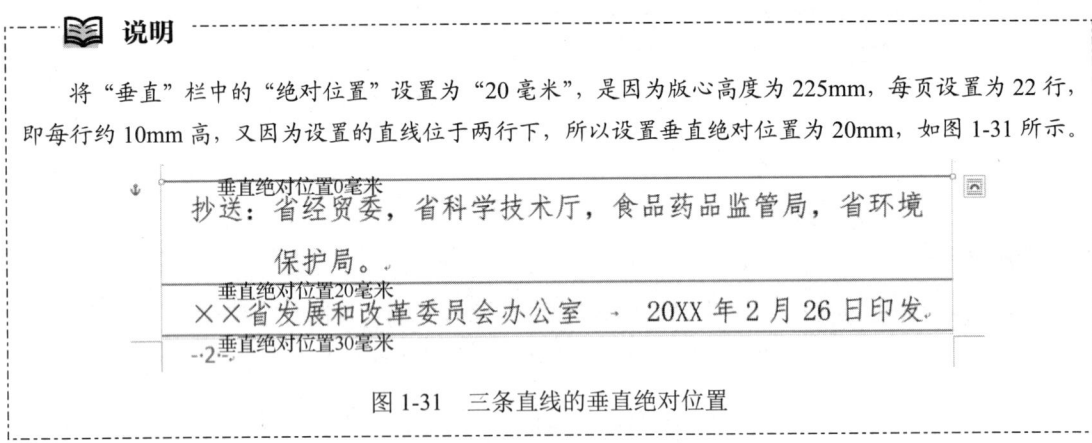

图1-31 三条直线的垂直绝对位置

(6)同理,对另一条直线进行版式设置,将"垂直"栏中的"绝对位置"设置为"30毫米",其他设置同上。

技 巧

打开本任务素材"效果"文件夹中"公文(带附件).docx"文档,附件1为专家名单,名单中既有两字姓名又有三字姓名,如何能够快速对齐姓名呢?对齐前后效果如图1-32所示。

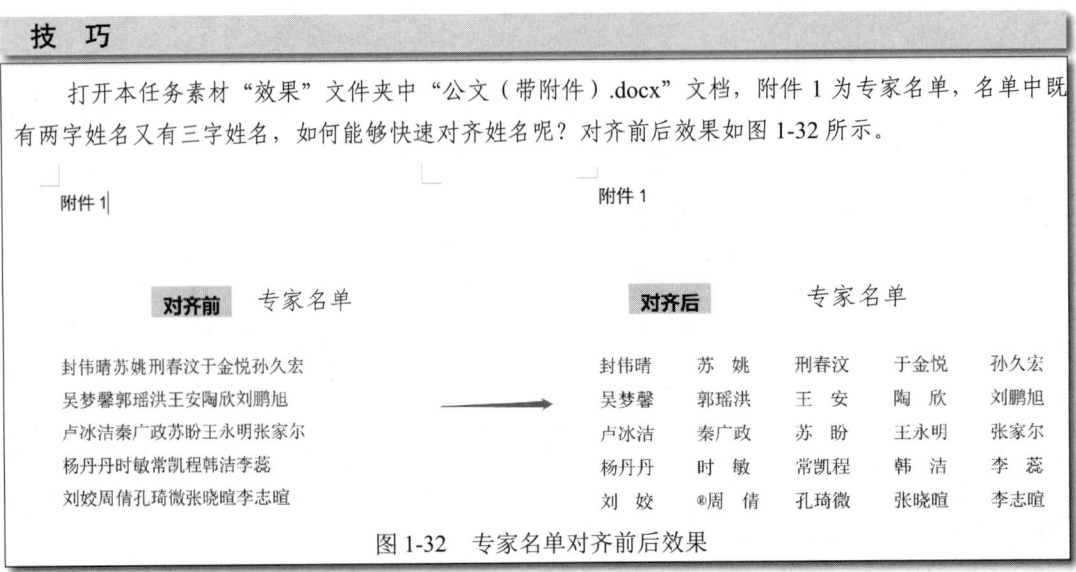

图1-32 专家名单对齐前后效果

操作步骤

（1）在每位专家姓名后面按"Tab"键，当前是按了两次。按几次"Tab"键是由行宽和文字多少决定的，但是每个姓名后面按键次数必须一致，如图1-33所示。

（2）选中所有专家姓名。

（3）打开【查找和替换】对话框，在"查找内容"项中输入英文符号"<(?)(?)>"，在"在以下项中查找"下拉列表中选择【当前所选内容】命令，在"搜索选项"中勾选"使用通配符"复选框，如图1-34所示。单击【关闭】按钮，查找到两字姓名后效果如图1-35所示，即选中了所有两个字的姓名。

（4）选择【段落】→【中文版式】  下拉列表中的【调整宽度】命令，在【调整宽度】对话框中，将"新文字宽度"设置为"3字符"，如图1-36所示。单击【确定】按钮，即可对齐姓名，效果如图1-32对齐后所示。

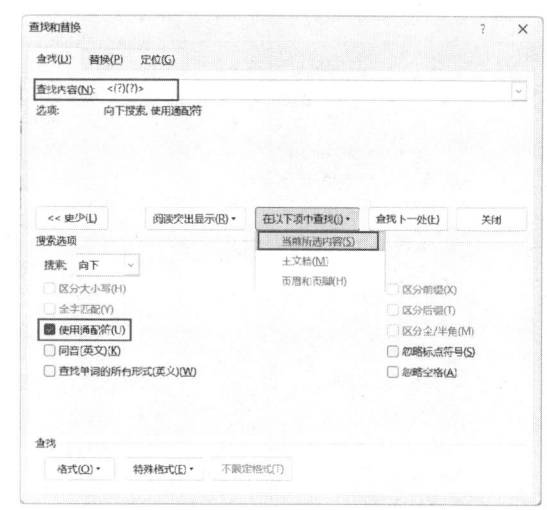

图1-33　按"Tab键"后效果　　　　图1-34　进行两字姓名查找

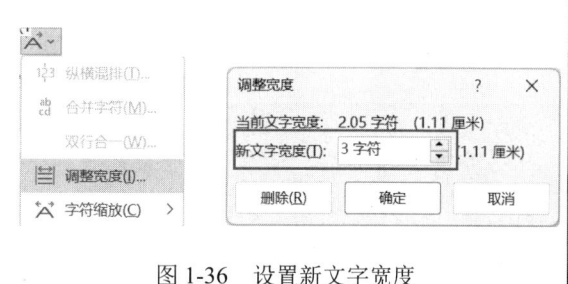

图1-35　查找到两字姓名后效果　　　　图1-36　设置新文字宽度

1.3.7　公文模板制作

由于公文格式大致相同，因此，可以创建带有提示信息的通用公文模板，进而提高公文的制作效率。如图1-37所示，在需要制作公文时，只需在相应位置输入具体内容即可。

（1）打开前面制作的公文，删除发文机关标志文字，按"Ctrl+F9"组合键插入域标记，在域标记内输入域代码"macrobutton nomacro [单击此处输入发文机关]"，所得内容均继承原来文字内容的格式，如图 1-38 所示。

（2）将光标移到该域代码上，右击，在弹出的快捷菜单中选择【切换域代码】命令，即可得到带有相应格式的提示信息"单击此处输入发文机关"，如图 1-39 所示。单击该提示信息，使其处于被选中状态，输入发文机关标志即可替代该提示信息，这就是通过域代码制作的提示按钮，用来快速编辑文字内容。

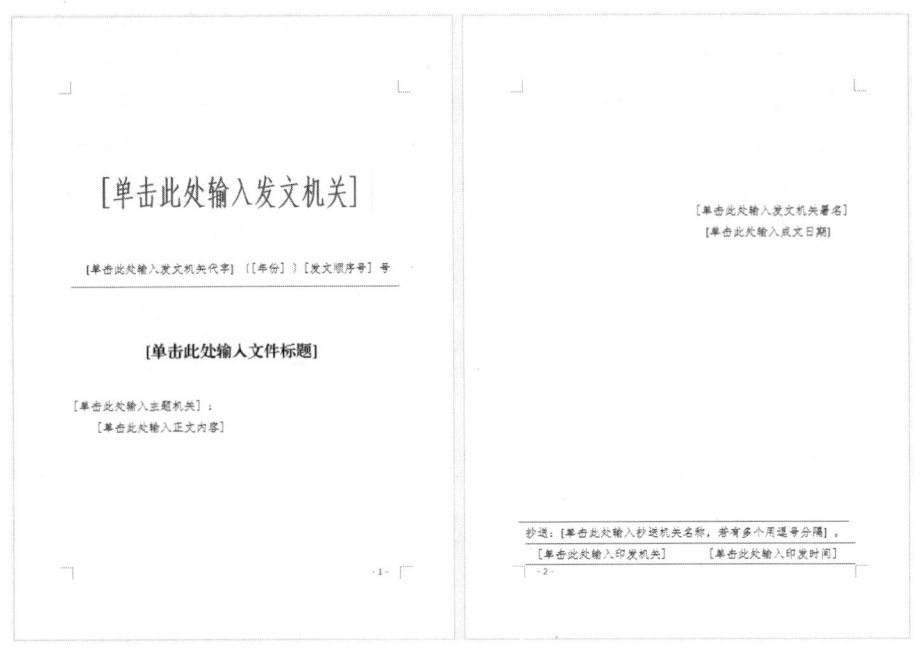

图 1-37　公文模板

图 1-38　域代码　　　　　　　　　图 1-39　切换域代码

（3）按照同样方法，制作其他要素的提示按钮，然后切换域代码，完成通用模板的编辑。

（4）保存为模板文件。选择【文件】→【另存为】命令，在【另存为】对话框中，选择文件类型为"Word 模板（*.dotx）"，将其保存为模板文件即可。

相关知识

域、宏、样式、模板是 Word 四大核心技术。Word 中的域和宏，能够将某些特殊的处理方法用函数或编程的形式交给用户，从而大大提高文字处理的灵活性、适应性和自动化程度。使用 Word 域可以实现许多复杂的工作，如自动编页码，图表的题注、脚注、尾注的号码；按不同格式插入日期和时间；通过链接与引用在活动文档中插入其他文档的部分或整体；自动创建目录、关键词索引、图表目录；插入文档属性信息；实现邮件的自动合并与打印；执行加、减及其他数学运算；创建数学公式；调整文字位置等。

1. 什么是域

简单地讲，域就是引导 Word 在文档中自动插入文字、图形、页码或其他信息的一组代码。文档中显示的内容是域代码运行的结果。

域具有以下特性。

☐ 可更新。大多数域是可以更新的，当域的信息源发生了改变，可以通过更新域来显示最新结果。这使得文档动态变化，而不是一成不变的静态文档。

☐ 可格式化。域可以被格式化，可以将字体、段落和其他格式应用于域结果，使域融合在文档中。

☐ 可锁定。可以断开域与信息源的链接并使其转换为不会改变的永久内容，当然也可以解除域锁定。

2. 域的构成

下面通过一个简单的域的例子，介绍域的构成。例如，使用 Date 域在文档中插入当前日期。

（1）选择【插入】→【文本】→【文档部件】→【域】命令，打开【域】对话框，设置域"类别"为"日期和时间"，"域名"为"Date"，选择一种日期格式，勾选右下方"更新时保留原格式"复选框，如图 1-40 所示，单击【确定】按钮，则在文档中插入了当前日期和时间，如图 1-41 所示。

（2）右击插入的日期，在弹出的快捷菜单中选择【切换域代码】命令，如图 1-42 所示，得到日期和时间的域代码，如图 1-43 所示。

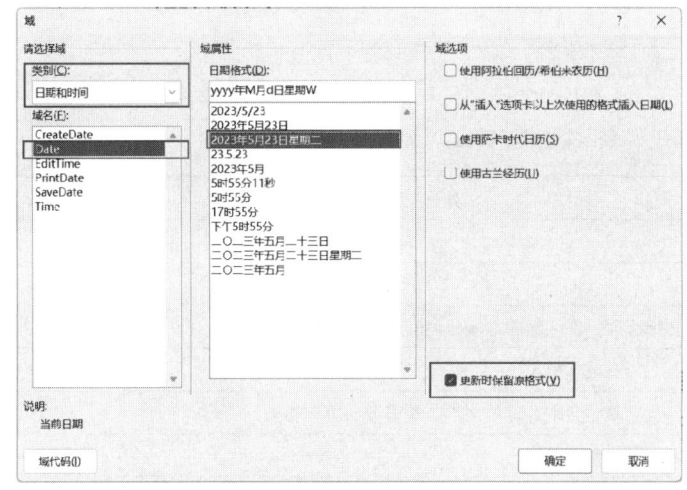

图 1-40 "域"对话框

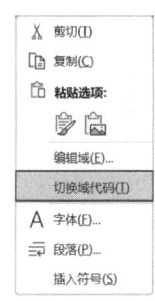

图 1-41 插入当前日期和时间

图 1-42 域的快捷菜单

{ DATE \@ "yyyy 年 M 月 d 日星期 W" * MERGEFORMAT }

图 1-43 日期和时间的域代码

以上面得到的日期域的域代码为例，介绍域的组成元素与语法含义，如图 1-44 和表 1-2 所示。

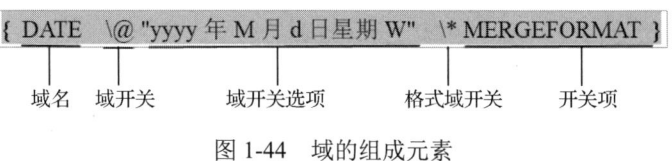

图 1-44 域的组成元素

表 1-2　域的组成元素与语法含义

域 元 素	名　称	语 法 含 义
{ }	域标志	用于括起域代码。使用"Ctrl+F9"组合键得到，不能手工从键盘直接输入花括号"{}"
DATE　\@ "yyyy 年 M 月 d 日星期 W"　* MERGEFORMAT	域代码	位于域标志中的文本。由域名和域开关组成，不区分大小写，必须用半角空格分隔。通常把域标志和域代码统称为域代码。域代码文本不论多长都不得强制换行
2016 年 10 月 30 日星期日	域结果	域代码转换产生的值。可使用"Shift+F9"组合键在域结果与域代码间切换
DATE	域名	域的合法、有效名称
\@	域开关	指定域结果的显示方式，与域名间至少有一个半角空格
*	格式域开关	为域结果设定特定格式
MERGEFORMAT	开关项	在【域】对话框中选择"更新时保留原格式"复选框后会有此项
	域底纹	以底纹方式突出显示域，域底纹不会被打印

域代码一般由三部分组成：域名、域参数、域开关，域代码包含在一对花括号"{ }"中。

3. 域相关快捷键

域相关的快捷键及其功能说明见表 1-3。

表 1-3　域相关快捷键及其功能说明

快 捷 键	功 能 说 明
Ctrl+F9	插入域标志
F9	更新域
Shift+F9	显示或隐藏特定域代码，在域结果与域代码间切换
Alt+F9	显示或隐藏文档中所有域代码
Ctrl+ Shift +F9	取消域的链接（当前域结果变为常规文本，失去域的所有功能）
Ctrl+F11	锁定域，防止选择的域被更新
Ctrl+ Shift +F11	解除对域的锁定

1.4　拓展实训

实训 1：制作多部门联合发文公文

公文事项涉及数个部门，由这些部门联合签署的公文，称为联合发文。联合行文就是同级机关、部门或单位联合发文的形式。同级政府、同级政府部门与下一级政府可以联合行文；政府及其部门与同级党委、军队机关可以联合行文；政府部门与同级人民团体和行政职能的事业单位可以联合行文。上下级机关不可联合行文。

由于工作需要，由"中共海临市委宣传部、海临市公安局、海临市广电新闻出版局"三个机关单位联合发布名为"关于深入学习贯彻党的二十大精神的通知"的公文。中国共产党第二十次全国代表大会，是在全党全国各族人民迈上全面建设社会主义现代化国家新征程、向第二个百年奋斗目标进军的关键时刻召开的一次十分重要的大会，事关党和国家事业继往开来，事关中国特色社会主义前途命运，事关中华民族伟大复兴。习近平总书记所作的报告，是中国共产党团结带领全国各族人民夺取新时代中国特色社会主义新胜利的政治宣言和行动纲领，为新时代新征程党和国家事业发展、实现第二个百年奋斗目标指明了前进方向、确立了行动指南。作为新时代青年，要深刻领会党的二十大精神的丰富内涵，学懂弄通报告中提出的新观点、新论断、新思想、新战略、新要求，深刻理解中国式现代化的特征和本质要求，心怀"国之大者"，牢牢把握团结奋斗的时代要求。

联合发文公文效果如图 1-45 所示。通过完成本实训案例，掌握多部门联合发文机关红头制作方法及签发人编排。

图 1-45　联合发文公文效果图

1. 联合发文机关红头制作

1）双行合一法

双行合一法适合联合发文的部门仅为两个的情况，如图 1-46 所示。

图 1-46　两个部门联合发文标志

💡 **操作步骤**

（1）选择【开始】→【段落】→【中文版式】→【双行合一】命令，弹出【双行合一】对话框，输入"中共海临市委宣传部海临市公安局"，在下方"预览"栏中可以看到将要生成双行合一的效果，如图 1-47（a）所示。

（2）因为上行文字比下行文字多，需要使用空格调整到适合的宽度，如图 1-47（b）所示。

（3）按 GB 标准要求对标志文字进行字体、字号等格式设置，效果如图 1-46 所示。

19

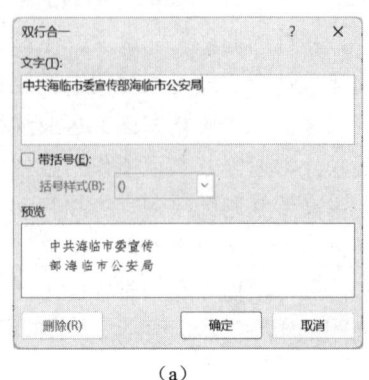 

(a)   (b)

图 1-47 【双行合一】对话框

2）eq 域法

双行合一法适合发文机关仅为两个的情况，对于联合发文部门有三个及以上的情况，可以使用 eq 域中的数组开关"\a"来实现。利用该方法可实现眉首中各种标志内容的制作。

操作步骤

（1）按"Ctrl+F9"组合键插入域标志 （注意：此处的{}不能通过手工键盘输入），输入如图 1-48 所示域代码内容，在花括号后输入"文件"二字。

> **注 意**
>
> "eq"后必须有一个空格；域函数和开关等不区分大小写；域代码中的括号、逗号等都用西文标点；单位之间用逗号分隔。
>
> {eq \a(中共海临市委宣传部,海临市公安局,海临市广电新闻出版局)}文件
>
> 图 1-48 eq 域代码内容

（2）按"F9"键更新域，显示域结果。

（3）设置字体格式。设置"文件"二字为"方正小标宋简"，58 磅。选中域，设置字体为"方正小标宋简"，38 磅。字符缩放都设置为"68%"。域效果如图 1-49 所示。

（4）对齐部门名称。可以看到三个部门名称因为字数不同，所以出现不对齐的情况。可以通过调节字间距使其与最多字符的一行两端对齐。下面介绍字符间距计算方法。

为便于计算，建议汉字大小使用磅值。标志中单位名称的字体和字号必须一致，一般最多字符的一行中的文字不设置字符间距。可推导出某行的中文字符间距的简化计算公式，如式（1-1）所示。

$$J_i = \frac{(N_j - N_i) \times B \times S}{2 \times (N_i - 1)} \tag{1-1}$$

式中 N_j ——基准行（最多字的行）中的中文字符个数。

       N_i ——其他第 i 行的中文字符个数。

       B ——字号磅值。

       S ——字符缩放比。

       J_i ——第 i 行的字符间距。

（5）经过计算，第 1、2 行的字符间距分别为"1.615 磅""10.336 磅"。计算公式分别如

式（1-2）和式（1-3）所示。设置字符间距后的对齐效果如图 1-50 所示。

$$J_1 = \frac{(10-9) \times 38 \times 0.68}{2 \times (9-1)} = 1.615 \qquad (1\text{-}2)$$

$$J_2 = \frac{(10-6) \times 38 \times 0.68}{2 \times (6-1)} = 10.336 \qquad (1\text{-}3)$$

图 1-49　域效果　　　　　　　　图 1-50　对齐后的域效果

3）表格法

此方法操作简单，不管联合发文的部门有多少，字数如何不同，都能实现所需效果。

操作步骤

（1）插入一个 3 行 2 列的表格，将第 2 列合并为一个单元格。
（2）在第 1 列单元格中输入部门标志文字，第 2 列输入"文件"二字，设置相应的字符格式。
（3）将第 1 列单元格设置为"右对齐"，将第 2 列设置为"左对齐"。
（4）按照上面计算的结果，调整第 1、2 行的字符间距。
（5）选中表格，右击，在弹出的快捷菜单中选择【表格属性】命令，弹出【表格属性】对话框，设置【行】→【尺寸】→【指定高度】为"固定值""2.1 厘米"，如图 1-51 所示。
（6）调整表格宽度为正好能放下文字，设置表格居中对齐，效果如图 1-52 所示。
（7）隐藏表格边框线。

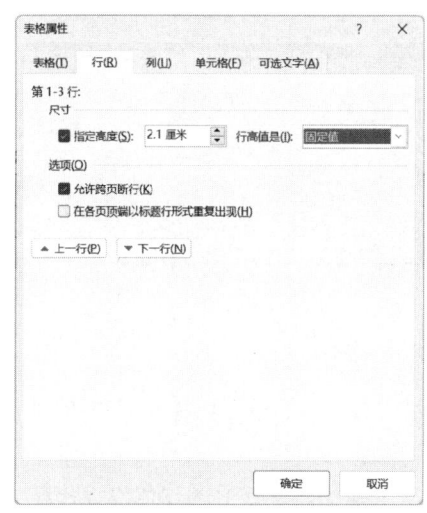

图 1-51　【表格属性】行高设置　　　　图 1-52　表格法规划发文标志效果

2. 签发人编排

签发人是上行文，也就是报送上级机关的公文中，发文机关的负责人签署的姓名。联合行文中的签发人应该是每个单位的负责人签署的姓名，称为会签。"签发人"位于发文字号所在行右侧空 1 字位置，三号仿宋体字，后标全角冒号，冒号后用三号楷体标志签发人姓名。如有多个签发人，主办单位签发人姓名置于第一位，一般每行排列两个签发人姓名。效果如图 1-53 所示。

	签发人：××× ×××
海宣〔20XX〕166 号	×××

图 1-53　签发人编排效果

 提示
（1）上排签发人使用"段落"→"右缩进 1 字符"实现排版。
（2）下排签发人与发文字号在一行，使用 1.3.6 节中介绍的"制表位"的方法实现排版。

实训 2：制作信函格式公文

公文的信函格式是被广泛采用的一种特殊公文格式，主要用于发布、传达、要求下级机关执行和有关单位周知或执行的事项，报送方案，商洽、询问、答复或说明某件具体事项。信函格式相对简单，易操作，在各级行政机关的公文中应用广泛，常用于通知、批复、函等文种的公文中。

信函格式效果如图 1-54 所示。

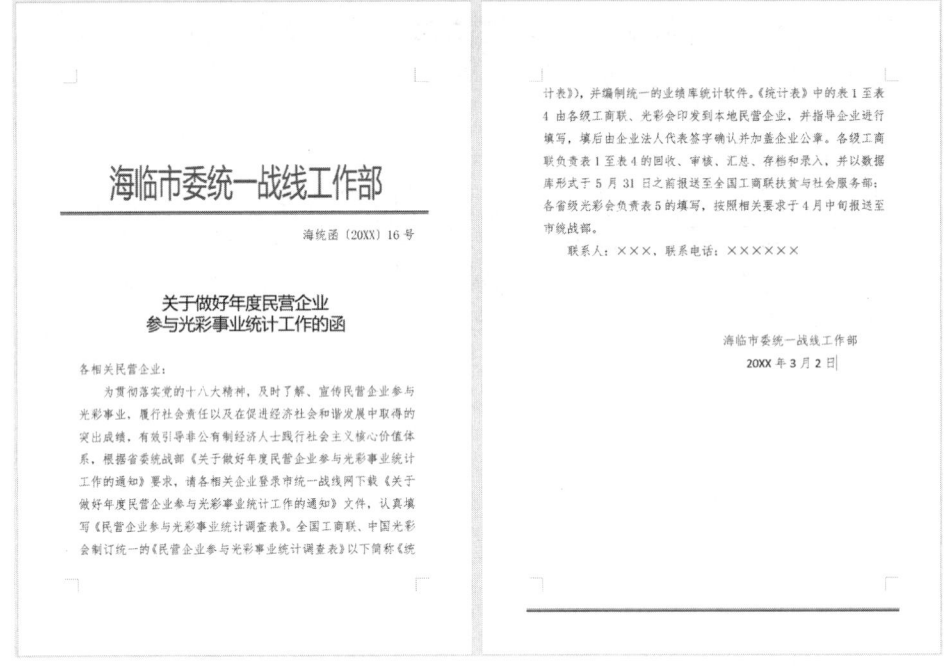

图 1-54　信函格式公文效果图

（1）发文机关标志。使用发文机关全称或规范化简称，居中排布，上边缘至上页边为 30mm，推荐使用红色小标宋体字。联合行文时，使用主办机关标志。

（2）分隔线。发文机关标志下 4mm 处印一条上粗下细（武文线）的红色双线，距下页边 20mm 处印一条上细下粗（文武线）的红色双线，线长均为 170mm，居中排布。

（3）份号、密级和保密期限、紧急程度。如需标注份号，顶格居版心左边缘编排在第一条红色双线下；如需同时标注密级和保密期限、紧急程度，密级和保密期限顶格编排在份号下 1 行，紧急程度顶格编排在密级和保密期限下 1 行。

（4）发文字号。发文字号顶格居版心右边缘编排在第一条红色双线下。发文字号与红色双线的距离为三号汉字高度的 7/8。

（5）标题。标题居中编排，与其上最后一个要素相距 2 行。

（6）页码。首页不显示页码，只有两页的信函式公文，第 2 页可以不显示页码。

（7）版记。信函格式公文的版记中不加印发机关、印发日期和分隔线，位于公文最后一面版心内最下方。

其他各要素的标注方法均同"文件式"公文格式。

> **提示**
> （1）发文标志下方"武文线"的制作。插入一条直线，设置线型为上粗下细型，设置直线宽度为 170mm。选中直线，右击，在弹出的快捷菜单中选择【其他布局选项】命令，弹出【布局】对话框，在【位置】选项卡中设置水平和垂直位置参数，如图 1-55 所示。
> （2）最后一页中"文武线"的制作。插入一条直线，设置线型为上细下粗型，线宽为 170mm。因为要求此文武线距下页边 20mm，已知下边距为 35mm，可计算出该直线应距版心"下边"15mm，如图 1-56 所示，因此设置如图 1-57 所示位置参数。

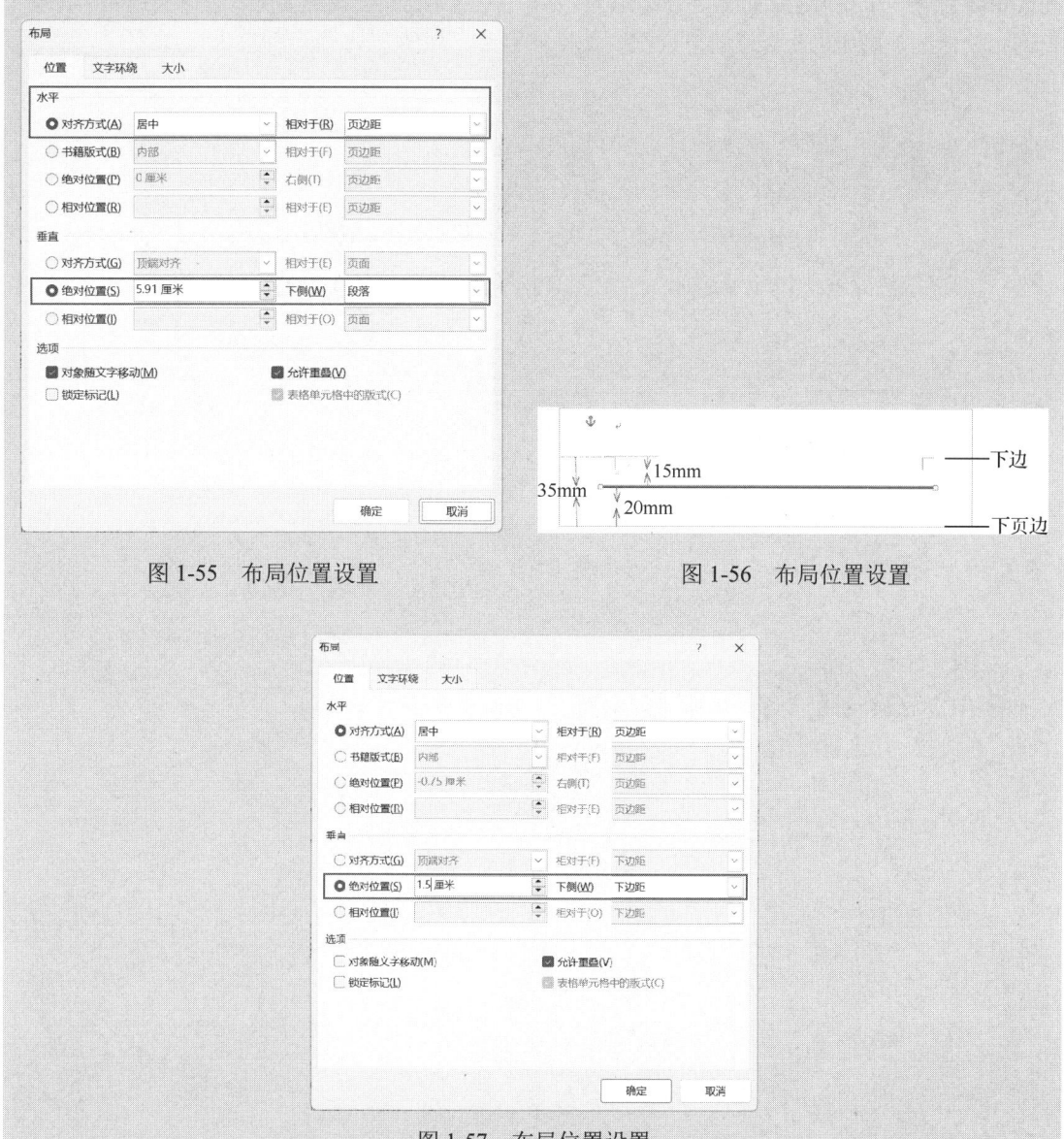

图 1-55　布局位置设置　　　　　　　　图 1-56　布局位置设置

图 1-57　布局位置设置

> **说明**
>
> 图 1-57 中设置的直线垂直位置表示该直线在垂直方向上位于下边距（即图 1-56 中的"下边"）下侧 15mm 处。

1.5 综合实践

在各种形式、各种主题的会议越来越多的今天，会议纪要作为会议后该如何操作及之后处理问题的依据，越来越被会议组织者所重视。会议纪要是用于记载、传达会议情况和议定事项的公文，具有纪实性、概括性、条理性的特点，适用于企事业单位、机关团体等。最近，某集团公司要召开一个重要会议，需要你记录会议相关内容并制作会议纪要文件，请根据所学知识，查询相关标准，制作本次会议的会议纪要文件。可参考如图 1-58 所示的会议纪要。

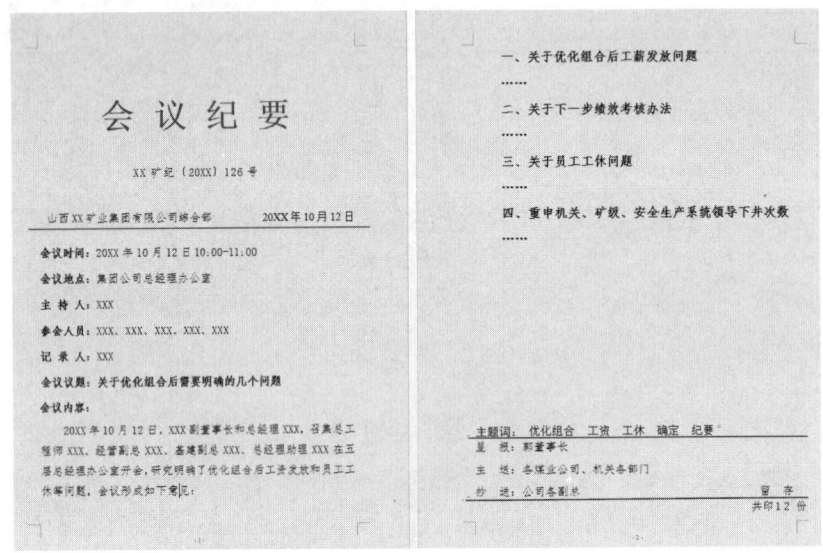

图 1-58 会议纪要效果

扫描二维码查看更多综合应用实训案例。

综合应用实训案例 1

任务 2　基于窗体控件的规范表格制作

日常办公中，经常需要组织员工填写各类表格，而有些表格对内容有着严格的规范化要求，尽管组织者反复强调如何填写，还是经常会出现一些问题，比如填写不规范、误删误改重要信息、内容重复输入耗时耗力等。这些问题使得我们要额外花费许多时间去整理和修改这些已填写的表格。那么，如何准确、有效、高质量地填写出规范化表格呢？

Word 为用户提供了窗体控件。窗体控件类似于标准 Windows 对话框中的文本框、下拉列表、组合框、图片框等控件，可以使用这些窗体控件对文档的格式和输入进行限定，按照要求设置好文档后，只能在指定的地方输入内容，或列出选项供用户直接选择。这样，就有效避免了随意输入、重复输入、不知如何输入等问题，大大减少了出错机会，使得表格更加有条理、规范。

2.1　任务情境

又到年底，各单位都要开始各种总结，其中少不了表格的制作与填写。每年武欣欣都为收上来的表格大伤脑筋，尽管反复强调如何填写，但是填写的表格在内容和格式上许多都不符合要求，她还要费时费力地逐个修改。针对这种现象，今年武欣欣准备制作规范化表格，设置好表格应填写的内容和格式，只需填表人在指定地方输入内容或直接选择即可。下面就跟随武欣欣来完成基于窗体控件的规范表格的制作。

知识目标
- 了解各内容控件的功能，掌握内容控件的使用；
- 了解旧式窗体控件、ActiveX 控件的功能与使用方法；
- 掌握进行窗体保护的方法。

能力目标

能够利用内容控件、旧式窗体控件、ActiveX 控件制作出符合需求的规范化表格。

表格类文件在办公领域占比很大，它不但可以清晰地传达制作者意图，而且还可以简化数据的收集复杂度，同时还鲜明地指示了内容之间的关联性，承载着丰富的重要信息。通过学习本任务，使学生认识到信息传达及信息安全等重要问题，树立安全意识，确保在设计和制作表格时，全面考虑表格项目设置的科学性、信息的安全性，确保国家、集体和个人信息不被泄露、利益不受侵害。

2.2　任务分析

根据单位需求和制作表格的目的，确定"职工个人信息表"中应包含的信息，根据各信息特点将表格划分为基本信息、学习经历、工作经历、主要工作业绩等模块。从制作上来讲，该任务可分解为 3 个子任务：编制表格、创建表格窗体、设置窗体保护，编制好的“职工个人信息表”如图 2-1 所示，为表格设置窗体保护后的效果如图 2-2 所示。

职工个人信息表

单位个人标识码：	单位：诺新达丰科技公司

基本信息

姓名			
曾用名			
性别			
职工编号			
身份证件类型			
身份证件号			
出生日期		籍贯	
出生地		民族	
政治面貌		婚姻状况	
健康状况		参加工作年月	
入职年月		职工来源	
职工类别		是否在岗	
用人形式		签订合同情况	
所在部门		职务	
专业技术职务任职资格		具备的专业技能证书	

学习经历

最后学历		获得学历的国家（地区）	
获得学历的院校或机构			
所学专业			
入学年月		毕业年月	
学位层次		学位名称	
获得学位的国家（地区）			
获得学位的院校或机构			
学位授予年月		学习方式	

工作经历

任职单位名称			
任职开始年月		任职结束年月	
单位性质类别		任职岗位	
任职单位名称			
任职开始年月		任职结束年月	
单位性质类别		任职岗位	

主要工作业绩

填表说明

一、基本信息

1. 曾用名：据实填写，没有的填无。
2. 籍贯、出生地：均填写到最底层的县或区，如：山东省滨州市惠民县。
3. 民族：若列表中没有所填内容，可自行输入。
4. 参加工作年月、入职年月：均要求填写到月，将填写的日期删除即可。
5. 签订合同情况：在编教职工选择“聘用合同”，劳动合同用工人员选择“劳动合同”。
6. 照片：图片大小要求为高 4.42 厘米，宽 3.52 厘米，可使用 PS 调整。

二、学习经历

1. 最后学历、学位层次、所学专业：具实填写，录入信息应与毕业证、学位证一致，未取得学位的填“无”。
2. 获得学历（学位）的院校或机构：填写院校或机构的标准全称。
3. 入学年月、毕业年月、学位授予年月：均要求填写到月，将后面的日期部分删除即可。

三、工作经历

1. 任职开始年月、任职结束年月：均要求填写到月，将后面的日期部分删除即可。
2. 单位性质类别：若列表中没有所填内容，可自行输入。

图 2-1 编制“职工个人信息表”

职工个人信息表

单位个人标识码：单击此处输入文字。	单位：诺新达丰科技公司

基本信息

姓名	单击此处输入文字。		
曾用名	单击此处输入文字。		
性别	选择一项。		
职工编号	单击此处输入文字。		
身份证件类型	选择一项。		
身份证件号	单击此处输入文字。		
出生日期	单击此处输入日期。	籍贯	单击此处输入文字。
出生地	单击此处输入文字。	民族	选择一项。
政治面貌	选择一项。	婚姻状况	选择一项。
健康状况	选择一项。	参加工作年月	单击此处输入日期。
入职年月	单击此处输入日期。	职工来源	选择一项。
职工类别	选择一项。	是否在岗	选择一项。
用人形式	选择一项。	签订合同情况	选择一项。
所在部门	选择一项。	职务	选择一项。
专业技术职务任职资格	选择一项。	具备的专业技能证书	单击此处输入文字。

学习经历

最后学历	选择一项。	获得学历的国家（地区）	单击此处输入文字。
获得学历的院校或机构	单击此处输入文字。		
所学专业	单击此处输入文字。		
入学年月	单击此处输入日期。	毕业年月	单击此处输入日期。
学位层次	选择一项。	学位名称	选择一项。
获得学位的国家（地区）	单击此处输入文字。		
获得学位的院校或机构	单击此处输入文字。		
学位授予年月	单击此处输入日期。	学习方式	选择一项。

工作经历

任职单位名称	单击此处输入文字。		
任职开始年月	单击此处输入日期。	任职结束年月	单击此处输入日期。
单位性质类别	选择一项。	任职岗位	单击此处输入文字。
任职单位名称	单击此处输入文字。		
任职开始年月	单击此处输入日期。	任职结束年月	单击此处输入日期。
单位性质类别	选择一项。	任职岗位	单击此处输入文字。

主要工作业绩

单击此处输入文字。

填表说明

一、基本信息

1. 曾用名：据实填写，没有的填无。
2. 籍贯、出生地：均填写到最底层的县或区，如：山东省滨州市惠民县。
3. 民族：若列表中没有所填内容，可自行输入。
4. 参加工作年月、入职年月：均要求填写到月，将填写的日期删除即可。
5. 签订合同情况：在编教职工选择“聘用合同”，劳动台同用工人员选搽“劳动合同”。
6. 照片：图片大小要求为高 4.42 厘米，宽 3.52 厘米，可使用 PS 调整。

二、学习经历

1. 最后学历、学位层次、所学专业：具实填写，录入信息应与毕业证、学位证一致，未取得学位的填“无”。
2. 获得学历（学位）的院校或机构：填写院校或机构的标准全称。
3. 入学年月、毕业年月、学位授予年月：均要求填写到月，将后面的日期部分删除即可。

三、工作经历

1. 任职开始年月、任职结束年月：均要求填写到月，将后面的日期部分删除即可。
2. 单位性质类别：若列表中没有所填内容，可自行输入。

图 2-2 为表格设置窗体保护后效果图

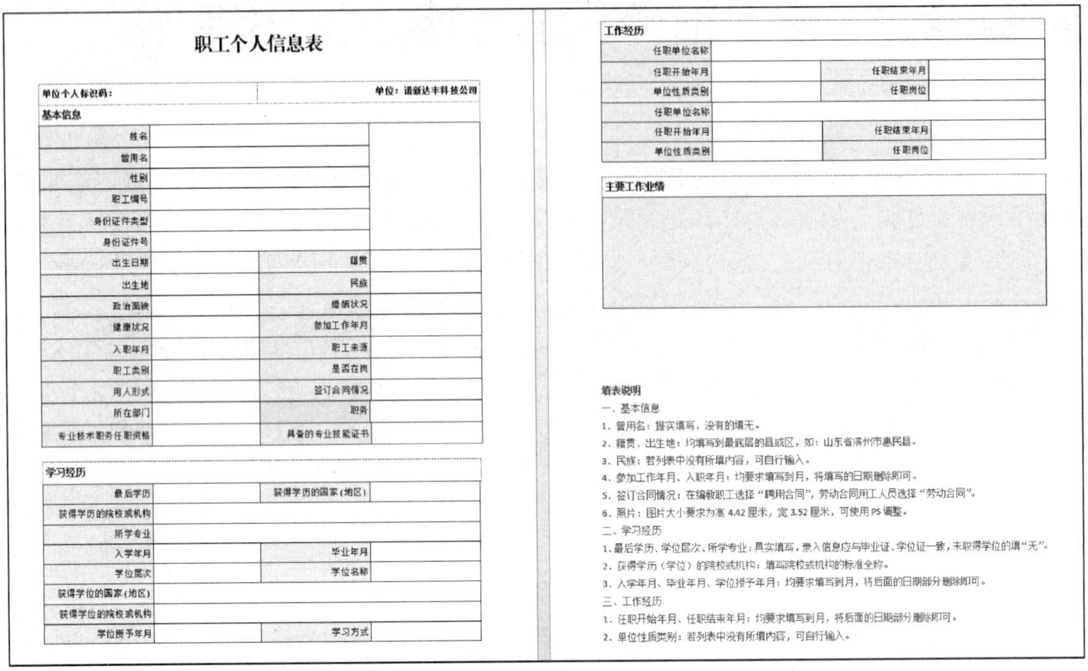

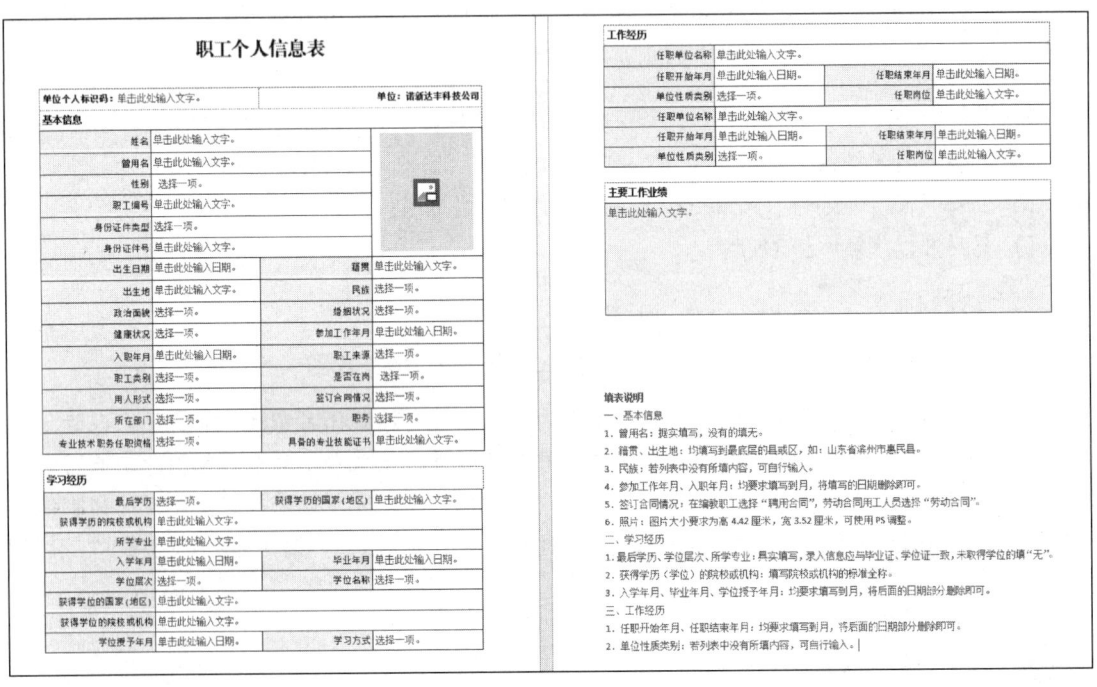

2.3 任务实施

2.3.1 编制"职工个人信息表"

编制如图 2-1 所示的"职工个人信息表"。表格制作属于 Word 初级内容,在此不再详细介绍。

2.3.2 创建表格窗体

窗体是一种结构化的文档,其中留有可以输入信息的空间,用户只能在这些空间内输入信息或进行选择,而不可更改别的内容。利用系统提供的"内容控件"功能,为表格创建窗体,并设置窗体保护,主要目的是规范化表格,提高填表的效率和准确率,防止修改表格本身的内容。

1. 显示【开发工具】选项卡

Word 窗体工具和控件位于【开发工具】选项卡,要使用控件创建窗体,首先需要在功能区中显示【开发工具】选项卡。方法如下:

选择【文件】→【选项】命令,弹出【Word 选项】对话框。在"自定义功能区"→"主选项卡"对应选项列表中勾选"开发工具"复选框,如图 2-3 所示。确定后,顶部功能区中已显示【开发工具】选项卡,如图 2-4 所示。

图 2-3 在功能区中显示【开发工具】选项卡

图 2-4 【开发工具】选项卡

> **相关知识**
>
> 什么是结构化文档？
>
> 结构化文档是这样一种文档，可以控制在何处显示内容、显示何种类型内容及能否编辑此内容。如：
> - 法律公司的一些文档，包含用户不应更改的法律用语；
> - 只允许用户输入标题、作者和日期的计划书封面；
> - 客户数据包含在预定义区域中的票据套印。

微课

2. 内容控件

"内容控件"是文档中的实体，是用于充当特定内容的容器。单个内容控件可以包含格式化文本的日期、列表或段落等内容。内容控件的主要功能是帮助用户创建丰富、结构化的内容基块，再将明确定义的基块插入文档的模板中，从而创建结构化文档。Word 2021 包含如图 2-5 所示的 9 种内容控件。

微课

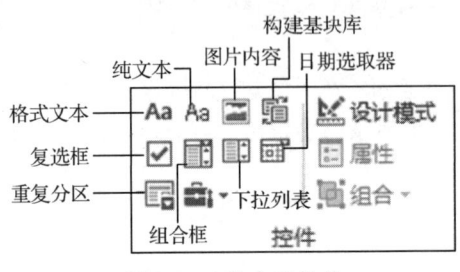

图 2-5　9 种内容控件

（1）格式文本。"格式文本"控件提供一个区域，用户可以在其中输入格式文本，如中西文字、数字号码等文本。

（2）纯文本。"纯文本"控件提供一个纯文本区域，其中不包含格式。格式文本与纯文本的区别是格式文本可对其内容设置格式，纯文本可多行输入。

（3）下拉列表。"下拉列表"控件仅提供一个预设选项列表，可设置多个下拉列表选项供用户选择。此控件是使用得较多的内容控件，可实现高效、规范的输入。

（4）组合框。"组合框"控件用来组合预设选项和用户条目，与下拉列表的区别是组合框不仅能实现在列表中选择，还能根据需要手动输入列表中没有的内容。

（5）图片内容。可以在"图片内容"控件中插入或粘贴图片。

（6）日期选取器。"日期选取器"控件提供一个下拉菜单，可以使用日历选取日期。

（7）复选框。"复选框"控件提供多项可选择的内容，可同时选取多个选项。

（8）重复分区。"重复分区"控件相当于一个模板，对同一主题的内容进行分区，分区中可以放置文字、图片、形状、表格等对象，每个分区相对独立，修改后互不影响。

（9）构建基块库。"构建基块库"控件提供一个"构建基块"下拉菜单，这样能选择的样板文件和其他预设文本就比使用其他控件可选的要多，在使用复杂窗体时很方便。

> **相关知识**
>
> "内容控件"是 Word 2007 版新增的功能，之前版本的旧式控件都包含在"旧式工具 "控件中，如图 2-6 所示。可见，"旧式工具"包含有"旧式窗体"和"ActiveX 控件"。
>
> "旧式工具"控件用于访问 Word 2003（及更低版本）中的旧式窗体工具和 ActiveX 控件工具。

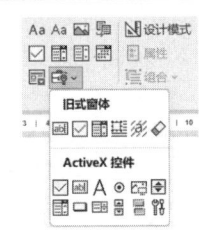

图 2-6　旧式工具

3. 在表格中插入控件

表格中需要填写的内容有多种类型，有的需要填写文本数据，有的需要填写日期，有的需要输入多行文本，有的需要从提供的列表中选择选项，有的需要读入图片等。根据内容的类型，选择合适的"内容控件"应用到"职工个人信息表"表格中，如图2-7所示。

图2-7 表格内容与对应的内容控件

（1）在单行的文本数据单元格中插入"格式文本"控件。将光标定位在待插入控件的单元格中，单击【开发工具】→【控件】→【格式文本内容控件】按钮 **Aa**，即可在单元格中插入该控件。"格式文本"控件占位符显示状态如图2-8所示，设计模式下的控件占位符显示状态如图2-9所示。

图2-8 "格式文本"控件占位符显示状态

图2-9 设计模式下的"格式文本"控件占位符状态

"职工个人信息表"中插入"格式文本"控件的单元格有"姓名""职工编号""身份证件号""籍贯""出生地"等。

（2）在文本类别明确的单元格中插入"下拉列表"控件。"职工个人信息表"中插入"下拉列表"内容控件的单元格有"身份证件类型""政治面貌""职工类别""所在部门"等。"下拉列表"控件占位符显示状态如图2-10所示。

图 2-10 "下拉列表"控件占位符显示状态

（3）在文本类别基本明确的单元格中插入"组合框"控件。"组合框"控件针对的正是下拉列表中选项不够全面的情况，使用"组合框"控件，用户不仅可以选择列表项，还可以根据需要手动输入列表中没有的内容。"职工个人信息表"中插入"组合框"内容控件的单元格有"民族""单位性质类别"等。

（4）在需要填写日期的单元格中插入"日期选取器"控件。插入控件的操作同上，插入的"日期选取器"控件占位符及下拉框显示状态如图 2-11 所示。

（5）插入"图片内容"控件。在单元格中插入"图片内容"控件，并设置其大小为高 4.42厘米，宽 3.52 厘米，设置方法与设置图片的大小相同。"图片内容"控件容器的大小与用户插入图片的大小相同，如图 2-12 所示。

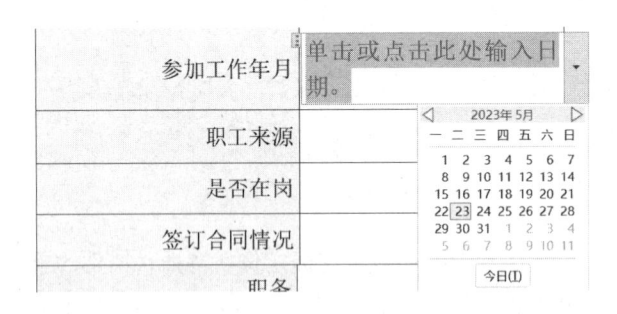

图 2-11 "日期选取器"控件占位符及下拉框显示状态　　图 2-12 "图片内容"控件

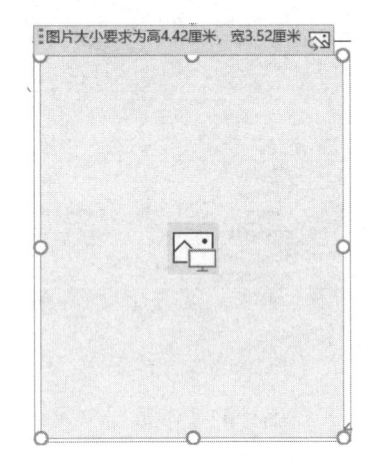

（6）在填写内容较多的单元格中插入"旧式工具"中的"文本框"控件。如"职工个人信息表"中"主要工作业绩"单元格需要填写内容较多，可使用"文本框"控件。将光标定位在"主要工作业绩"单元格中，单击【开发工具】→【控件】→【旧式工具】→【ActiveX 控件】→【文本框】按钮，即可在单元格中插入一个"文本框"控件。

4．设置控件属性

1）设置"格式文本"控件属性

以"职工个人信息表"中"基本信息"栏下的"职工编号"这个"格式文本"控件的属性设置为例。选中需设置属性的控件，单击【开发工具】→【控件】→【属性】按钮，打开【内容控件属性】对话框，如图 2-13 所示。

在"常规"选项组中，设置"标题"为"职工编号为 6 位，如：ND0001"，设置"标记"为"职工编号"；"显示为"为"边界框"。设置后，非设计模式和设计模式状态下"标题"的显示状态分别如图 2-14 和图 2-15 所示。设置的"标题"可作为用户输入内容时的提示信息。

勾选"锁定"选项组中的"无法删除内容控件"复选框，以保证在输入窗体内容时不会把内容控件误删除。建议所有控件都设置此项。

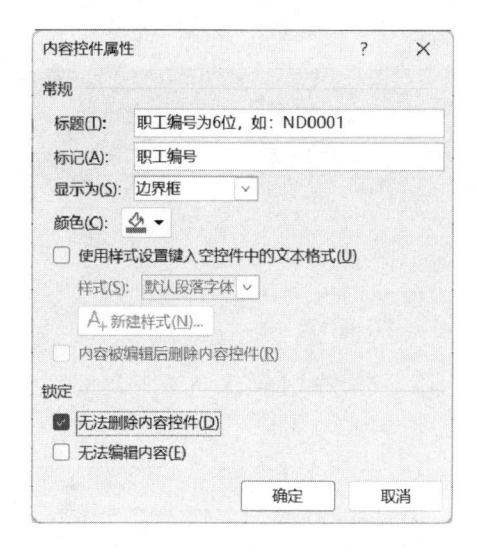

任务 2 基于窗体控件的规范表格制作

图 2-13 【内容控件属性】对话框

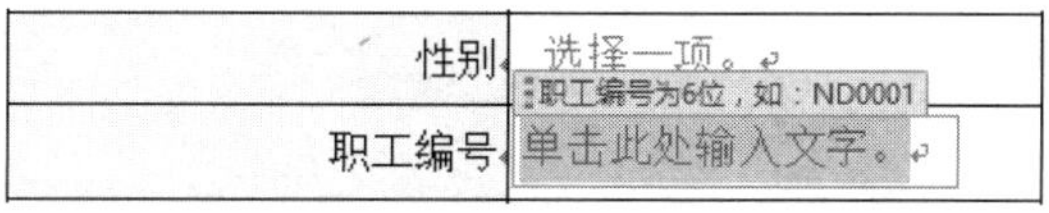

图 2-14 非设计模式下"标题"显示状态

图 2-15 设计模式下"标题"显示状态

> **相关知识**
>
> 设计模式。
> "内容控件"的编辑和完全访问，必须在"设计模式"下完成。单击【开发工具】选项卡中的【设计模式】按钮，即可进入设计模式。例如，如果某个"内容控件"因受保护而不能删除，则只能在设计模式下删除。占位符文本也只能在设计模式下更改。

2）设置"下拉列表"控件属性

以"职工个人信息表"中"基本信息"栏下的"身份证件类型"这个"下拉列表"控件的属性设置为例。将光标定位到要插入控件的单元格中，单击【开发工具】→【控件】→【属性】按钮 属性，打开【内容控件属性】对话框，如图 2-16 所示。

在"常规"选项组中设置"标题"为"请选择身份证件类型"，可作为用户输入时的提示信息。

"下拉列表属性"列表框的设置是该控件的关键，在其中可以添加"身份证件类型"下拉列表中包含的选项。单击"下拉列表属性"列表框右侧的【添加】按钮，弹出如图 2-17 所示的对话框，在"显示名称"文本框中输入列表选项，如"居民身份证"，单击【确定】按钮，即可添加一个列表选项。重复操作依次添加下拉列表的各选项。

可以通过【添加】【修改】【删除】【上移】【下移】按钮对已添加的列表选项进行各种编辑操作。

31

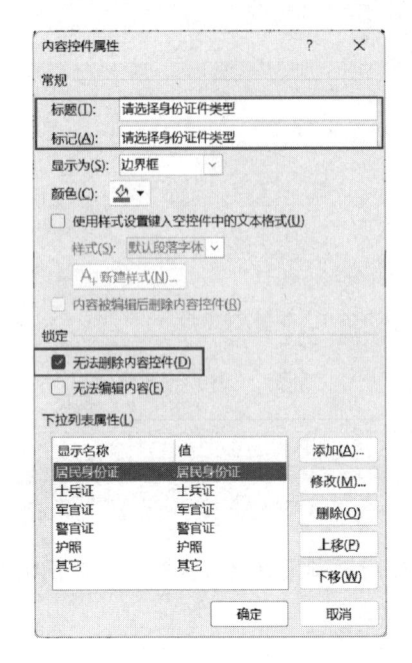

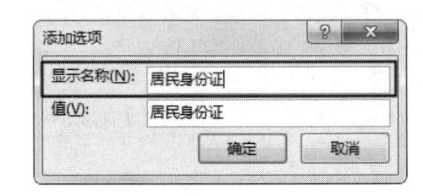

图 2-16　下拉列表【内容控件属性】对话框　　　　图 2-17　【添加选项】对话框

"职工个人信息表"中各下拉列表项及对应内容如表 2-1 所示。

表 2-1　"职工个人信息表"中各下拉列表项及对应内容

下拉列表项	对 应 内 容
性别	男，女
身份证件类型	居民身份证，士兵证，军官证，警官证，护照，其他
政治面貌	中共党员，中共预备党员，民革会员，民盟盟员，民建会员，民进会员，九三学社，群众，其他
婚姻状况	未婚，已婚，离婚
健康状况	健康或良好，一般或较弱，有慢性病，残疾
职员来源	招聘，应往届毕业生，引进人才，军队转业复员，其他
职工类别	合同工，临时工，实习
是否在岗	是，否
用人形式	劳动合同，劳务合同，承揽合同，雇佣
签订合同情况	未签合同，聘用合同，劳动合同，其他
所在部门	总经理办公室，人力资源部，财务部，生产技术部，计划营销部，安全监察部
职务	总经理，副总经理，部门经理，部门主管，职员
专业技术职务任职资格	正高级，副高级，中级，初级
最后学历	博士，硕士，本科，大专，中专，无
学位层次	博士，硕士，学士，无
学位名称（与学位证一致）	哲学，经济学，法学，教育学，文学，历史学，理学，工学，农学，医学，管理学，艺术学，军事学
学习方式	脱产，半脱产，不脱产

3）设置"组合框"控件属性

"组合框"控件与"下拉列表"控件的属性设置方法基本相同，如图 2-18 所示，区别在于前者除了可以在列表中进行选择，还能自行输入内容。本任务表格中有两处用到组合框控件，分别是"民族"选项和"单位性质类别"选项。在这种情况下，建议在属性对话框中设置"标题"内容，以提示用户可自行输入。

4）设置"日期选取器"控件属性

按照上述方法打开日期选取器【内容控件属性】对话框，如图 2-19 所示。此控件的关键是对"日期显示方式"的设置，即设置想要显示的日期格式。本任务表格中所有日期都设置成"yyyy'-'M'-'d"显示格式。

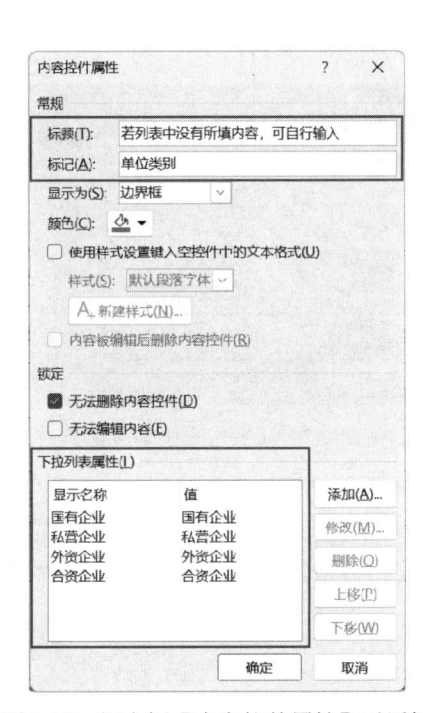

图 2-18　组合框【内容控件属性】对话框 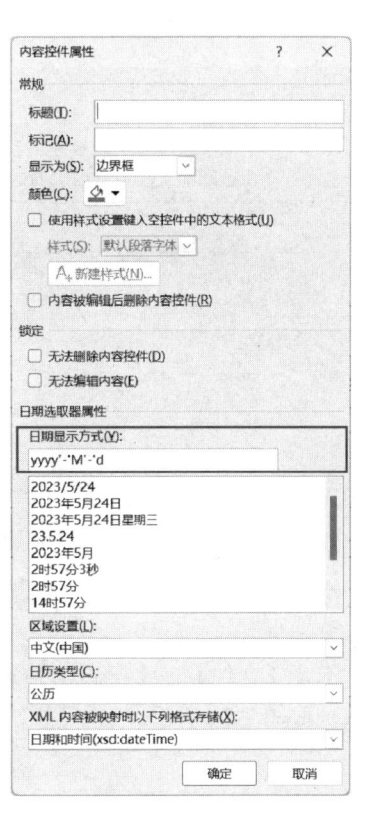　　图 2-19　日期选取器【内容控件属性】对话框

5）设置"图片"控件属性

打开图片【内容控件属性】对话框，设置"标题"为"图片大小要求为高 4.42 厘米，宽 3.52 厘米"，如图 2-20 所示。

填写信息尤其是网上填写，一般会对上传图片有规格要求，比如，要求 JPG 格式，图片大小不能大于 30KB，以及要求图片的宽、高等。但是往往用照相设备或手机拍下的图片都比较大，不符合上传要求，那么，怎么在不损坏图片质量的情况下快速修改图片大小呢？下面介绍两种使用 Photoshop 修改图片尺寸的方法。

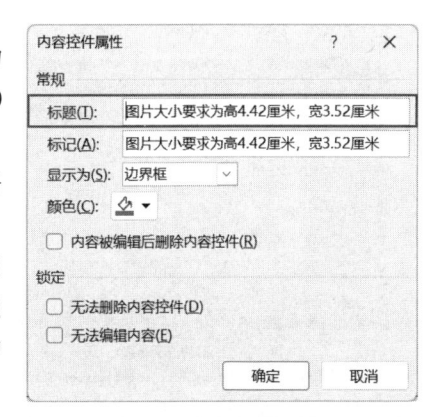

图 2-20　图片【内容控件属性】对话框

方法一：

（1）查看"照片-原图.png"文件的属性，如图 2-21 所示，可以看到当前文件大小为 395KB，占用空间为 396KB。

（2）使用 Photoshop 打开"照片-原图.png"文件。

（3）选择【图像】→【图像大小】命令，打开【图像大小】对话框，可见当前图片大小为宽度 519 像素，高度 612 像素，如图 2-22 所示。而图片要求高度、宽度为 4.42 厘米、3.52 厘米，需要先将厘米换算为像素，1 厘米大约等于 28 个像素，而且像素必须为整数，经过计算，要求的宽度、高度分别应为 99 像素、124 像素。设置后如图 2-23 所示。

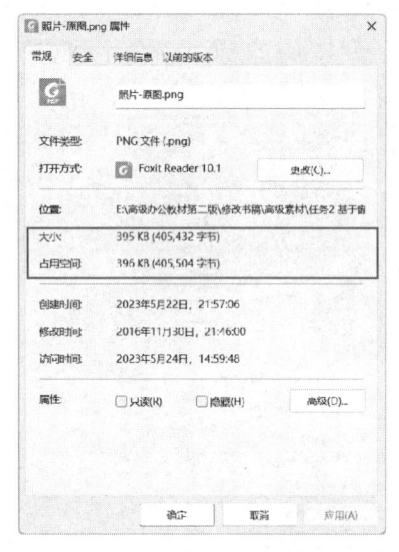

图 2-21 【照片-原图.png 属性】对话框　　　　图 2-22 【图像大小】对话框

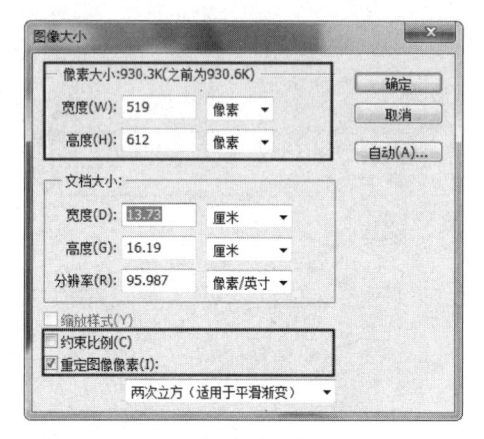

（4）勾选对话框中的"重定图像像素"复选框；如果需保证图片纵横比不变，需要勾选"约束比例"复选框。

（5）选择【文件】→【存储为】命令，在打开的【存储为】对话框中设置文件的文件名和保存格式，如图 2-24 所示。

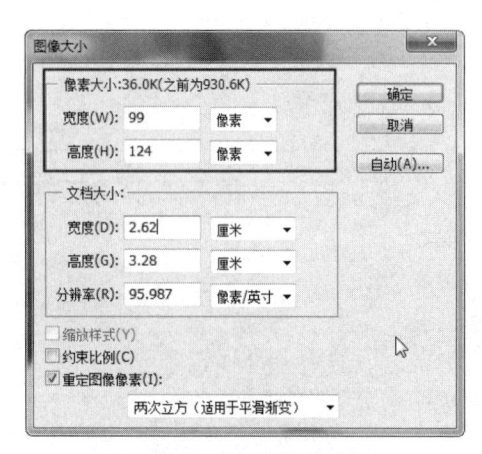

图 2-23 设置后的【图像大小】对话框　　　　图 2-24 【存储为】对话框

（6）可以看到处理后的照片大小变为25KB，如图2-25所示。

图2-25　图片处理前后大小对比

相关知识

　　为什么同一文件，其大小和占用空间不一样呢？文件的大小其实就是文件内容实际具有的字节数，它以 Byte 为衡量单位，只要文件内容和格式不发生变化，文件大小就不会发生变化。但文件在磁盘上所占空间却不是以 Byte 为衡量单位的，它的最小计量单位是"簇（Cluster）"。比方说一个文件大小是5KB，然而该硬盘上每个簇的大小是 4KB，那么显然这个文件要占用两个簇，文件占用的空间就是8KB，而不是 5KB，也就是说文件要占用整数个簇，如果文件没有填满某个簇，也算占用了一个簇。

方法二：

（1）使用 Photoshop 打开"照片-原图.png"文件。

（2）选择【文件】→【存储为 Web 和设备所用格式】命令，打开【存储为 Web 和设备所用格式】对话框，选择对话框左上方的【优化】选项卡，在右上方设置文件类型，单击右下方【图像大小】后的 ，然后设置图像大小，如图2-26所示。

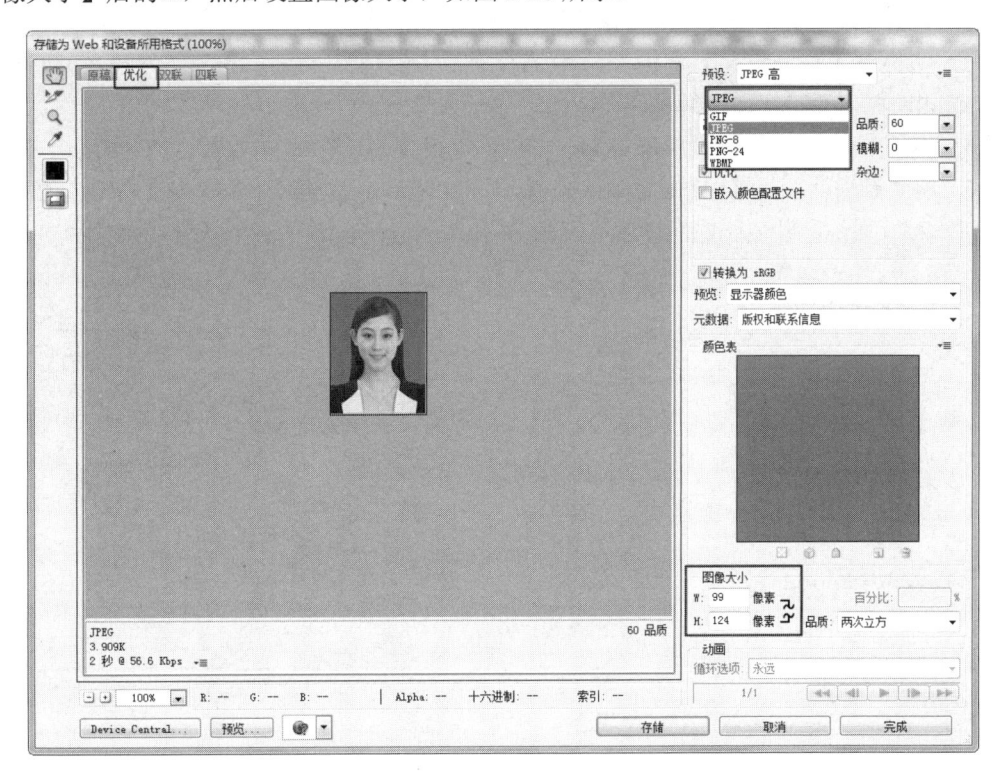

图2-26　【存储为 Web 和设备所用格式】对话框

（3）单击【存储】按钮，打开【将优化结果存储为】对话框，设置图像文件名和格式，如图2-27所示。

35

图 2-27 【将优化结果存储为】对话框

6）设置旧式工具"文本框（ActiveX）"控件属性

（1）将光标定位到"文本框"控件中，单击【开发工具】→【控件】→【设计模式】按钮，使当前处于"设计模式"状态；这时，其下的【属性】按钮 变为可用。

（2）单击【属性】按钮，打开【属性】窗格。

（3）切换到【按分类序】选项卡，将"滚动"下的属性"ScrollBars（滚动条）"设置为"2-fmScrollBarsVertical（垂直滚动条）"。

（4）将"行为"下的属性"MultiLine（多行）"设置为"True"，如图 2-28 所示。

（5）将"杂项"下的属性"Height（高度）"和"Width（宽度）"设置为文本框高度和宽度值，如图 2-29 所示。其他属性保持默认值。

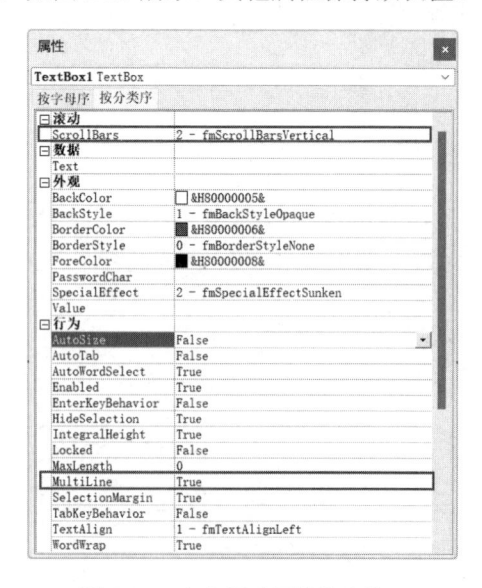

图 2-28　文本框【属性】窗格 1　　　　图 2-29　文本框【属性】窗格 2

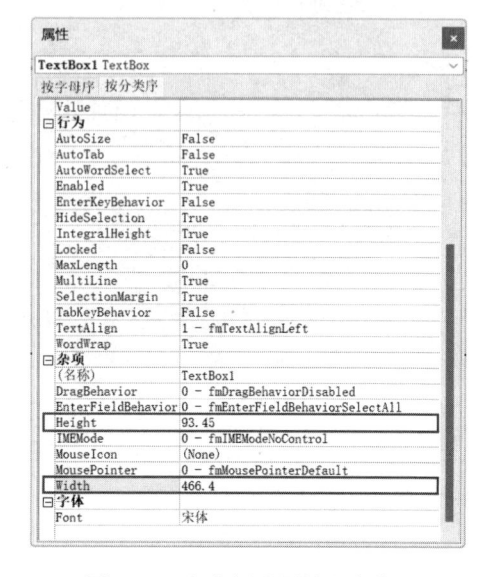

2.3.3 设置窗体保护

为表格创建好窗体后，下一步需要使用编辑限制功能对窗体进行保护。窗体保护的目的是仅允许他人在文档中进行"填写窗体"操作，而不允许进行窗体外内容的修改。Word 的编辑限制功能可以对文档中某些区域进行保护，限定他人只能在规定区域内进行编辑操作。

（1）打开要保护的窗体文档。

（2）打开"限制编辑"任务窗格。单击【开发工具】→【保护】→【限制编辑】按钮，打开【限制编辑】任务窗格，如图 2-30 所示。

（3）设置编辑限制。在【限制编辑】任务窗格的"2. 编辑限制"下，勾选"仅允许在文档中进行此类型的编辑"复选框。在"2. 编辑限制"下拉列表中选择"填写窗体"选项，即仅允许他人在文档中进行填写窗体操作，如图 2-31 所示。

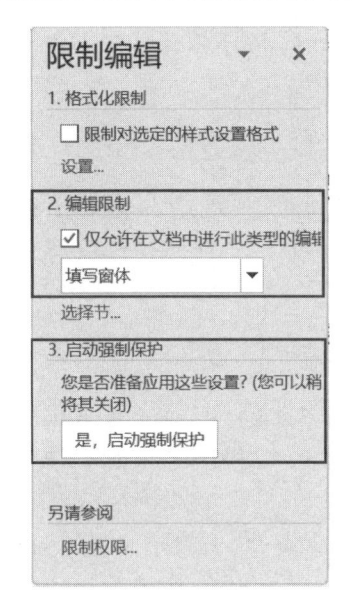

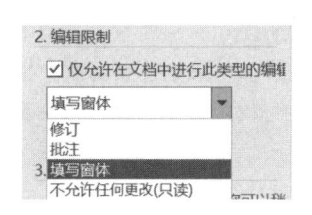

图 2-30 【限制编辑】任务窗格　　　　图 2-31 设置"编辑限制"为"填写窗体"

> **注意**
> 若【是，启动强制保护】按钮为灰色不可用状态，说明当前是"设计模式"，应取消设计模式，因为在设计模式下不能启动窗体的强制保护。

（4）启动强制保护。在【限制编辑】任务窗格的"3. 启动强制保护"下单击【是，启动强制保护】按钮，打开【启动强制保护】对话框，输入"新密码"和"确认新密码"，单击【确定】按钮，如图 2-32 所示。

至此，基于窗体控件的规范表格制作完成。

（5）取消保护。如果要对被保护的文档进行审阅或修改，必须先取消保护。

打开受保护的窗体文件。打开【限制编辑】任务窗格，如图 2-33 所示，单击【停止保护】按钮。在弹出的【取消保护文档】对话框中输入之前设置的保护密码，如图 2-34 所示，单击【确定】按钮即可。

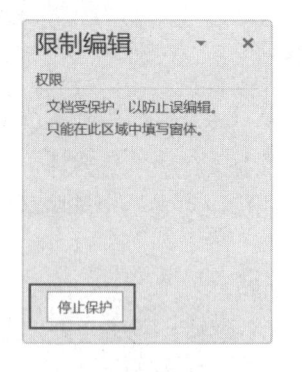

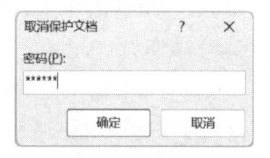

图 2-32　设置保护密码　　　　图 2-33　停止保护　　　　图 2-34　取消保护文档

> **课后导读——个人隐私泄露案件**
>
> 随着信息化社会的到来，个人信息的重要性日益凸显，侵犯公民个人信息获取经济利益的现象逐渐增多，相关灰色产业链已初现雏形，其中国家工作人员利用职务便利非法获取公民个人信息的社会影响尤其恶劣。尽管国家层面一再强调，从企业到个人都不得强行绑架用户、盗用用户信息，但个人信息泄露事件从未中段。
>
> 案件 1：某快递公司员工出售用户隐私案件
>
> 2018 年 4 月，湖北荆州中级人民法院对一起涉及公民信息泄漏案件进行了终审判决，该案以某快递公司员工为信息泄露主体，涉及快递代理商、文化公司、无业游民、诈骗犯罪分子等多方参与的黑产业链条。此案查获涉嫌被泄漏的公民个人信息千万余条，涉及交易金额达 200 余万元人民币，同时查获涉及全国 20 多个省市的非法买卖公民个人信息网络群。
>
> 案件 2：非法出售小区业主信息被判刑
>
> 2016 年 8 月 17 日，经被告人曹山介绍，邢某向西安××信息服务有限公司出售 26.4GB 一百余万条小区业主信息，西安××信息服务有限公司支付给邢某 28000 元，其中曹山获好处费 1 万元，西安××信息服务有限公司已因非法获取公民个人信息被刑事处罚。
>
> 法院认为，被告人曹山违反国家法律规定，向他人提供、以其他方法非法获取公民个人信息，情节特别严重，其行为已构成侵犯公民个人信息罪，依法判处有期徒刑三年又六个月，并处罚金一万五千元；涉案赃款一万一千元依法予以没收。
>
> 请对以上案件进行分析，讨论从中获得的启示和警示。

2.4　拓展实训

实训 1：使用重复分区内容控件制作简历

重复分区内容控件将文字、图像、形状、表格等文档元素组织成一个整体，称为分区，每个分区相对独立，互不影响。使用重复分区内容控件可使文档条理清晰，方便调整和修改。本实训使用重复分区内容控件制作一份求职简历，效果如图 2-35 所示。

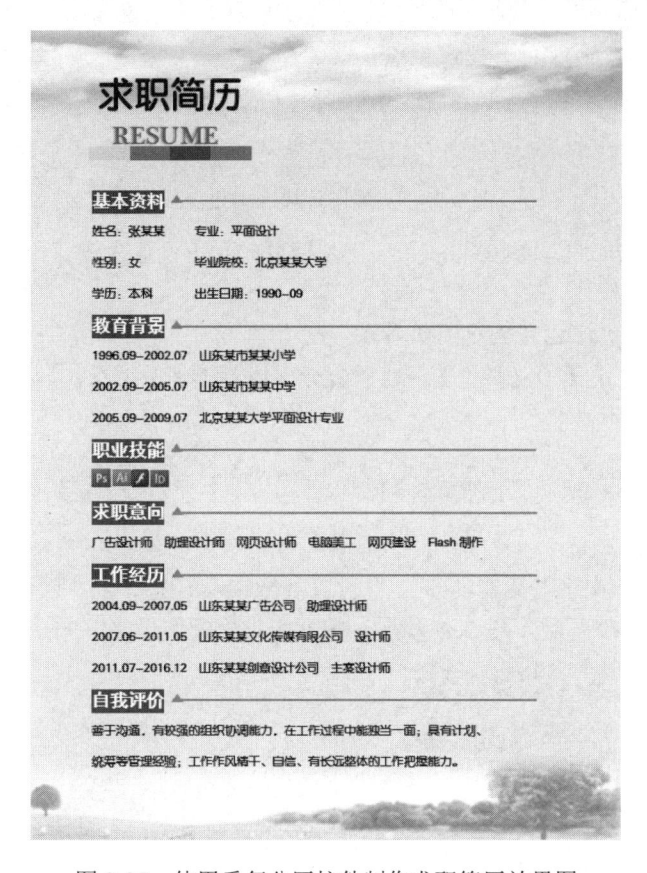

任务 2　基于窗体控件的规范表格制作

图 2-35　使用重复分区控件制作求职简历效果图

操作步骤

1）制作简历背景

（1）搜集两张适合作为简历背景的图片文件，如素材中的"蓝天.jpg"和"草地.jpg"图片文件。

（2）在新建的 Word 文档中，双击顶部页眉区进入页眉编辑状态，并插入"蓝天.jpg"图片。

（3）去掉页眉中的横线。方法：选择【开始】→【样式】→【正文】命令，将页眉样式设置为"正文"即可。

（4）对图片进行裁剪并将其设置为"衬于文字下方"环绕方式，调整图片大小到适合尺寸，效果如图 2-36 所示。

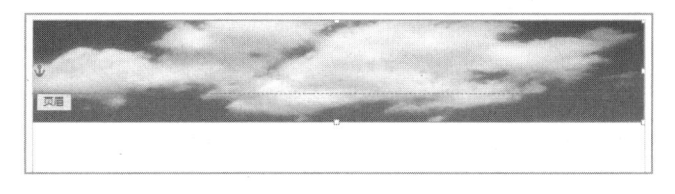

图 2-36　在页眉中插入图片

（5）柔化图片边缘。方法：选择【图片格式】→【图片样式】→【图片效果】→【柔化边缘】→"25 磅"，然后调整图片大小，效果如图 2-37 所示。

39

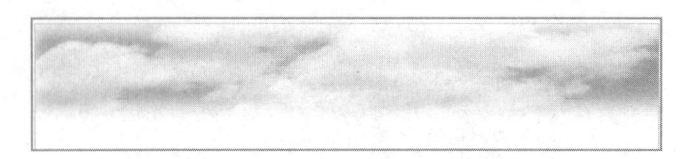

图 2-37　页眉图片边缘柔化效果

（6）以同样的方法设置页脚图片效果，将文档页面颜色设置为淡蓝色。

2）制作简历标题头

3）使用重复分区内容控件创建简历内容

（1）单击【开发工具】→【控件】→【重复分区内容控件】按钮，插入一个重复分区内容控件，如图 2-38 所示。

图 2-38　重复分区内容控件

（2）单击控件输入文字"基本资料"，并设置其格式。制作一个图形（一个三角形和一个直线的组合），放在文字后面，如图 2-39 所示。按回车键换行留出足够的空间。

图 2-39　设置分区格式

（3）设置好以上格式后，重复单击该控件右下方的按钮，生成与"基本资料"内容和格式均相同的分区，更改各分区名称，如图 2-40 所示。

（4）填写各分区内容，并设置其格式，最终效果如图 2-41 所示。

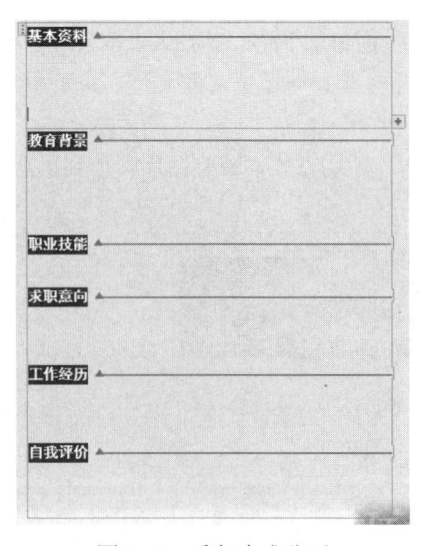

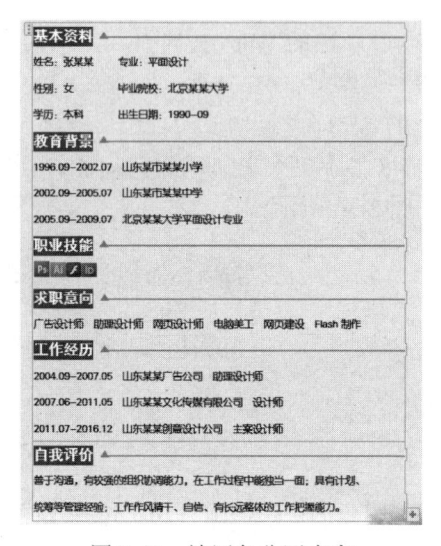

图 2-40　重复生成分区　　　　　　　　图 2-41　填写各分区内容

技　巧（使用制表位快速对齐文本）

在求职简历中，许多文本内容需要对齐，如图 2-42 所示。对齐文本最简单的方法是使用空格键，但这样做既效率低下又不便于后期修改。下面介绍使用"Tab"键实现文本对齐的方法。

（1）选中需要对齐的文本，如图 2-43 所示。

（2）在文本上右击，在弹出的快捷菜单中选择【段落】命令，在打开的【段落】对话框中单击左下角的【制表位】按钮，打开【制表位】对话框，在"制表位位置"文本框中输入制表位的位置，如"12"，单击【确定】按钮，即可设置一个制表位。

（3）将光标定位到需要插入制表位的位置，如"张某某"文本的后面，按键盘上的"Tab"键即可将后面的文本移动到制表位位置。依次操作，即可实现文本快速对齐。

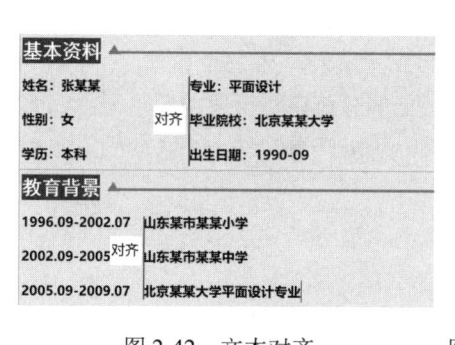

图 2-42　文本对齐　　　　图 2-43　选中需对齐的文本　　　　图 2-44　设置制表位

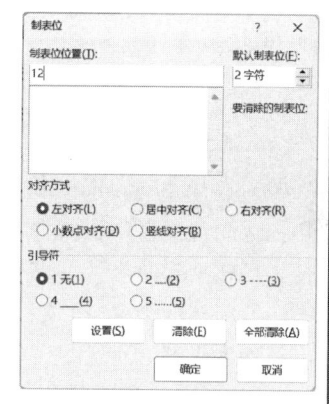

实训 2：套打及批量生成请柬

套打，就是套用一定格式去打印。一般情况下，是指已经有了纸质模板，需要在指定的位置上打印文字、数据、图案等内容。套打在日常生活和工作中也比较常用，比如办公中邀请函、请柬等的套打，证书套打，以及生活中新婚宴请的请柬套打等。套打的作用是省时省力、格式规范、美观、不出错。海临公司计划于 20××年 1 月 28 日举行公司团年晚宴，届时将邀请社会各界、合作伙伴参加。下面介绍如何套打及批量生成公司团年晚宴请柬，效果如图 2-45 所示。

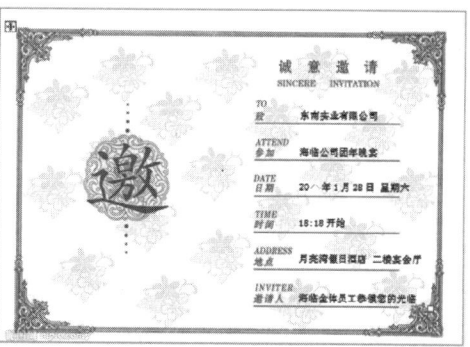

图 2-45　套打及批量生成请柬效果图

41

图 2-45　套打及批量生成请柬效果图（续）

> **操作步骤**

1）页面设置

（1）先用直尺测量原始请柬大小，得到请柬大小为宽 36.4 厘米、高 25.7 厘米。

（2）打开 Photoshop 或其他能扫描图像的软件，用最低的分辨率将请柬中要填写内容的部分扫描成图片文件，存储为"请柬.jpg"。查看该文件属性，可以查看文件大小（此处以像素为单位，可转换为厘米），如图 2-46 所示。

（3）新建一个 Word 文档，设置纸张大小为宽 36.4 厘米、高 25.7 厘米，页边距为上、下、左、右均为 1.27 厘米。

2）将请柬图片设置为水印

将扫描的"请柬.jpg"图片设置为当前文档的水印，如图 2-47 所示。

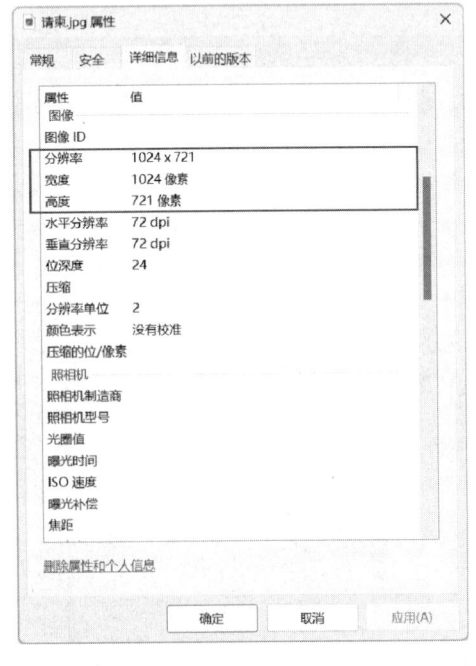

图 2-46　【请柬.jpg 属性】对话框　　　　图 2-47　【水印】对话框

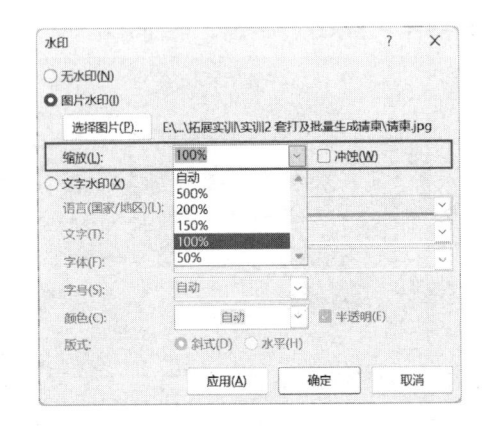

> **注意**
>
> "缩放"一定要设置为"100%",不勾选"冲蚀"复选框。

3)使用表格布局版面

(1)插入一个 15 行 15 列的表格,调整表格大小,如图 2-48 所示。

(2)根据水印请柬中的实际位置,对表格有关单元格大小进行设置及合并,如果表格列数或行数不够或多余,直接进行增加或删除即可。效果如图 2-49 所示。

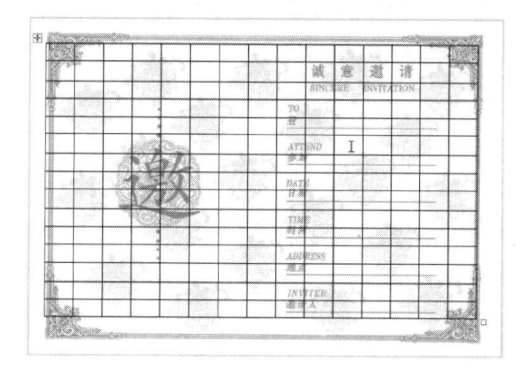

图 2-48 插入 15×15 表格

图 2-49 调整单元格位置及大小

(3)设置完成后,选择整张表格,将表格边框设置为"无"。

(4)在相应单元格中输入对应文字,第一行不填,如图 2-50 所示。

4)根据客户信息表批量生成请柬

(1)海临公司客户信息表如图 2-51 所示。下面使用邮件合并功能批量生成请柬。

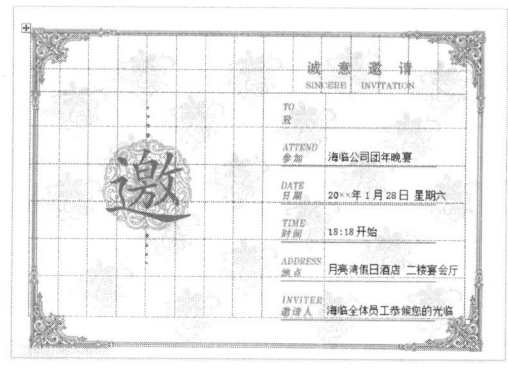

图 2-50 输入请柬文字

图 2-51 客户信息表

① 选择【邮件】→【开始邮件合并】→【开始邮件合并】→【邮件合并分步向导】命令,在 Word 窗口右侧打开【邮件合并】向导窗格。

② 在"选择文档类型"栏中选择文档类型为"信函",如图 2-52 所示。单击【下一步:开始文档】按钮。

③ 在"选择开始文档"栏中选择"使用当前文档",如图 2-53 所示。单击【下一步:选择收件人】按钮。

43

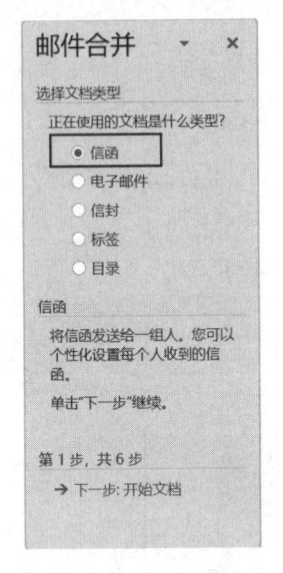

图 2-52　选择文档类型　　　　　　　　图 2-53　选择开始文档

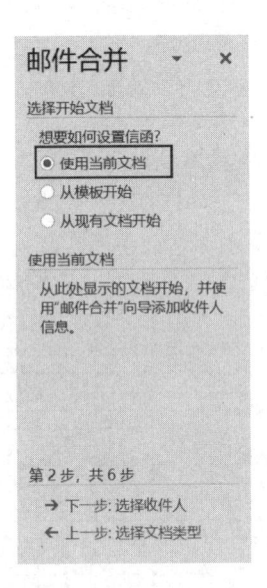

④ 在"选择收件人"栏中选择"使用现有列表"。单击下方【浏览】按钮，打开【选取数据源】对话框，找到"客户信息表.xlsx"文件，单击【打开】按钮，如图 2-54 所示。回到【邮件合并】向导窗格后单击【下一步：撰写信函】按钮。

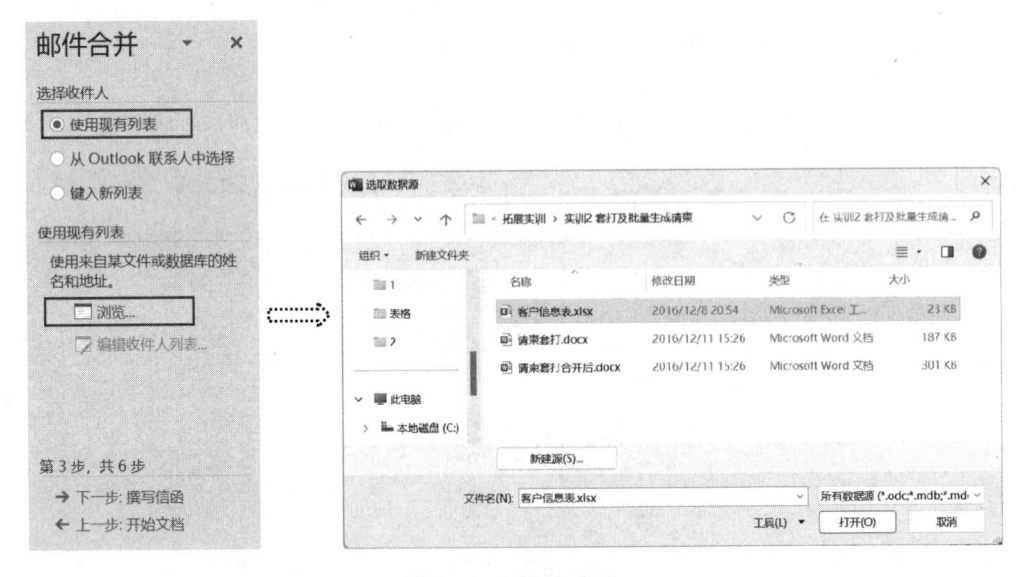

图 2-54　选择收件人

⑤ 将光标定位到 后的单元格中，在"撰写信函"栏中单击【其他项目】按钮，打开【插入合并域】对话框，选择"域"列表框下的"公司名称"选项，如图 2-55 所示，单击【插入】按钮，即可在单元格中插入公司名称域。回到【邮件合并】窗格后单击【下一步：预览信函】按钮。

⑥ 在"预览信函"栏中单击 按钮可预览生成的信函，如图 2-56 所示。如果对格式不满意，可在此进行格式设置。满意后单击【下一步：完全合并】按钮。

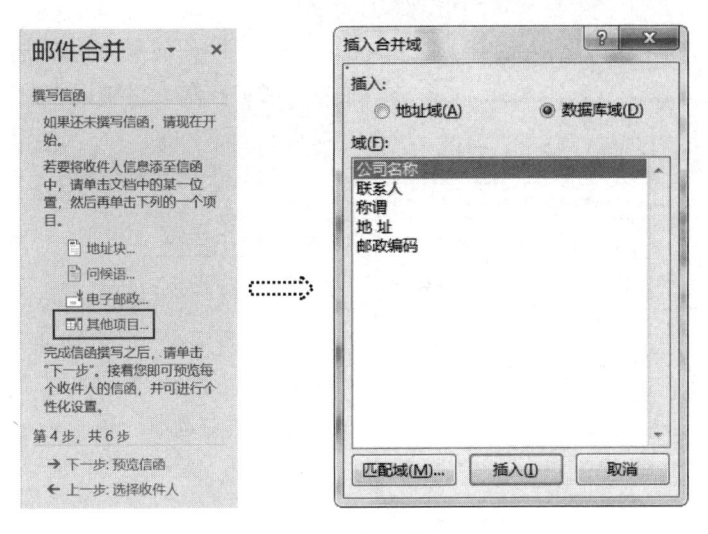

图 2-55 撰写信函

⑦ 在"完成合并"栏中，单击【编辑单个信函】按钮，如图 2-57 所示，在弹出的【合并到新文档】对话框中，选择"全部"单选按钮，如图 2-58 所示，单击【确定】按钮，即可完成邮件合并。

（2）不显示网格线的方法：选中表格或将光标定位到表格中，单击【布局】→【表】→【查看网格线】按钮，取消查看网格线状态，即可不显示表格框线。

（3）打印前取消水印，即可实现请柬批量套打。

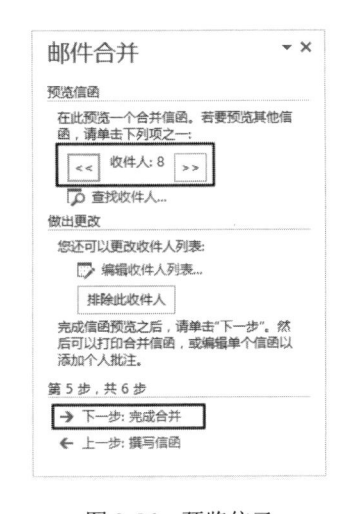

图 2-56 预览信函 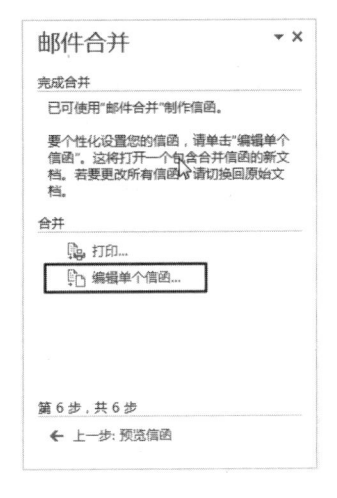　　图 2-57 完成合并 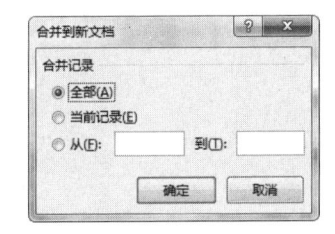　　图 2-58 【合并到新文档】对话框

实训 3：制作企业问卷调查表

问卷调查是常见的对信息和数据进行收集的一种手段，它可以帮助企业或相关部门了解社会上的多种现象，通过对数据和信息进行分析，得出有用的结论，对企业的发展起到了重要作用。下面使用旧式窗体控件和 ActiveX 控件制作一份简单规范的个体私营企业问卷调查表，如图 2-59 所示。本实训可分解成以下任务：

图 2-59　企业问卷调查表

(1) 制作问卷调查表格；
(2) 在单元格中插入控件，并进行其属性设置；
(3) 设置限制编辑。

操作步骤

1. 选项按钮（ActiveX 控件）

"选项按钮"控件即通常所说的单选按钮，用于给定的相互排斥的选项的选取，即只能在一组选项中选取一项（单选）。例如，该问卷调查表中"企业类型"应该在"个体工商户"和"私营企业"两个选项中选择其一，则需要设置"选项按钮"控件，方法如下。

（1）单击【开发工具】→【控件】→【旧式工具】→【ActiveX 控件】→【选项按钮（ActiveX 控件）】，即可在当前单元格中插入一个"选项按钮"控件 ⊙ OptionButton1。

（2）选中该控件，在"设计模式"下，单击【控件】选项组中的【属性】按钮，如图 2-60 所示。

（3）在打开的【属性】窗格中进行该控件属性的设置。切换到【按分类序】选项卡，设置"外观"组下属性"Caption"为"个体工商户"，属性"Value"为"False"；单击"字体"组属性"Font"后面的按钮，可进行字体、字号、字型等设置，如图 2-61 所示。

图 2-60　【属性】按钮

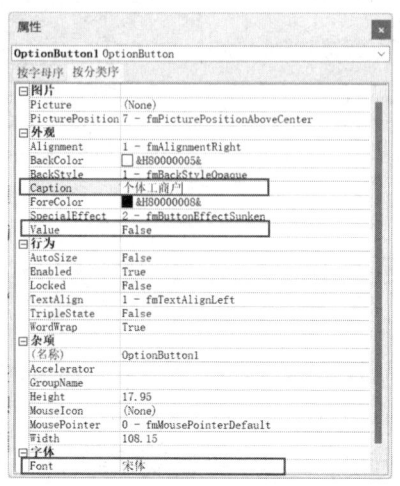

图 2-61　"选项按钮"控件属性设置

（4）对设置好的控件进行复制、粘贴操作。对复制的控件，该表中只需修改属性"Caption"为"私营企业"即可。设置好的"选项按钮"控件效果如图 2-62 所示。

图 2-62　设置好的"选项按钮"控件效果

2. 文本域（窗体控件）

对于日期、数字、文字等的输入可以使用文本域控件。

（1）日期类型，以"成立时间"输入为例。方法：单击【开发工具】→【控件】→【旧式工具】→【旧式窗体】→【文本域（窗体控件）】abl，插入控件；选中该控件，单击图 2-60 中的【属性】按钮打开【文字型窗体域选项】对话框，进行如图 2-63 所示设置。

（2）数字类型，以"注册资金"输入为例。插入并选中该控件，打开【文字型窗体域选项】对话框，进行如图 2-64 所示设置。

（3）文字类型，以"所属行业"输入为例。插入并选中控件，打开【文字型窗体域选项】对话框，进行如图 2-65 所示设置。

图 2-63 文字型窗体域-日期类型

图 2-64 文字型窗体域-数字类型

图 2-65 文字型窗体域-文字类型

3. 组合框（窗体控件）

对于进行列表选择的内容可以使用"组合框"控件，效果如图 2-66 所示。

方法：单击【开发工具】→【控件】→【旧式工具】→【旧式窗体】→【组合框（窗体控件）】，插入控件；选中该控件，单击图 2-60 中的【属性】按钮打开【下拉型窗体域选项】对话框，在"下拉项"文本框中依次输入下拉列表项目，再单击【添加】按钮依次添加到右侧"下拉列表中的项目"列表框中，如图 2-67 所示。

4. 复选框（ActiveX 控件）

"复选框"控件用于给定选项的选取，可以同时选取多项（复选）。如图 2-68 所示为"已享受到的优惠政策和支持"提供的 6 个可多选的选项。

单击【开发工具】→【控件】→【旧式工具】→【ActiveX 控件】→【复选框（ActiveX 控件）】，插入控件；选中该控件，单击图 2-60 中的【属性】按钮打开【属性】窗格，进行如图 2-69 所示的设置。

47

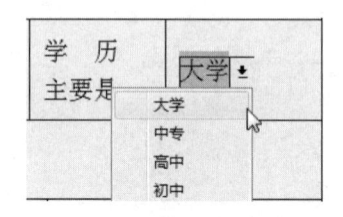

图 2-66 "组合框"控件应用效果　　　　　图 2-67 【下拉型窗体域选项】对话框

图 2-68 "复选框"控件应用效果　　　　　图 2-69 "复选框"控件属性设置

> **相关知识**

控件常用属性及作用如表 2-2 所示。

表 2-2　控件常用属性及作用

属　性	作　用
Alignment	设置标题文本对齐方式
AutoSize	指定控制是否依据其内容自动调节大小 （True：自动调节大小；False：不能自动调节大小）
BackColor	背景颜色，可从弹出的调色板中选择
BackStyle	指定该对象背景是否透明（1：不透明；0：透明）
Caption	该对象的标题文字

续表

属　　性	作　　用
Enabled	设置对象有效（True）/无效（False）
Font	字型，可从弹出的对话框中选择字体、大小和风格
ForeColor	前景颜色，可从弹出的调色板中选择
Height	设置该对象的高度
Picture	设置该对象上的图片
Value	对象处于什么状态，比如复选框是否被选中
Width	设置该对象的宽度

2.5 综合实践

对于负责招聘工作的人力资源部门主管小薛来说，在毕业季他每天都会收到若干求职者的个人简历，这些简历有的几页甚至几十页，也有的就简简单单一页纸，可以说是五花八门、信息杂乱，很难从中获取公司所关注的信息。因此，为了统一格式，方便获得公司所要向求职者了解的信息，有必要根据公司实际需求设计一份格式统一、内容规范的应聘登记表。请根据公司实际情况设计制作一份基于窗体控件的应聘登记表。

如图 2-70 所示为小薛设计的应聘登记表，供参考。

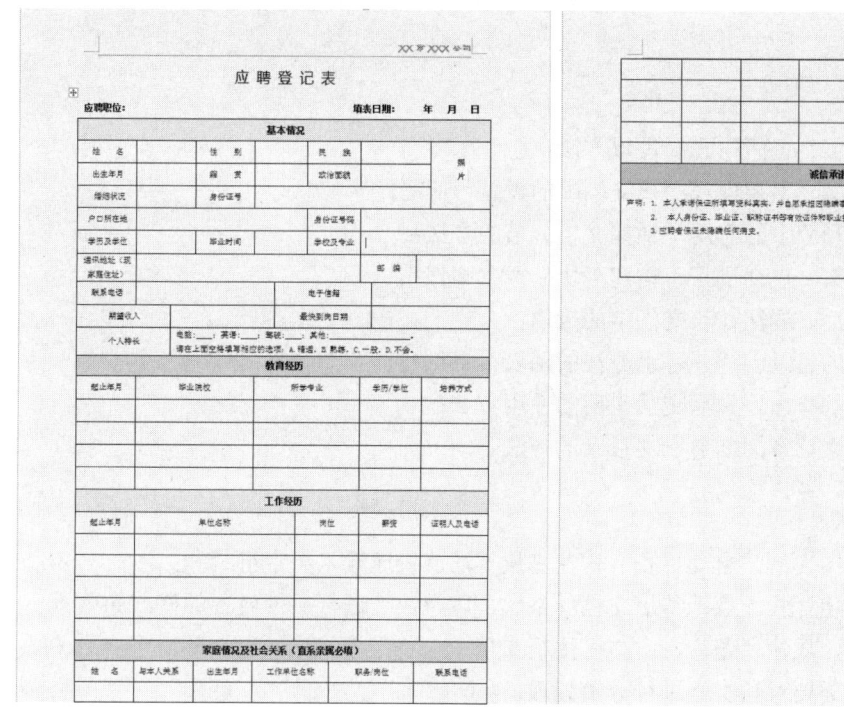

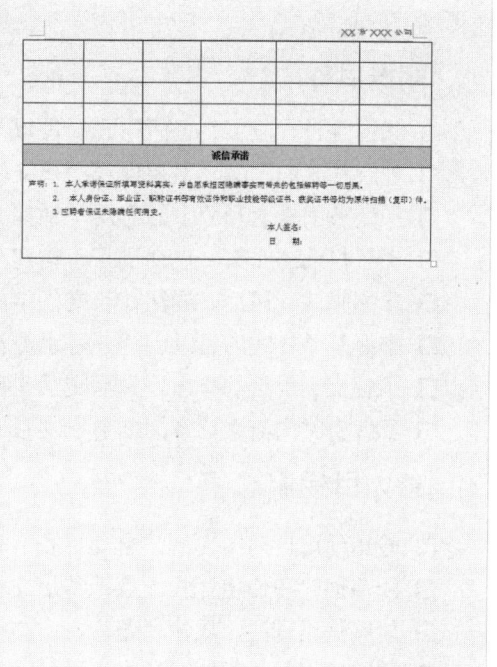

图 2-70　应聘登记表

扫描二维码查看更多综合应用实训案例。

综合应用实训案例 2

任务 3 毕业论文编排

办公中经常需要编辑处理各种长文档，如企业营销报告、宣传手册、活动计划、科研论文、发展规划、规章制度、新产品介绍、书籍等。长文档不仅篇幅较长，而且包含许多其他元素，如图片、表格、绘图、图表、流程图、艺术字、公式等。面对这些短则几千字，长则上万字且纲目结构复杂的文档，仅使用普通的编辑排版方法，不但查找、修改或补充特定的内容费时费力，而且排版质量也不能让人满意。Word 提供了一系列编辑长文档的特定功能，使得对长文档的编辑处理得心应手。

3.1 任务情境

肖彤是某大学大三学生，明年就要毕业了，这一学期要开始进行毕业论文的撰写。撰写论文时，肖彤要根据学校的规范要求对论文进行排版。学校对毕业论文排版的要求细致而复杂，肖彤不知如何实现，无从下手，论文越排越乱。如何有条理、高效地编排和管理长文档是摆在肖彤面前的难题。

知识目标

- 掌握字符、段落、页面格式的设置方法；
- 理解样式的含义，掌握样式在长文档中的设置和应用；
- 了解节的概念和分节的作用，掌握文档分节的方法；
- 了解自动图文集、自动更正、构建基块的概念和作用；
- 掌握脚注、尾注、题注在长文档中的应用；
- 掌握基于样式的目录创建、基于题注的图表目录创建；
- 了解交叉引用的概念，掌握交叉引用的使用方法；
- 了解引文的概念，掌握创建引文目录的方法。

能力目标

- 能够使用自动图文集、自动更正、构建基块等功能快速输入特定符号和文本；
- 能够创建和使用样式，规范整篇文档的格式，以及快速进行文档内容的修改和更新；
- 能够使用脚注、尾注、题注、引文等注释文档；
- 能够根据实际需要对长文档进行分节处理；
- 能够进行文档目录、图表目录、引文目录、索引目录的自动生成和更新。

毕业论文是重要的学术性著作，是学生创新活动成果的体现。毕业论文一般篇幅较长，要求学生不但具有严谨的治学态度，而且要有细致入微、锲而不舍的恒心和毅力。通过学习本任务，让学习者了解创新成果的表达过程，树立创新意识，加强自身学习，积极参与到创新行列中，为建设中国特色社会主义现代化贡献自己的一份力量。

3.2 任务分析

毕业论文是高等院校毕业生提交的一份有一定学术价值的文章，是大学生完成学业的标志性作业，是对学习成果的综合性总结和检验，是大学生从事科学研究的最初尝试，是在导师指导下所取得的科研成果的文字记录，也是检验大学生掌握知识程度、分析问题和解决问题基本能力的一份综合答卷。本任务的目的在于以毕业论文排版为例介绍 Word 长文档的编排。

3.2.1 毕业论文排版要求

某大学毕业论文排版要求如下。

☐ 论文主要结构及装订顺序

1．封面　　　　6．主体部分
2．中文摘要　　7．参考文献
3．英文摘要　　8．攻读××学位期间取得的研究成果
4．目录　　　　9．致谢
5．图表清单　　10．作者简介

☐ 论文字体和字号要求

章标题：三号黑体居中。
节标题：四号黑体居左。
条标题：小四号黑体居左。
正　文：小四号宋体。
页　码：五号宋体。
数字和字母：Times New Roman。

☐ 论文页面设置

页边距及行距：
A4 型纸张，上、下、左、右边距均为 25mm。
章、节、条三级标题为单倍行距。
正文为 1.5 倍行距，段前、段后无空行。
页眉：
页眉分奇、偶页标注，奇数页页眉为"××大学××学位论文"；偶数页页眉为章序号及章标题。
页眉用五号宋体字，页眉上边距和页脚下边距均为 15mm。
页眉标注从论文主体部分开始（绪论或第一章）。
页码：
论文页码从主体部分开始直至结束，用五号阿拉伯数字编连续码，页码位于页脚居中。

□ 论文中的图、表要求

图：

图的编号采用阿拉伯数字按章编号，如图 1-1、图 1-2……

图题为五号宋体加粗，编号与图题之间空半角 2 格。

编号与图题置于图下方居中位置。

表：

表的编号采用阿拉伯数字按章编号，如表 1-1、表 1-2……

表题为五号宋体加粗，编号与表题之间空半角 2 格。

编号与表题置于表上方居中位置。

表内文字为五号宋体，数字和字母为五号 Times New Roman。

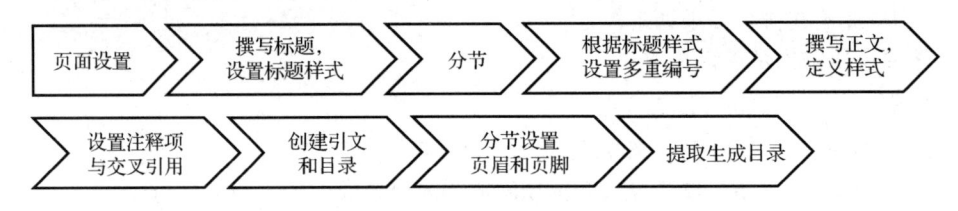

3.2.2 长文档排版基本流程

长文档排版基本流程如图 3-1 所示，具体操作时可根据情况做适当调整。

图 3-1　长文档排版基本流程

如图 3-2 至图 3-4 所示分别是论文封面效果、自动提取的标题目录和图表目录，以及论文正文效果。

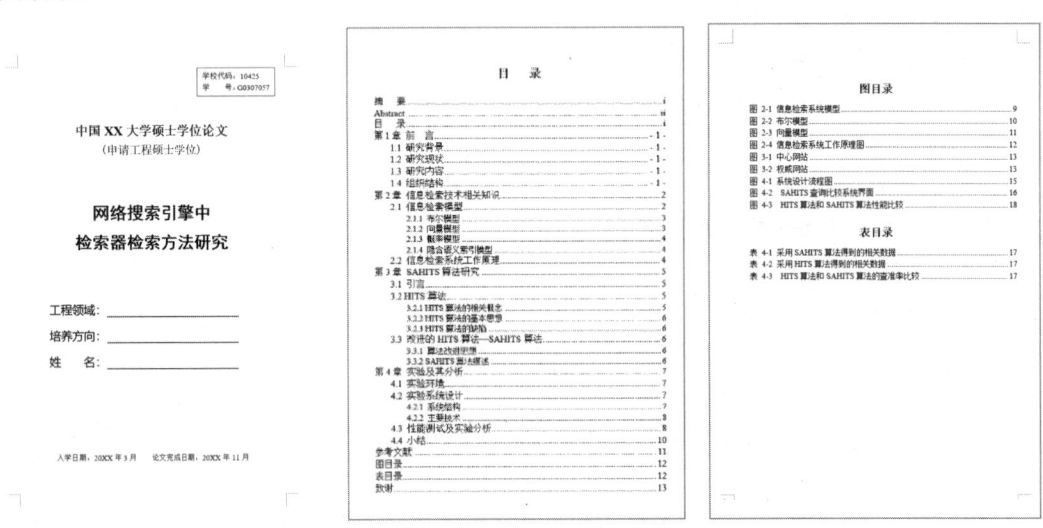

图 3-2　论文封面效果　　　　图 3-3　自动提取的标题目录和图表目录

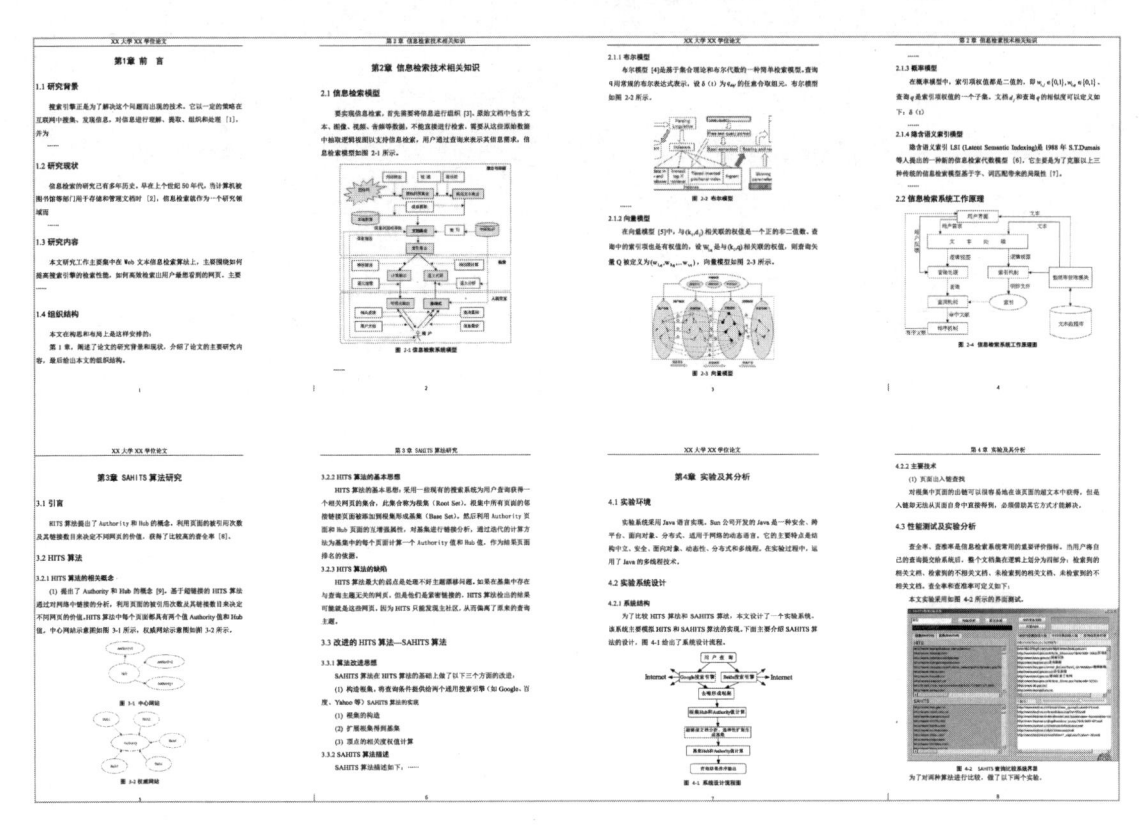

图 3-4　论文正文效果

3.3　任务实施

3.3.1　版面布局与内容划分

1．页面设置

页面设置是文档制作的开始，是文档版面设计的重要组成部分。文档的页面设置包括纸张设置、页边距设置、版式设置和文档网格设置。

（1）纸张设置和页边距设置。根据 3.2.1 节论文页面设置要求设置论文纸张大小和页边距。

（2）版式设置。在【页面设置】对话框【布局】选项卡中，可以设置页眉、页脚的高度，页面垂直对齐方式，行号和页面边距等，如图 3-5 所示。

> **相关知识**
>
> （1）行号设置。单击图 3-5 中【布局】选项卡【行号】按钮，在打开的【行号】对话框中设置"添加行编号"，如图 3-6 所示。
>
> （2）应用于。当前设置的"应用于"范围有 3 个选项："本节""插入点之后""整篇文档"。

图 3-5　版式设置　　　　　　　　　　　图 3-6　行号设置

（3）文档网格。在【页面设置】对话框【文档网格】选项卡中，可以对页面中每页行数和每行字符数进行设置，如图 3-7 所示。在该选项卡中还可以设置文字的方向、页面的栏数。

总之，在编写文档之前要先设置文档页面，养成良好的编辑习惯。不要先编排文档，再进行页面设置，这会导致文档结构混乱，事倍功半，费时费力。

2. 论文提纲

论文提纲是动笔行文前的必要准备，是论文构思谋篇的具体体现。构思谋篇是指组织设计毕业论文的篇章结构，以便作者可以根据论文提纲安排材料素材，展开论证。有了一个好的提纲，就能纲举目张、提纲挈领，掌握全篇论文的基本骨架，使论文的结构完整统一；就能分清层次，明确重点，周密地谋篇布局。如图 3-8 所示为本任务论文提纲，字体格式为默认格式宋体五号。

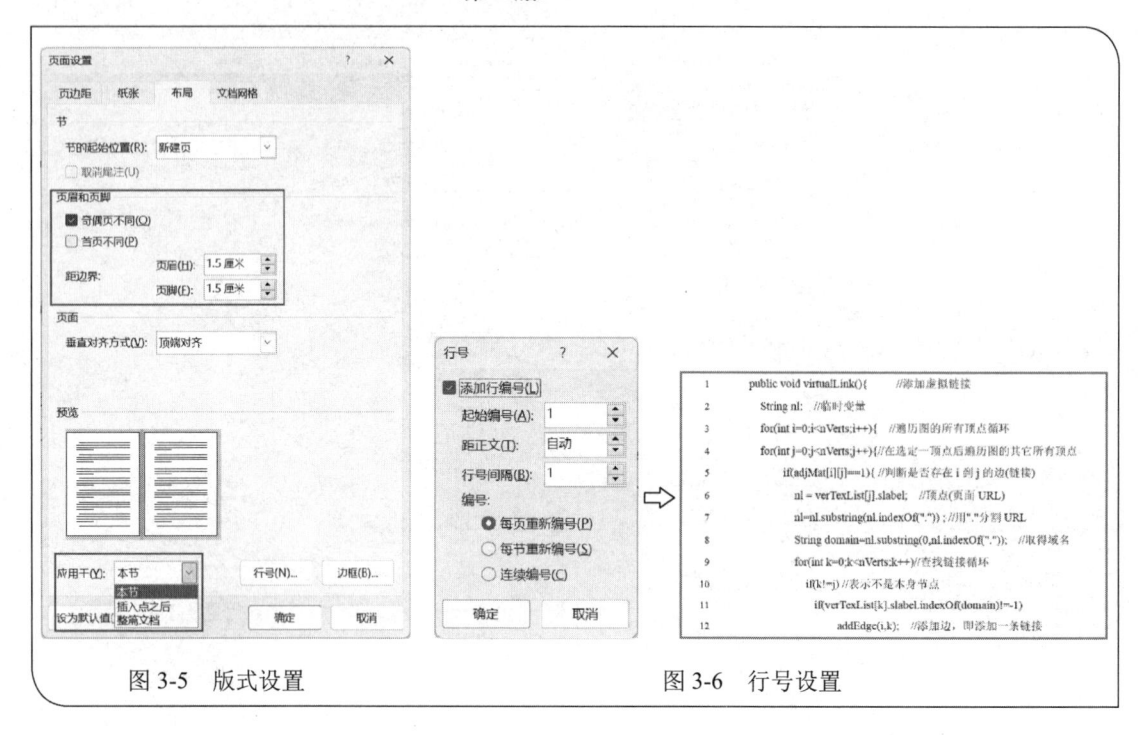

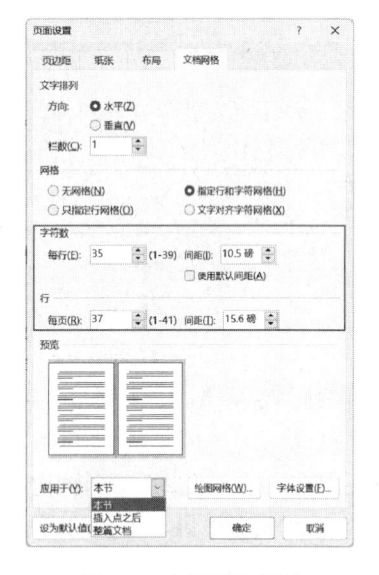

图 3-7　文档网格设置

3. 分节

为了达到论文不同部分采用不同的版面设置、论文结构更加清晰的目的，在论文提纲的基础上进行分节处理，如图 3-9 所示。

要想对文档进行分节，首先将光标定位到需要分节的位置，即插入点（插入点应该设置在前一部分内容的最后一个回车符处或后一部分内容的开始处）。

微课

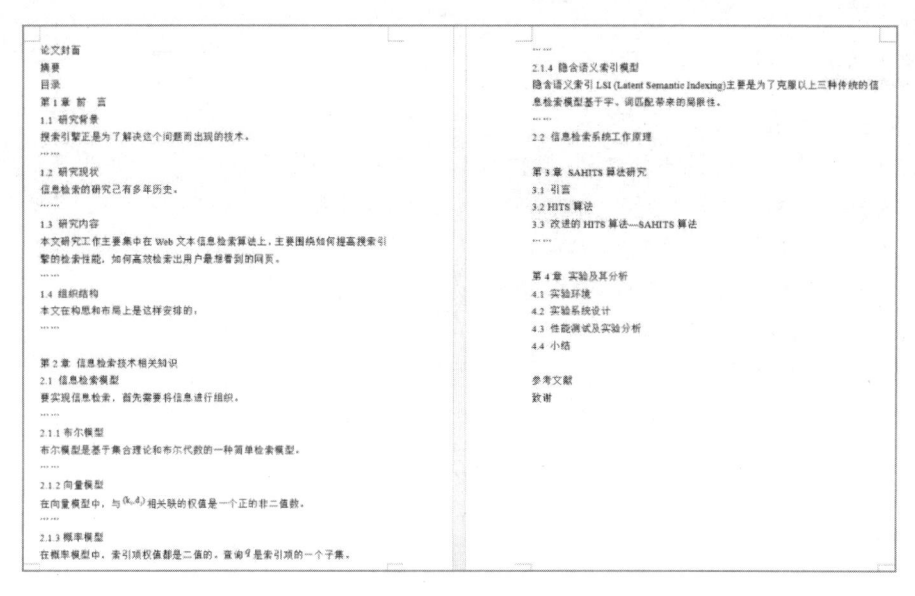

图 3-8 论文提纲

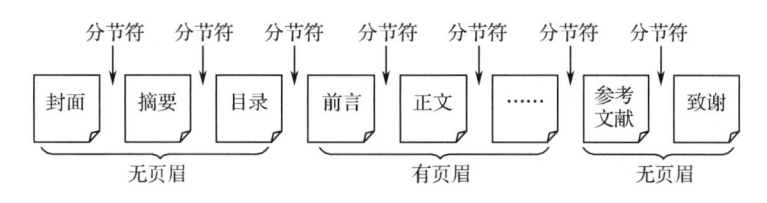

图 3-9 论文分节

将光标定位在插入点，选择【布局】→【页面设置】→【分隔符】→【分节符】→【下一页】命令，如图 3-10 所示，完成一个"下一页"分节符的插入。使用同样方法根据图 3-9 所示节的划分，依次插入"下一页"分节符。

插入分节符后，插入点后一部分的内容将移到下一页。选择【文件】→【选项】命令，打开【Word 选项】对话框，在【显示】选项卡中勾选"显示所有格式标记"复选框，这时可以看到插入的分节符状态，如图 3-11 所示。

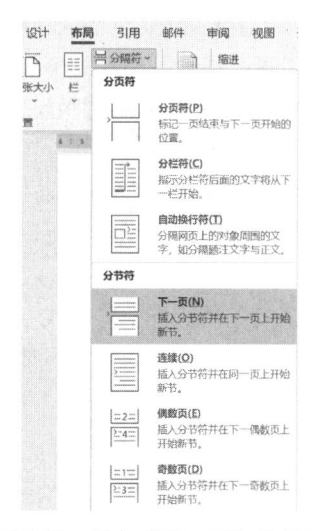

图 3-10 插入"下一页"分节符

图 3-11 插入的分节符状态

> **相关知识**
>
> 1. 节及节的作用
>
> "节"是文档格式的最大单位（或指一种排版格式的范围），分节符是一个"节"的结束符号。默认方式下，Word 将整篇文档视为一节，故默认时对文档的页面设置是应用于整篇文档的。若需要在一页之内或多页之间采用不同的版面布局，只需插入"分节符"将文档分成几节，然后根据需要设置每节的格式即可。分节符中存储了"节"的格式设置信息。
>
> 注意：分节符只控制它前面文字的格式。
>
> 2. 分节符的四种类型
>
> ❑ 下一页：分节符后的文本从新的一页开始。
>
> ❑ 连　续：新节与其前面一节同处于当前页中。
>
> ❑ 偶数页：分节符后面的内容转入下一个偶数页。
>
> ❑ 奇数页：分节符后面的内容转入下一个奇数页。
>
> 3. 删除分节符
>
> 当需要更改文档中分节符的类型或取消分节时，需要将分节符删除。切换到普通视图下，选中需要删除的分节符，按"Delete"键即可删除。
>
> 注意：在删除分节符时，同时还删除了节中文本的格式。例如，如果删除了某个分节符，其前面的文字将被合并到后面的节中，并采用后面节的格式设置。

3.3.2 使用样式快速编排标题与正文

通常长文档中标题和段落较多，各级标题要求设置不同的格式，同级标题及正文段落要使用统一的格式。因此，整篇文档的编排存在大量过程和方法相同的重复操作。如果按短文档的排版方法逐段设置，或使用格式刷复制格式，势必费时费力，也不利于长文档的格式修改和再编辑。Word 中的样式就是解决这些问题、提高排版效率的有力工具。

样式，集字体格式、段落格式、项目符号等格式于一体，是一组命令或格式的集合。样式的调整，将影响到整篇文档中所有套用此样式的文字，可以快速改变文档的格式。使用样式，可以实现文档格式与样式同步自动更新，准确且高效。因此，样式是长文档高效排版必须使用但又较难掌握的关键技术。

在毕业论文的编辑过程中，样式主要用于设置文档的章、节、小节（条）等内容，以及正文、题注等格式，并由此可以创建章节的多级编号、题注的自动编号，它也是文档自动生成目录的基础。

1. 标题大纲级别及格式

根据学校毕业论文格式要求，本文档设置 3 级标题，各级标题的大纲级别及格式如表 3-1 所示。

表 3-1　毕业论文各级标题大纲级别及格式

标题名 或级别	大纲 级别	字体				段落					多级编 号样式
		字体	字号	颜色	加粗	对齐	段前	段后	缩进	行距	
1 级标题	1 级	黑体	三号	黑色	常规	居中	24 磅	12 磅	无	单倍	第 1 章
2 级标题	2 级	黑体	四号	黑色	常规	左	12 磅	12 磅	无	单倍	1.1

续表

标题名或级别	大纲级别	字体	字号	颜色	加粗	对齐	段前	段后	缩进	行距	多级编号样式
3级标题	3级	黑体	小四号	黑色	常规	左	12磅	12磅	无	单倍	1.1.1
正文样式	正文	宋体	小四号	黑色	常规	两端	0	0	首行2字	1.5倍	无
摘要	1级	黑体	三号	黑色	常规	居中	24磅	12磅	无	单倍	无
目录	1级	黑体	三号	黑色	常规	居中	24磅	12磅	无	单倍	无
参考文献	1级	黑体	三号	黑色	常规	居中	24磅	12磅	无	单倍	无
致谢	1级	黑体	三号	黑色	常规	居中	24磅	12磅	无	单倍	无

2. 修改内置标题样式

文字和段落的样式，根据创建主体不同可分为两类：一是 Word 为文档中许多部件的样式设置提供的标准样式，称为内置样式；二是用户根据需要自己设定的样式，称为自定义样式。内置样式一般情况下可满足大多数类型的文档，而自定义样式能够使文档样式更加灵活和个性化，以符合实际需求。

在毕业论文中，一般习惯在章标题上应用内置样式"标题 1"，随后逐级递减。而内置"标题 1"样式不符合实际要求，下面就以修改内置样式"标题 1"为例，介绍修改内置样式的过程。

1）样式库

Word 提供了两种样式库可供选用。一是"快速样式库"，位于【开始】选项卡中的【样式】组，如图 3-12 所示；二是【样式】任务窗格中的样式列表，如图 3-13 所示。

图 3-12 快速样式库

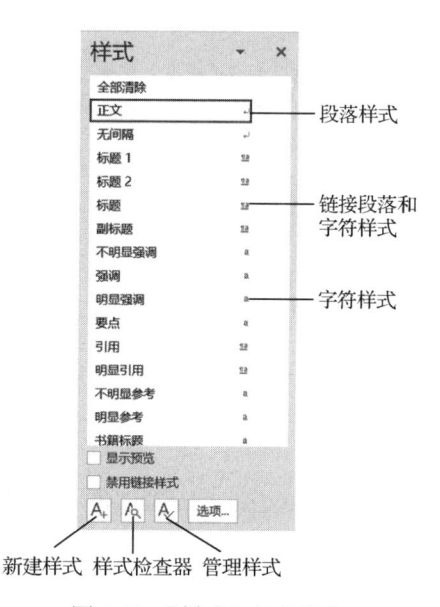

图 3-13 【样式】任务窗格

相关知识

1. 样式类型

根据作用范围，样式可分为字符样式、段落样式、链接段落和字符样式。

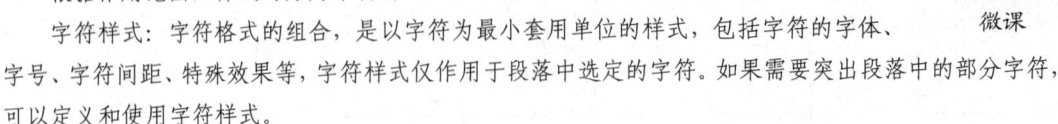

字符样式：字符格式的组合，是以字符为最小套用单位的样式，包括字符的字体、字号、字符间距、特殊效果等，字符样式仅作用于段落中选定的字符。如果需要突出段落中的部分字符，可以定义和使用字符样式。

段落样式：一套字符格式和段落格式，是以段落为最小套用单位的样式，包括字体、制表位、段落格式、边框等。一旦创建了某种段落样式，就可以选定一个或多个段落并使用该样式。即使选取段落内的一部分文字，套用时该样式也会自动套用至整个段落。

链接段落和字符样式：Word 2007 版本后的一种新样式类型。将光标定位于段落中时，链接段落和字符样式对整个段落有效，此时等同于段落样式；当选定段落中的部分文字时，其只对选定的文字有效，此时等同于字符样式。

样式类型会影响到样式的套用，所以在新建或修改样式时要选取正确的样式类型。

2. 标题样式

标题样式是指应用于标题格式设置的内置样式。Word 提供了 9 个不同的内置样式：标题 1～标题 9。若各标题样式不符合实际需求，可对标题样式修改后使用。

如图 3-13 所示，除标题样式外，诸如正文、引用、页眉、页脚等都属于样式。

> **注意**
> 本论文中"摘要""Abstract""目录""参考文献""图目录""表目录"的样式设置是"标题"，而不是"标题1"。

2）修改"标题1"内置样式

① 在图 3-12 中，将光标放置在【标题 1】按钮上，右击，在弹出的快捷菜单中选择【修改】命令，如图 3-14 所示。打开【修改样式】对话框，设置该样式的属性、格式等，如图 3-15 所示。

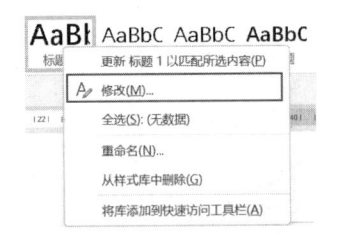

图 3-14 【修改】命令

② 按照要求修改"标题 1"样式。单击【修改样式】对话框左下方【格式】按钮，在打开的【格式】列表中选择"字体""段落"等进行其他详细格式设置，如图 3-16 所示。设置好后，单击【确定】按钮。

③ 选中文字"第 1 章　前　言"，单击图 3-12 样式库中的【标题 1】按钮，即可将选中文字设置为具有"标题 1"样式的标题。

④ 使用格式刷依次将各章标题设置为"标题 1"样式。

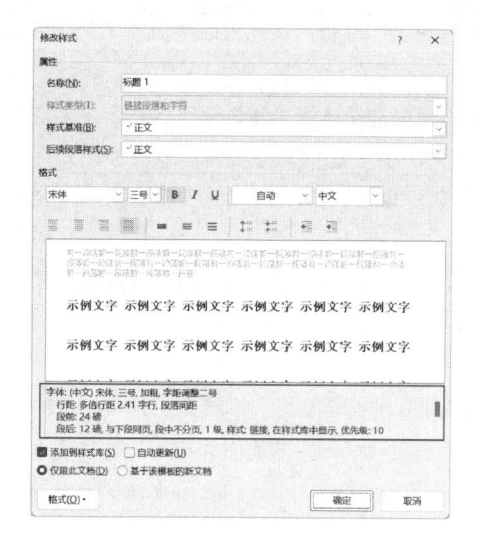

图 3-15 【修改样式】对话框　　　　图 3-16 【格式】列表

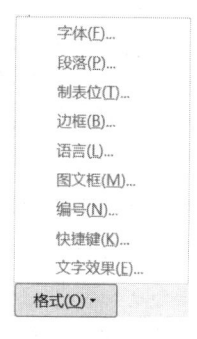

相关知识

（1）勾选图 3-15 下方的"自动更新"复选框有什么作用？若勾选了此选项，那么，当修改了文档中的某标题样式时，样式库中对应的标题样式也会自动随之修改；若不勾选，样式库中对应的标题保持之前的样式，不会修改。例如，在勾选了"自动更新"复选框的前提下，修改标题样式前后效果对比如图 3-17 和图 3-18 所示。

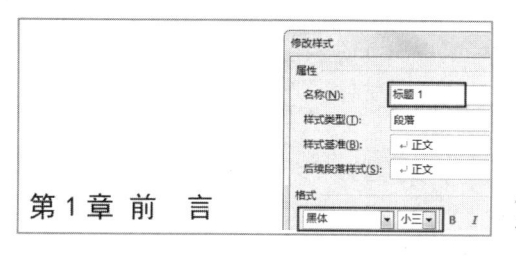

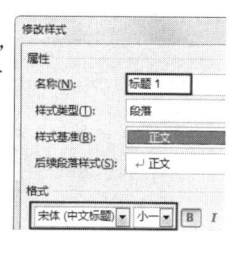

图 3-17　修改前的标题样式　　　　图 3-18　修改标题格式后"标题 1"样式自动更新

（2）"仅限此文档"和"基于该模板的新文档"单选按钮。如果希望今后在创建文档时都带有该新建样式，可勾选"基于该模板的新文档"单选按钮，否则新样式仅在当前的文档中存在。

3）修改并设置其他标题和正文样式

参照表 3-1 中要求，使用同样方法依次修改并设置论文中其他标题和正文的样式。

技　巧（为样式指定快捷键）

通过指定快捷键，用户可以为文档中的文本或段落快速应用合适的样式，而无须在样式列表中选择，快捷又高效。快捷键的设置可以是"Ctrl"或"Alt"加相应字母的组合键，也可以直接是功能键（如 F1 至 F10 功能键），但有些组合键或功能键不能使用，这是因为系统已将其留作他用。以为"标题 1"样式指定快捷键"Alt+1"为例，介绍指定快捷键的方法。

（1）将光标放置在图 3-12 快速样式库中【标题 1】按钮上，右击，在弹出的快捷菜单中选择【修改】命令，打开【修改样式】对话框。

（2）单击左下方【格式】按钮，在打开的【格式】列表中选择【快捷键】命令，打开【自定义键盘】对话框，将光标放置在"请按新快捷键"对应文本框中，按"Alt+1"组合键，如图 3-19 所示。

（3）单击【自定义键盘】对话框左下方【指定】按钮，即可将刚刚输入的快捷键指定为当前快捷键。

指定快捷键后，只要选定需要设置该样式的文本或段落，按"Alt+1"组合键即可将其设置为该样式。

常见问题

样式库列表中没有显示出所需的样式。例如，样式库列表中没有显示"标题 3"样式，处理方法：单击图 3-13【样式】任务窗格中的【管理样式】按钮，打开【管理样式】对话框，切换至【推荐】选择卡，选中"标题 3"，单击"设置查看推荐的样式时是否显示该样式"下的【显示】按钮，如图 3-20 所示。单击【确定】按钮后，"标题 3"样式可见。

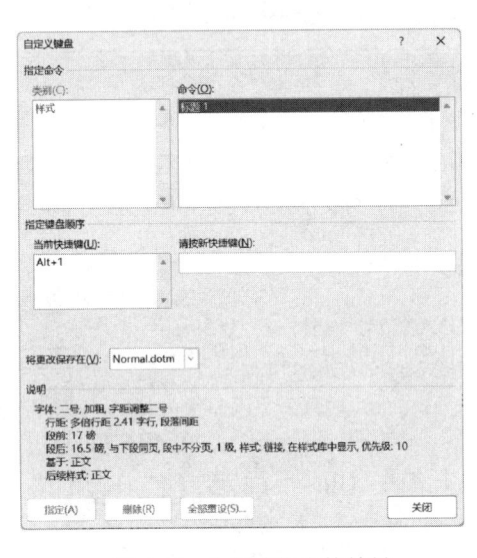

图 3-19　为样式指定快捷键 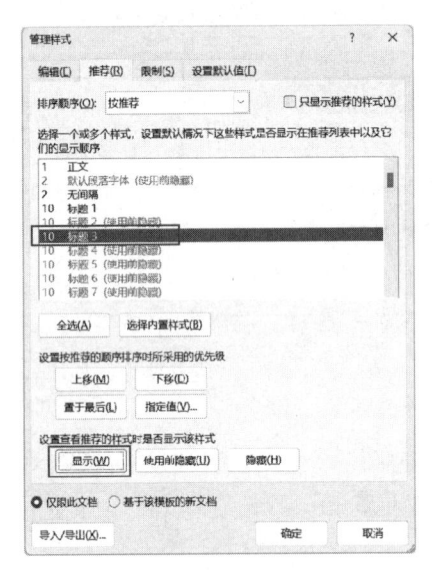　　　　　　　　图 3-20　显示样式

4）将变化的样式快速应用于对应文本或段落

假设，学校对毕业论文的格式要求有所变化，如正文格式从之前的"宋体小四号"变为"宋体五号"，这时就需要对已设置好的正文格式统一进行再设置。可以通过以下两种方法实现。

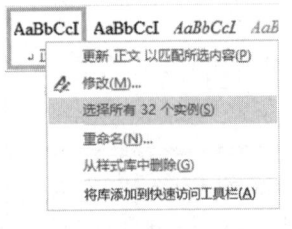

图 3-21　选择所有正文实例

方法一：将光标放在快速样式库中的【正文】按钮上，右击，在弹出的快捷菜单中选择【选择所有 32 个实例】命令，如图 3-21 所示。这时文档中所有正文内容被选中，如图 3-22 所示。然后更改字号为"五号"，这时被选中的所有正文内容都自动变为了"宋体五号"格式。

这个方法可以快速选中整个文档中某个样式对应的全部内容并更改其对应格式，但并不能修改样式本身，也就是说该样式的格式实际并未改变。要想改变样式，只需再执行如图 3-21 中的【更新　正文　以匹配所选内容】命令即可。

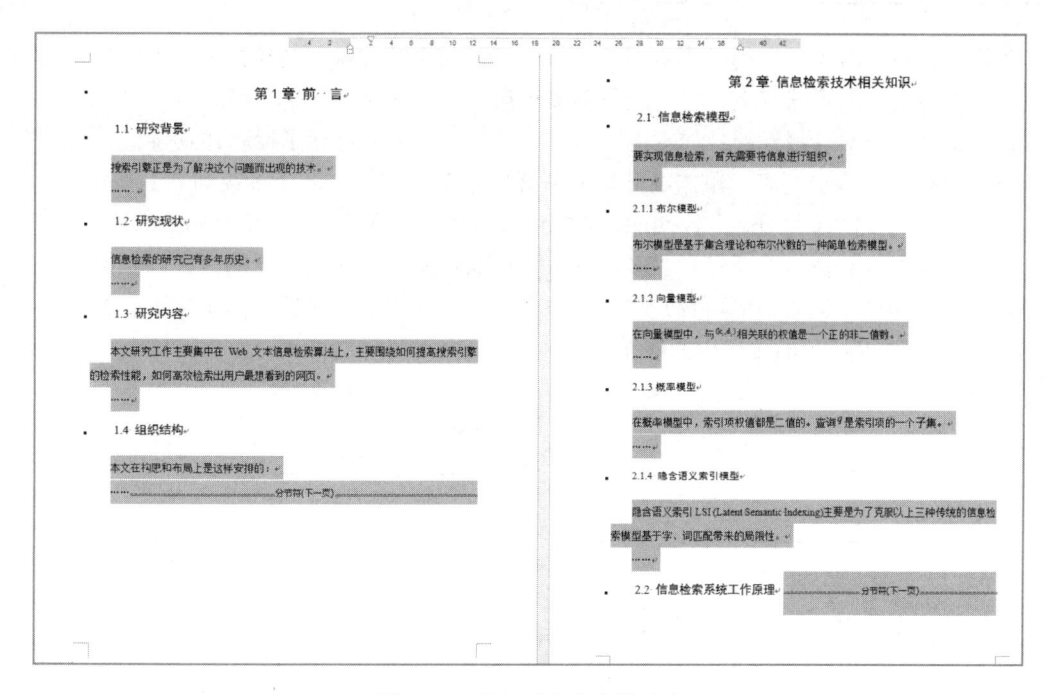

图 3-22 所有正文内容被选中

方法二：单击图 3-21 快捷菜单中的【修改】命令，对"正文"样式进行修改即可，这时所有正文内容将自动更改为修改后的样式。两种方法各有特点，可根据需要选择。

3. 为样式添加段落多级自动编号（多级编号与标题样式的绑定）

如图 3-23 所示，左、右两种排版的区别在于左边虽然进行了标题设置但没有添加自动编号，没有章节编号的排版显然缺少层次感，也不利用统一管理。上面论文中出现的章节编号，如"第 1 章""1.1""1.2""1.2.3"等都是人为一项项输入的，若想根据标题的不同级别自动生成具有继承性的章节编号，则需要通过多级编号与标题样式的绑定来实现。

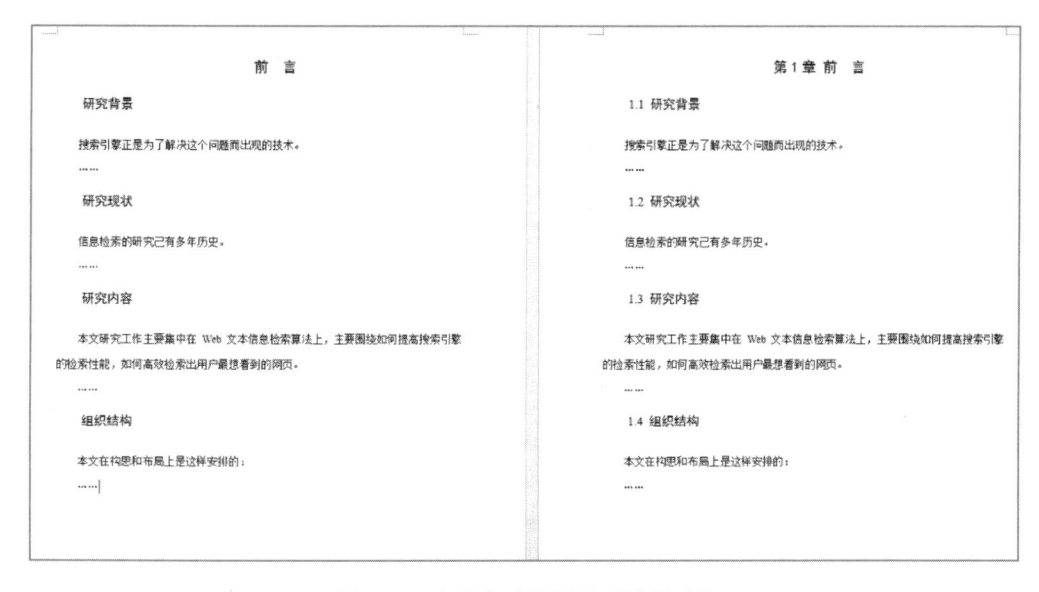

图 3-23 章节自动编号前后效果对比

为样式添加具有继承性的段落多级自动编号，是长文档实现自动化排版的关键技术之一。通过多级编号与标题样式绑定，可实现段落多级自动编号的添加。

前提条件：已对各级标题（如本例中的章、节、小节等）进行了标题样式设置。

（1）选择一种多级列表。单击【开始】→【段落】选项组中的【多级列表】按钮 ，弹出如图3-24所示的"多级列表"样式库。从中选择一种列表样式，此处选择第1行第3个样式。

（2）定义多级列表。重新打开"多级列表"样式库，单击【定义新的多级列表】命令，打开【定义新多级列表】对话框，打开对话框时左下方是【更多】按钮，单击【更多】按钮之后就变为了如图3-25所示的【更少】按钮。

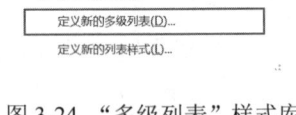

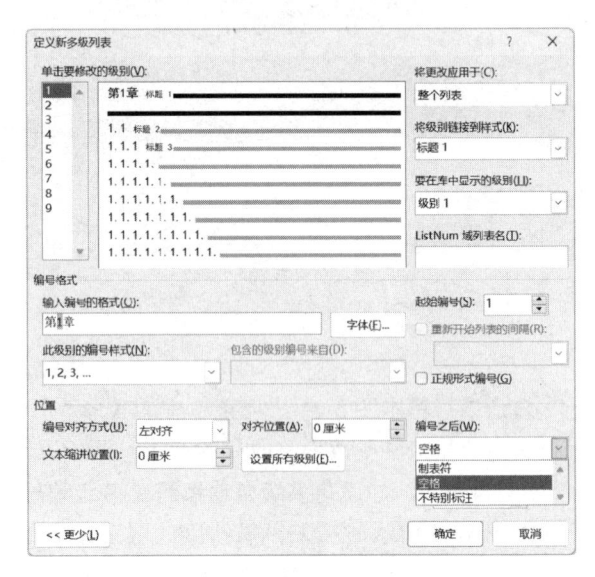

图3-24 "多级列表"样式库　　　　图3-25 【定义新多级列表】对话框

（3）定义1级编号参数。在【定义新多级列表】对话框中定义如下参数。

"单击要修改的级别"选择"1"，即级别为1。

"将更改应用于"选择"整个列表"。

"将级别链接到样式"选择"标题1"，即将"级别1"与"标题1"样式链接。

"输入编号的格式"对应文本框中默认只显示"1."并呈灰色底文状态，表示它是一个编号域，可以自动编号；在其前、后分别输入"第"和"章"文字，使得级别1编号显示形式为"第1章"。

"文本缩进位置"为"0厘米"。

"编号之后"提供"制表符""空格""不特别标注"3个选项，表示编号"第1章"与标题内容"前言"之间的分隔。

（4）级别2、级别3的修改方法也是如此，具体可参考图3-26。所有级别设置完成后，单击【确定】按钮，返回文档，可见文档中所有的标题样式均添加了自动编号。

（5）更新标题样式。若某个标题样式编号不正确，可通过更新"样式"进行修正，如右击"标题1"样式，在弹出的快捷菜单中选择【选择所有7个实例】命令，如图3-27所示，则文档中7处使用"标题1"样式的文字被选中，然后单击菜单中【更新 标题1 以匹配所选内容】命令，即可更新标题1文字编号。

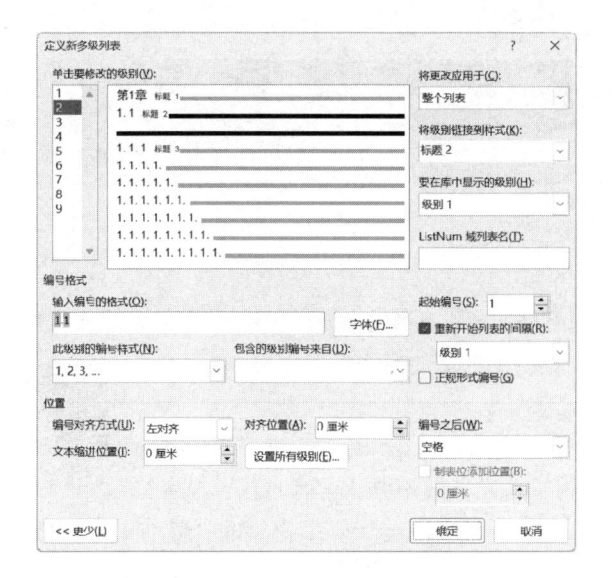

图 3-26　定义 2 级编号参数　　　　　　　　图 3-27　更新标题样式

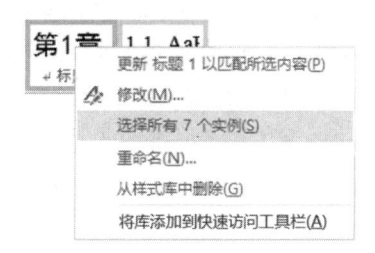

4. 图片、表格、形状、图表等样式

上述主要介绍的是文字与段落的样式，除此之外，对于文档中的图片、表格、形状、图表、SmartArt 等对象系统也预设了一些样式，如图 3-28 至图 3-32 所示。选定对象，单击所需的样式即可套用；若预设的样式无法满足需要，也可以使用提供的工具自行调整。

图 3-28　图片样式

图 3-29　表格样式

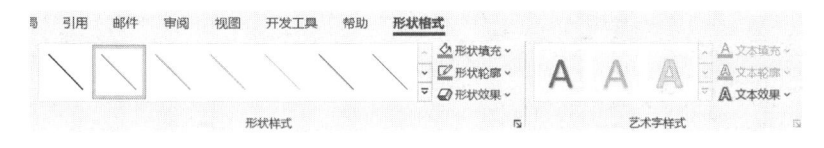

图 3-30　形状样式

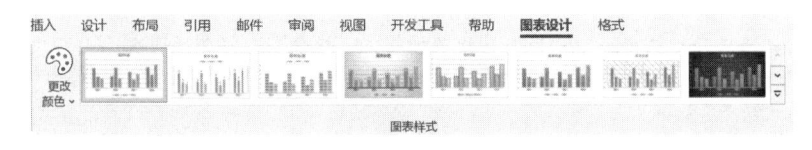

图 3-31　图表样式

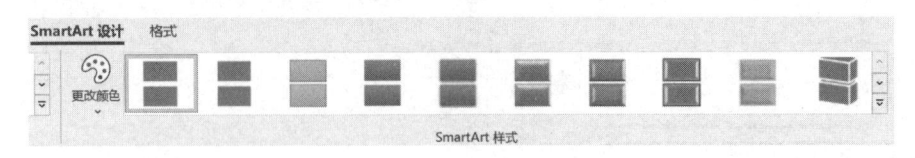

图 3-32 SmartArt 样式

3.3.3 论文正文的输入

正文是论文的主体。正文中除主要包含文字外，通常还包含图形、图表、表格、特殊符号、公式等对象。如何快速、准确地输入正文内容对整个论文的完成非常重要。

1. 快速输入特殊字符或特定文本

文字编辑过程中经常需要输入一些特殊字符，如 δ、γ、β、Ω、θ、λ、☞、📖、↔、→等，由于键盘上或输入法自带的特殊字符输入功能并不强大，有时找一个字符会占用很长时间。对于论文中反复出现的特殊字符，可以通过 Word 提供的"自动更正"功能实现快速输入。比如，论文中反复出现字符"δ"，则可以通过以下方法实现快速输入。

（1）选择【插入】→【符号】→【符号】→【其他符号】命令，在打开的【符号】对话框中找到字符"δ"，如图 3-33 所示。单击左下方【自动更正】按钮，弹出【自动更正】对话框。

（2）此时"替换为"对应文本框中已自动填入了"δ"，在"替换"对应文本框中填入替换字符，此处设置了"(d"，如图 3-34 所示。单击【添加】按钮即可将其添加到自动更正库中。

（3）下面，只要需输入"δ"，按"(d"键后立即按回车键即可。

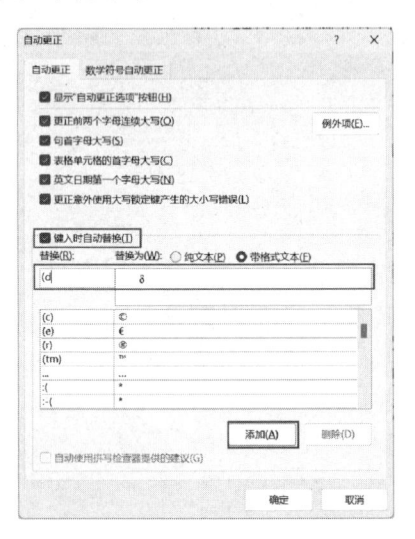

图 3-33 【符号】对话框　　　　　　　图 3-34 【自动更正】对话框

拓展

若想快速输入论文中常出现的固定语句、短语等特定文本（如反复出现"信息检索模型""SAHITS 算法"等），也可通过"自动更正"功能来实现快速输入。想想看，还有哪些情况可以使用此方法？

技 巧

1. 快速输入各种分割线

连续输入 3 个以上半角 "-"（减号）符号，再按回车键，可以得到一条长横线 "————"。

连续输入 3 个以上半角 "=" 符号，再按回车键，可以得到一条双实线 "===="。

连续输入 3 个以上半角 "~" 符号，再按回车键，可以得到一条波浪线。

连续输入 3 个以上半角 "*" 符号，再按回车键，即可得到一条虚线。

2. 输入生僻字

有些生僻字不知道怎样读，使用拼音无法输入。在拼音输入法状态下，敲 "u" 然后按照该生僻字的书写顺序，输入前两个汉字的全拼，如下所示，即可得到该生僻字。

     嫑 u'bu'yao 嫘 u'nv'lei 饪 u'shi'ren
      1 嫑(biáo)   1 嫘(léi)   1 饪(rèn)

3. 设置字符格式和段落格式快捷键

快捷键	功能
Ctrl+Shift+F	调出字体对话框
Ctrl+Shift+>	加大字体
Ctrl+Shift+<	减小字体
Ctrl+Shift+A	将所选字母设为大写
Ctrl+B	应用加粗格式
Ctrl+U	应用下画线格式
Ctrl+I	应用倾斜格式
Ctrl+1	单倍行距
Ctrl+2	双倍行距
Ctrl+5	1.5 倍行距
Ctrl+0	在段前添加一行间距
Ctrl+Shift+N	应用 "正文" 样式
Alt+Ctrl+1	应用 "标题 1" 样式
Alt+Ctrl+2	应用 "标题 2" 样式
Alt+Ctrl+3	应用 "标题 3" 样式

2. 自动图文集与构建基块

自动图文集是用来存储要重复使用的文字或图形的地方。自动图文集中不仅包含固定的文本内容，还可包含图形、图像、表格等内容。当需要这些对象内容时，只需要输入自动图文集的名称，再按 F3 键或回车键即可快速输入，提高工作效率。

1）将文本块存储至自动图文集

例如，在日常办公中经常会使用到的，如公司通信地址等信息添加到自动图文集。

（1）输入并选中如图 3-35 所示公司通信地址等内容。

（2）选择【插入】→【文本】→【文档部件】→【自动图文集】→【将所选内容保存到自动图文集库】命令，打开【新建构建基块】对话框。

（3）设置基块的"名称""库""保存位置"，如图 3-36 所示，此处设置基块"名称"为"公司信息"。

图 3-35 输入公司通信地址信息等内容

图 3-36 【新建构建基块】对话框

（4）回到文档，输入"公司信息"文字并立即按回车键，即可得到如图 3-35 所示文本。

（5）也可以使用以下两种方法实现。

① 输入"公司"二字，文字上方自动出现一个词条，按回车键即可，如图 3-37 所示。

② 选择【插入】→【文本】→【文档部件】→【自动图文集】命令，单击其下"公司信息"图文集即可，如图 3-38 所示。

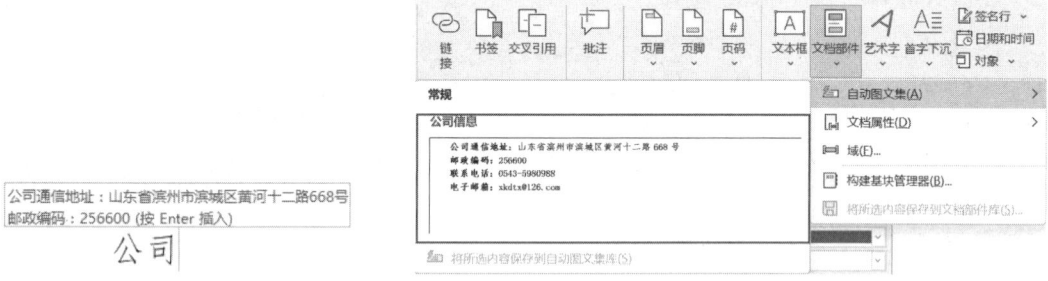

图 3-37 输入基块名称自动出现词条

图 3-38 选择自动图文集

2）创建可重用的构建基块

在日常办公中，总是要重复使用一些文字，如页眉、页脚、企业介绍、企业 Logo 等，或是一些固定格式的文字、图标、表格等。假如每次编辑文档都要重新输入一次非常麻烦，因此需要有一个文档库把经常用到的信息保存起来，方便以后随时调用。Office 为用户提供了"构建基块管理器"功能，利用此功能，用户可以把需要经常使用的资料存放到这里，以便随时调用。

构建基块是在库中存储的可重用内容片段或其他文档部分，如文本、图形、表格或其他特定对象，用户可以随时访问和重用构建基块，也可以通过模板保存和分发构建基块，方便其他用户使用你所创建的构建基块。例如，论文中的表格应采用统一格式，为避免重复操作，可以将表格模板创建为构建基块，以供重复使用。

（1）选择已制作好的表格模板。

（2）选择【插入】→【文本】→【文档部件】→【自动图文集】→【将所选内容保存到文档部件库】命令，打开【新建构建基块】对话框。

（3）在对话框中进行如图 3-39 所示设置。

图 3-39 【新建构建基块】参数设置

"名称"为构建基块的名称。此处定义为"论文集"。

"库"选择构建基块保存到的库。默认情况下将保存到"文档部件"库中,当然也可以选择保存到"封面""页眉""页脚""文本框"等库中。选择保存到哪个库,在使用该构建基块时就需要到相应的库中查找。此处选择了"表格"库。

"类别"选择一个类别,如"常规""内置""创建新类别"。

"说明"输入构建基块的说明。

"保存位置"选择保存至"Building Blocks.dotx"模板或"Normal.dotm"模板,建议不要随意将构建基块保存到 Normal 模板中。

(4) 在文档中插入已创建的构建基块。选择【插入】→【文本】→【文档部件】→【构建基块管理器】命令,打开【构建基块管理器】对话框,找到"论文集"构建基块,如图 3-40 所示,单击下方的【插入】按钮即可得到所需表格。从图 3-40 中可以看出,系统内置了许多构建基块供用户选用。

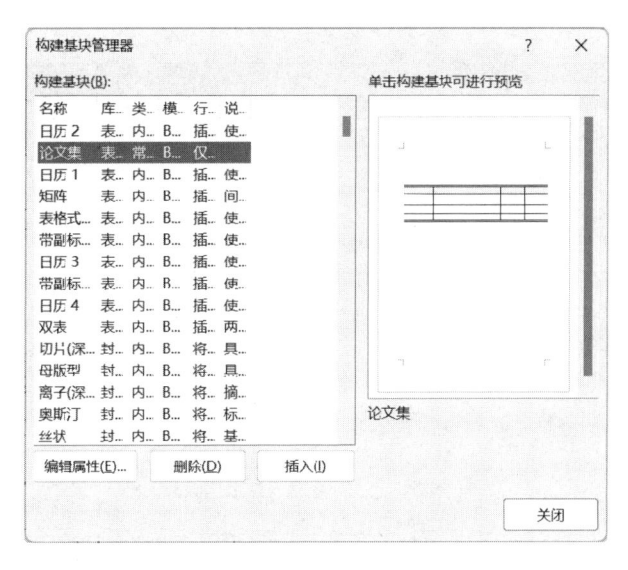

图 3-40 【构建基块管理器】对话框

相关知识

1. 模板的模板：Normal.dotm

在 Word 中，任何文档都衍生于模板，即使是在空白文档中修改并建立的新文档，也衍生于 Normal.dotm 模板。新建一个 Word 文档，这个空白文档就是依据 Normal.dotm 模板生成的，同时也继承了共用 Normal.dotm 模板默认的页面设置、格式、内置样式等设置。基本上，Word 文档都是基于 Normal.dotm 生成的，即使将新建文件另存为一个新模板，该模板也同样基于 Normal.dotm，因此可将 Normal.dotm 称为模板的模板。若用户调整样式或创建一些新的对象时，可以选择将变更保存在"当前文档""当前文档基于的模板""Normal 模板"三个位置，且不同的存储位置有不同的影响范围。

- 选择"Normal 模板"，则所做的改变对以后的所有文档都有效。
- 选择"当前文档"，则所做的改变只对本文档有效。
- 选择"当前文档基于的模板"，则所做的改变对以后建立的基于该模板的文档有效。

Normal.dotm 模板文件默认存放在 C:\Users\用户名\AppData\Roaming\Microsoft\Templates 文件夹下（Windows 7 系统下）。建议不要将过多更新添加到 Normal.dotm 模板中，可以想象，在新文件的建立过程中，过于臃肿的 Normal.dotm 会导致载入速度变慢，启动时间变长。若想恢复初始 Normal.dotm 模板，则删除模板文件即可，系统会自动生成一份初始 Normal.dotm。

2. Building Blocks.dotx 模板

该模板是为了保存文档中的构建基块而设定的，其分类保存了各种内置或自定义的构建基块，存储位置如图 3-41 所示。若用户 A 对 Building Blocks.dotx 模板进行了个性化添加和修改，然后复制给用户 B 使用，则用户 B 也享有了这些个性化的设置。比如，学校可根据要求制作 Building Blocks.dotx 模板，然后发放给学生使用，这样论文制作既规范准确又有效率。

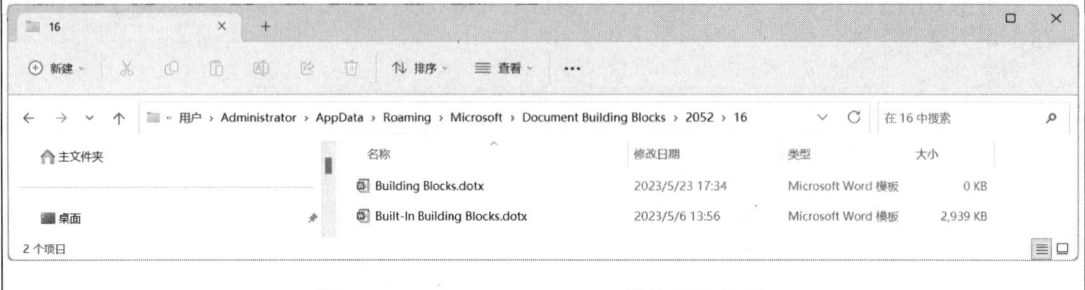

图 3-41 Building Blocks.dotx 模板存储位置

技 巧

快速对齐文本及快速输入等长下画线。文档编辑过程中经常需要制作如图 3-42 所示的文本对齐和等长下画线效果，下面介绍使用制表位快速实现文本对齐及等长下画线的方法。

图 3-42 文本对齐和等长下画线效果

（1）文本快速对齐。按"Ctrl"键选中需对齐文本（不要选择冒号），单击【段落】→【中文版式】→【调整宽度】选项，在【调整宽度】对话框【新文字宽度】文本框中输入当前文字最大宽度"4 字符"，单击【确定】按钮，即可实现文本快速对齐，如图 3-43 所示。

图 3-43　文本快速对齐

（2）快速输入等长下画线。选中所有后面需要设置下画线的文本，在标尺"30"字符处双击鼠标，此处出现制表位符并弹出【制表位】对话框，在对话框中将"对齐方式"设置为"右对齐"，将"引导符"设置为"4"，单击【确定】按钮。将光标定位到冒号后面，按"Tab"键即可出现一条从当前位置到 30 字符处的下画线，依次操作，效果如图 3-44 所示。

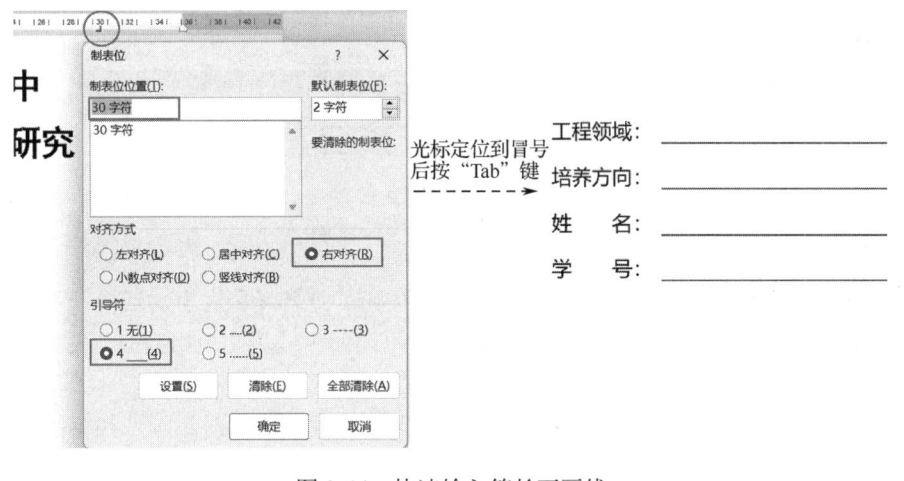

图 3-44　快速输入等长下画线

3.3.4　题注与交叉引用

在论文等长文档中，经常会用到一定数量的表格、图表、公式、图形等对象，为便于查看和管理，通常要对这些对象按照其在章节中出现的顺序按章编号（即题注），例如，图 1-2、表 2-3、公式 3-1 等。当正文中需要引用这些图表或公式时通常使用"如图 1-2 所示""数据见表 2-3""参考公式 3-1"等，即文档中的题注与交叉引用。题注经常和交叉引用结合使用，在论文的编辑过程中，难免对图表、公式有删减操作，这样就需要再按顺序重新编号。若人工修改，势必麻烦且易出错，使用 Word 提供的自动编号题注与交叉引用功能则可以很容易地完成。

1．为论文中的图片插入题注

为论文中的图片插入题注，效果如图 3-45 所示。

微课

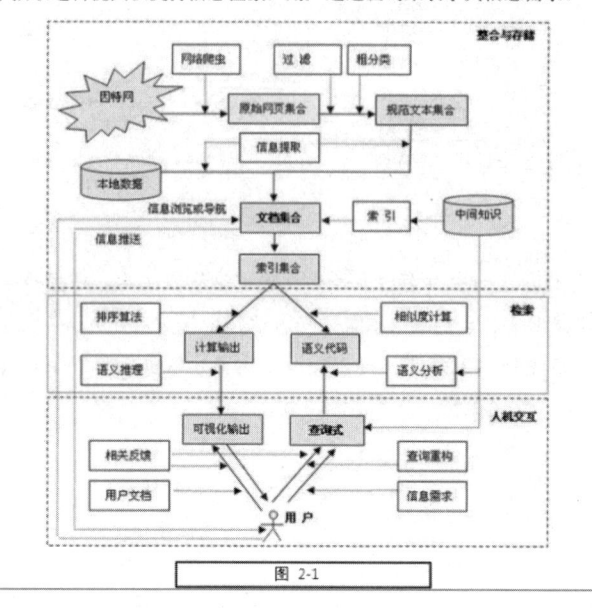

图 3-45　图片题注效果

（1）选中需插入题注的图片。

（2）单击【引用】→【题注】→【插入题注】按钮，打开【题注】对话框。系统内置了 3 个标签可供选用：表格、公式和图表，如图 3-46 所示，而一般论文中用到的"图"和"表"则不是内置的题注标签，应通过【新建标签】按钮来建立所需标签。

（3）单击对话框左下方【新建标签】按钮，打开【新建标签】对话框，在标签对应文本框中输入"图"，如图 3-47 所示，单击【确定】按钮。

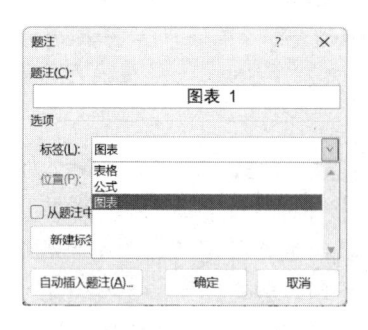

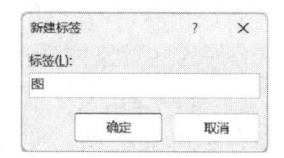

图 3-46　【题注】对话框　　　　　　　图 3-47　【新建标签】对话框

（4）回到【题注】对话框，设置"标签"选项为"图"，"位置"为"所选项目下方"，单击【编号】按钮，弹出【题注编号】对话框，进行如图 3-48 所示设置。

（5）确定后，回到【题注】对话框，这时会发现"题注"变为了"图 2-1"，如图 3-49 所示，单击【确定】按钮，即可为所选图片插入包含章节号的题注。

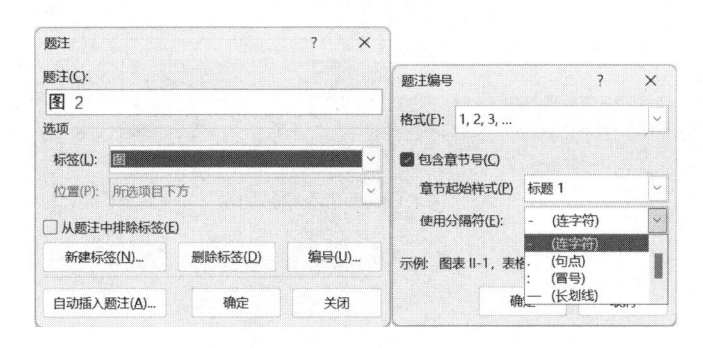

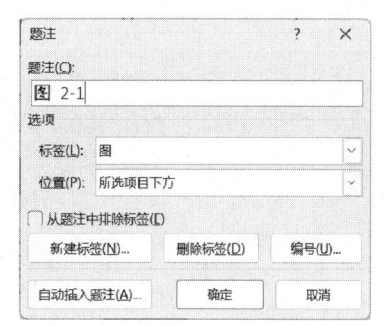

图 3-48　设置题注编号　　　　　　　　图 3-49　"图 2-1"题注

（6）选中下一张图片，打开【题注】对话框，如图 3-50 所示，这时发现"题注"自动变为"图 2-2"，也就是说后面所有图片的题注编号将自动按顺序更新，依次插入即可实现按章节连续编号的题注。

说明：在一般论文中，表的题注位于表格的上方，图或公式的题注位于图或公式的下方。

问题：假如论文中所有图片都已插入了题注，这时需要删除或增加图片，那么其余图片的题注编号需要重新排序编排，应该怎样做？

例如，要删除如图 3-51 所示中"图 2-2"及其题注，单击【文件】→【选项】选项，打开【Word 选项】对话框，如图 3-52 所示，在【显示】选项卡中勾选"打印前更新域"复选框。确定后回到文档，按"Ctrl+P"组合键进入打印页面，再按"Esc"键退出，这时当前文档中的剩余图片已自动更新了题注编号，如图 3-53 所示。

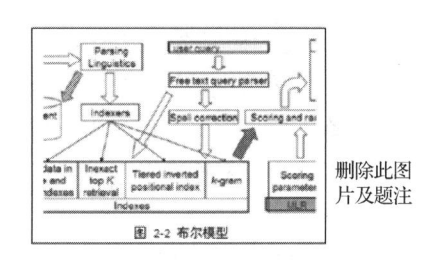

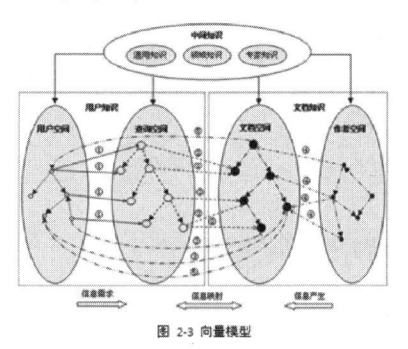

图 3-50　题注自动编号　　　　　　　　图 3-51　删除"图 2-2"及其题注

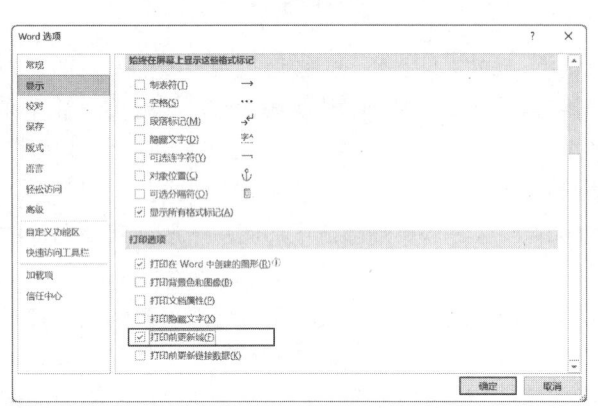

图 3-52　设置"打印前更新域" 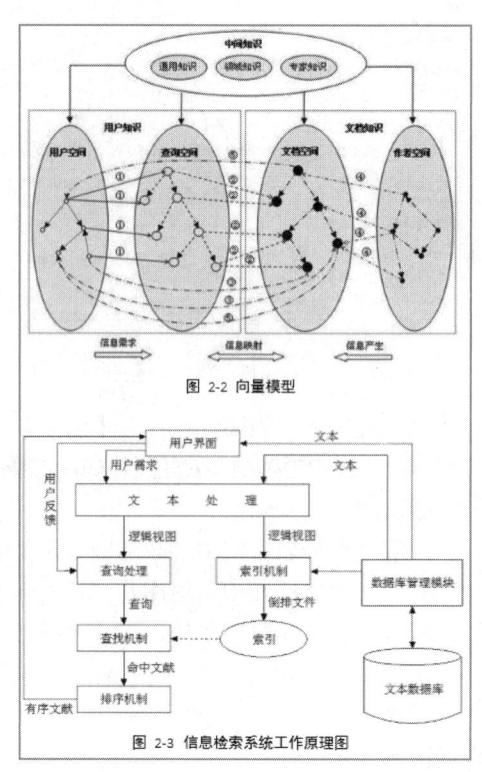　　　　图 3-53　更新域后的图片题注编号

2. 插入表格的同时自动插入题注

为表格插入题注与图片插入题注方法基本相同，不同之处在于，插入表格的同时可自动插入题注。插入表格之前首先进行以下设置。

（1）打开【题注】对话框，新建"表"标签，进行"编号"设置（与图片题注操作相同）。

（2）单击图 3-50 中【自动插入题注】按钮，打开【自动插入题注】对话框，在"插入时添加题注"列表框中勾选"Microsoft word 表格"复选框，将"使用标签"设置为"表"，"位置"设置为"项目上方"，如图 3-54 所示。

（3）插入一个表格，此时在其上方已自动插入一个表格题注，如图 3-55 所示。

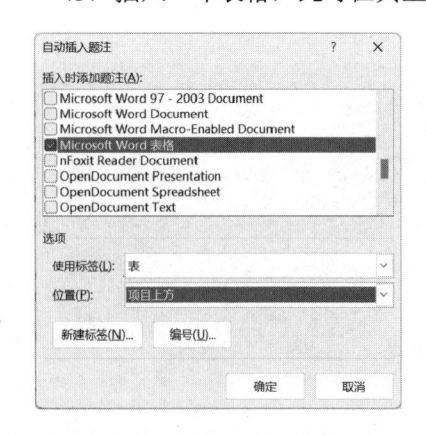

图 3-54　【自动插入题注】对话框 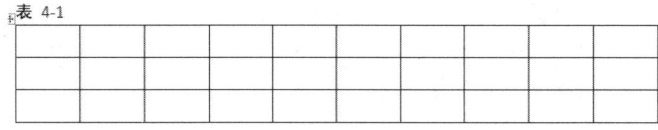　　　　图 3-55　在新建表格上方自动插入表格题注

3. 交叉引用

交叉引用可以将文档插图、表格、公式等内容与相关正文的说明内容建立对应关系，既方便阅读，又可以实现编辑操作的自动更新。用户可以对编号、内置标题样式、书签、脚注、尾注、题注标签（表格、图表、公式）等多种类型进行交叉引用。下面以为题注设置交叉引用为例介绍交叉引用功能的使用。

在为论文中的图片插入题注后，正文中相应内容通常要有诸如"如图 2-3 所示"等引用说明，其中的"图 2-3"就可以使用交叉引用来获得。

（1）输入交叉引用开始部分的介绍文字"如|所示"，将插入点放在要出现引用标记的位置，即"如"字之后。

（2）单击【引用】→【题注】→【交叉引用】按钮，弹出【交叉引用】对话框，如图 3-56 所示。在对话框中进行如下设置。

"引用类型"选择"图"类型。

"引用内容"选择"仅标签和编号"

"引用哪一个题注"选择要引用的指定项目。

单击【插入】按钮，即可在插入点引入题注。"引用类型"与"引用内容"下拉列表如图 3-57 所示。

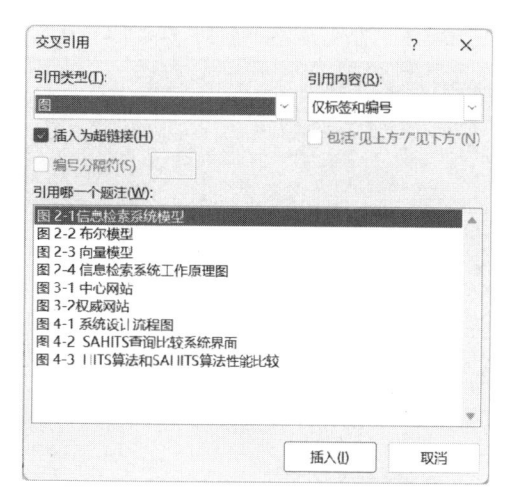

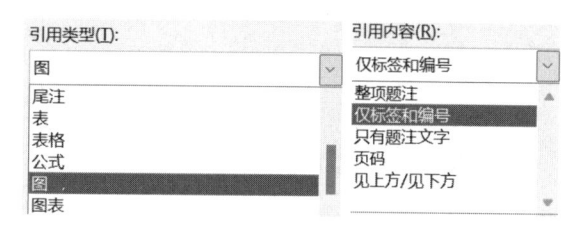

图 3-56 【交叉引用】对话框   图 3-57 "引用类型"与"引用内容"下拉列表

技　巧

通常当一个文档中需要设置多处交叉引用时，打开【交叉引用】对话框后，可连续设置多个交叉引用，待设置完成后再关闭对话框即可。

若要更新交叉引用，可选定该交叉引用或全选文档，按"F9"键更新。

交叉引用仅可引用同一文档中的项目，且引用的项目必须存在。

4. 生成图表目录

当论文中图表较多时，可以在插入题注的前提下自动生成图表目录，效果如图 3-58 所示。

（1）将光标定位于需插入图表目录的位置。

（2）单击【引用】→【题注】→【插入表目录】按钮，打开【图表目录】对话框，如图 3-59

所示，在"常规"栏"题注标签"下拉列表中选择"图"选项，勾选"显示页码"和"页码右对齐"复选框，确定后即可生成当前图目录。

图 3-58　图表目录效果

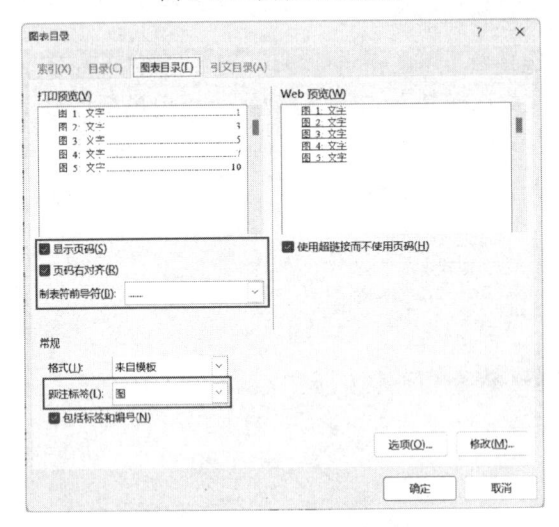

图 3-59　生成图目录

同样操作可以生成表目录，如图 3-60 所示。

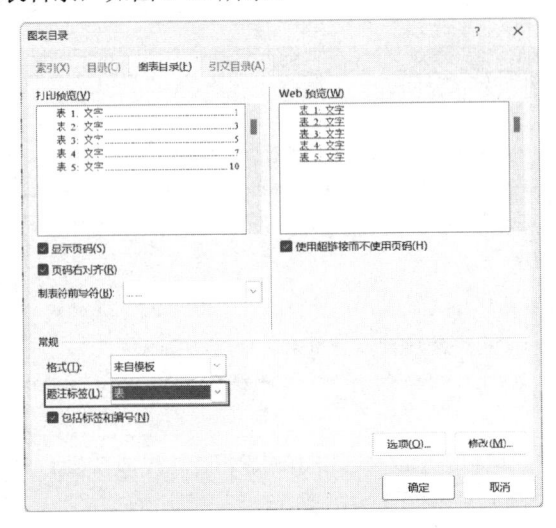

图 3-60　生成表目录

3.3.5 参考文献及引用

论文中对参考文献的引用是件麻烦的事情,尤其文献较多、文献与引用经常变化时,手动编辑文献和引用令人头疼。也有用户使用尾注、插入题注等方法,但都有不同的弊端。Word 从 2007 版本开始,新增了引文与书目功能,提供了 12 种文献引用样式,能很好地解决文献的编辑、管理、保存、共享,以及文献的引用与更新问题,是目前解决文献与引用问题最好的方法。

参考文献及引用效果如图 3-61 所示。

图 3-61 参考文献及引用效果

1. 插入引文

(1)选择一种引文样式。单击【引用】→【引文与书目】→【样式】按钮,在列表中选择一种引文样式(此处选择了"IEEE"引文样式),如图 3-62 所示。Word 提供了 12 种引文样式,每种样式在文献内容、排列顺序等方面有所不同,常用的引文样式有 IEEE、Chicago、GOST、APA 等。

(2)在引用处插入引文。将光标定位在要引用的句子或短语末尾处,单击【引用】→【引文与书目】→【插入引文】按钮,如图 3-63 所示。引文可以在已有源中选取,也可以选择【添加新源】或【添加新占位符】命令。此处需要插入的引文不在列表中,选择【添加新源】命令创建新文献源。

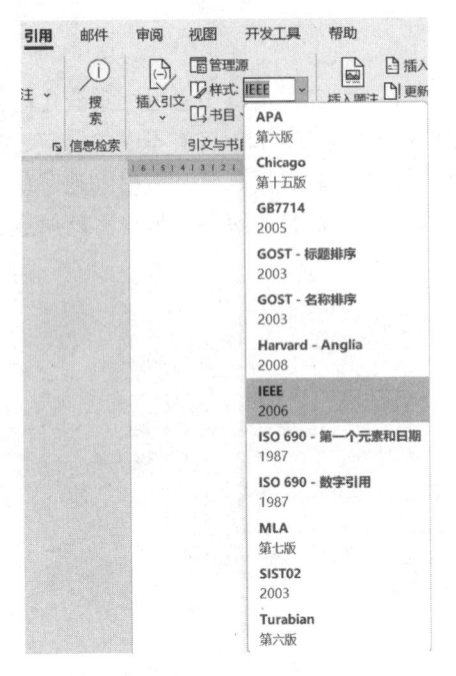

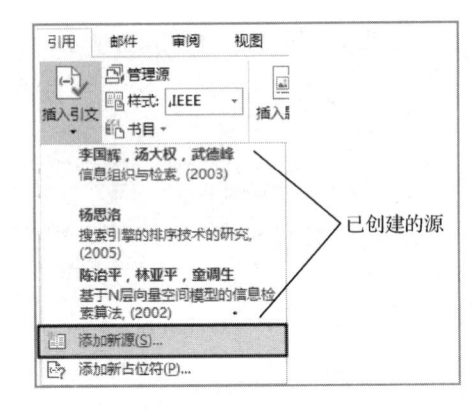

图 3-62　选择"IEEE"引文样式　　　　　图 3-63　插入引文

（3）在弹出的【创建源】对话框中设置文献源信息，如图 3-64 和图 3-65 所示。

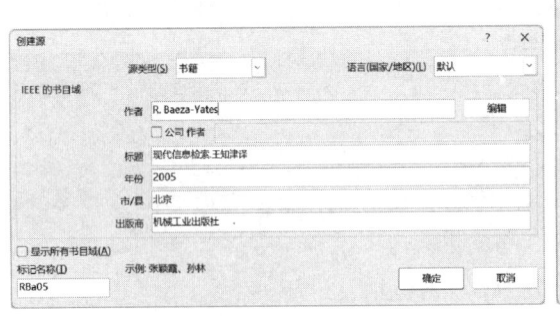

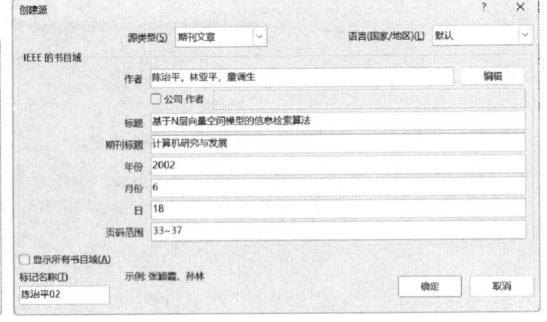

图 3-64　创建书籍文献源　　　　　图 3-65　创建期刊文章文献源

> **注 意**
>
> 在输入书目域之前，首先要根据文献类型选择源类型，源类型主要有书籍、杂志文章、期刊文章、网站、会议记录、报告、电子资料等。

（4）用同样方法，为论文中需要引文的地方插入引文。

2. 管理源

使用源管理器对源进行管理，如新建源、删除源、复制源等。

（1）打开【源管理器】对话框。单击【引用】→【引文与书目】→【管理源】按钮，弹出【源管理器】对话框，如图 3-66 所示。

（2）对话框中左侧为"主列表"，右侧为"当前列表"，可以通过中间的【复制】【删除】【编辑】【新建】命令按钮进行列表中源的删除、编辑、新建等操作和管理。

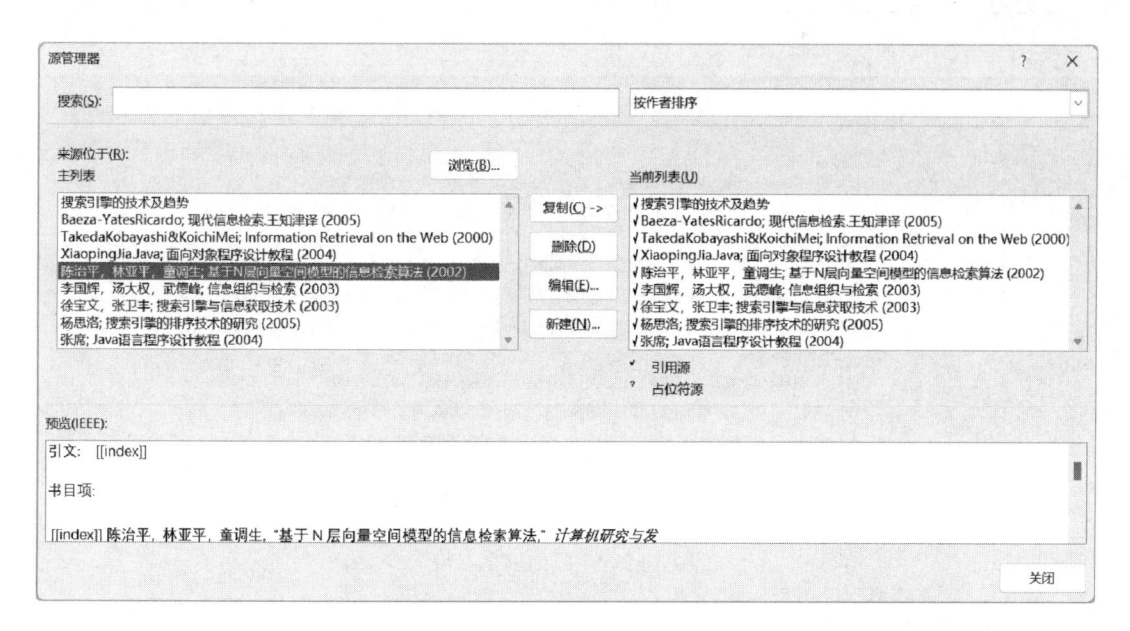

图 3-66 【源管理器】对话框

> **相关知识**
>
> 使用源管理器时，Word 会自动将位于"主列表"（左侧列表）中的文献记录保存在默认目录下的"Sources.xml"文件中（如图 3-67 所示），因此可实现文献的重用和共享。单击【源管理器】对话框中的【浏览】按钮，可打开已有的 XML 格式文献文件，导入到"主列表"中。

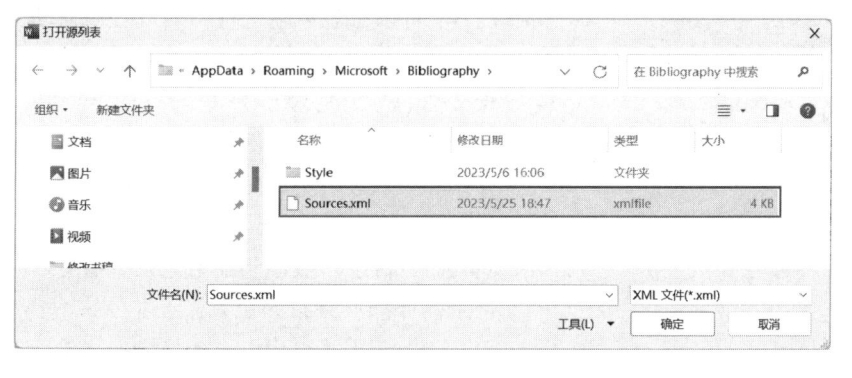

图 3-67 导入文献源文件"Sources.xml"

3. 创建书目

在创建并引用了源后，可以调用源中的数据自动产生参考文献列表，即书目。

选择【引用】→【引文与书目】→【书目】列表中的【书目】选项，即可插入书目，生成的引文书目如图 3-68 所示，将文字"书目"改为"参考文献"。

> **说明**
>
> 若需要更新书目，可将鼠标置于书目列表中，单击框架左上方的【更新引文和书目】按钮，更新书目列表，也可单击 图标在下拉菜单中选择更换书目的样式。

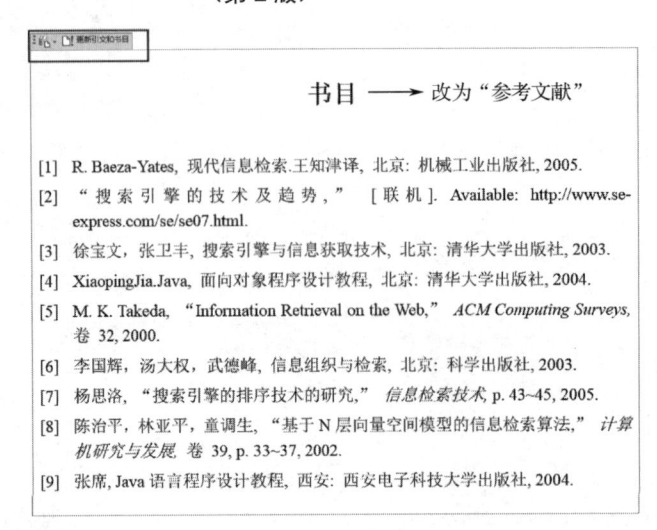

图 3-69 生成的引文书目

3.3.6 提取和生成目录

长文档由于标题和内容较多，一般需要建立目录和索引以便对全文内容进行快速查阅或定位，同时也有助于了解文章的章节结构，因此可以说目录是长文档的导读图。Word 中可以创建文档目录、图目录、表目录等多种目录。如果手动创建目录，不仅工作量庞大，而且弊端很多，如更改文档的内容、标题或页码后，必须同时手工修改目录中对应的内容。可以在对标题进行样式设置后自动生成目录，自动生成的目录可更新目录的页码和结构，便于维护，对长文档的排版尤为方便。

自动生成目录，必须首先设置文档中各章节的标题样式和多级编号（之前已进行过此设置，具体详见相关章节）。

（1）目录一般位于摘要之后、正文之前，将光标定位于需要插入目录的位置。

（2）单击【引用】→【目录】→【目录】按钮，在列表中选择【自定义目录】选项，如图 3-69 所示。

（3）打开【目录】对话框，设置"显示级别"为"3"级，勾选"显示页码"和"页码右对齐"复选框，如图 3-70 所示，单击【确定】按钮，即可在插入点处生成目录，如图 3-71 所示。

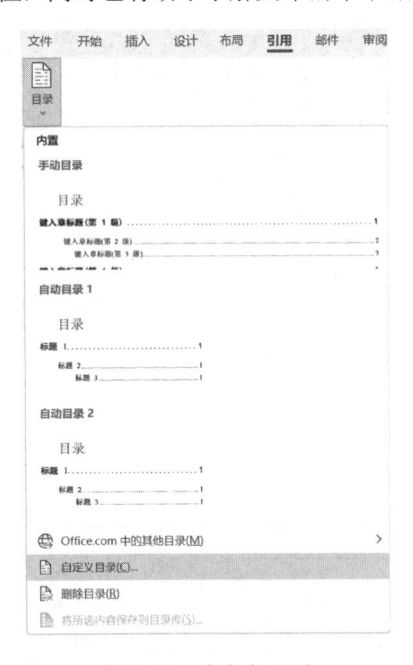

图 3-69 自定义目录

默认目录样式生成的目录字体比较小，行距也需要再设置，但是一旦重新更新目录，这些设置将会消失，又回到默认格式，又需要重新设置。另外，若想让各级目录字体和段落格式有所区别，仅仅使用默认目录样式是不够的，需要在【目录】对话框中对各级目录进行修改，方法如下。

① 在【目录】对话框中单击【修改】按钮，打开【样式】对话框，如图 3-72 所示，选择要修改的目录级别，例如想修改"级别 1"，就选择"TOC1"选项，单击【修改】按钮进行修改。

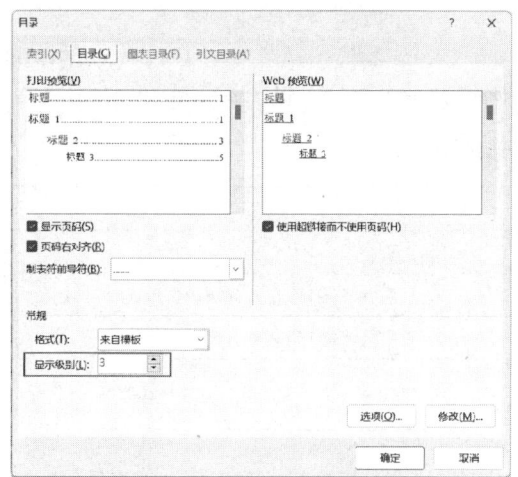

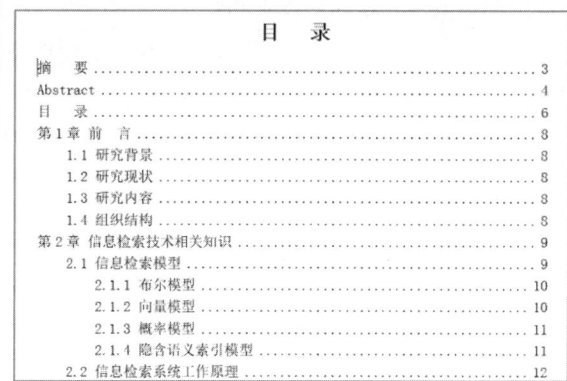

图 3-70 【目录】对话框　　　　　　　　　图 3-71 默认目录样式生成的目录

② 若想设置各标题的目录级别，单击【目录】对话框中的【选项】按钮，在打开的【目录选项】对话框中进行目录级别的设置，如图 3-73 所示。

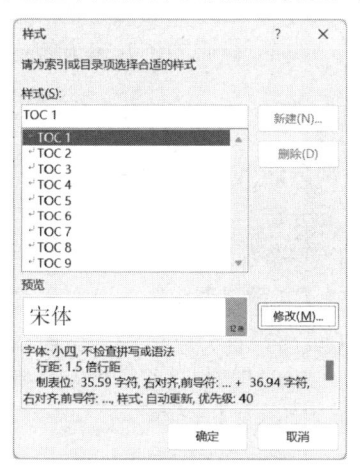

图 3-72 目录样式修改　　　　　　　　　图 3-73 目录级别设置

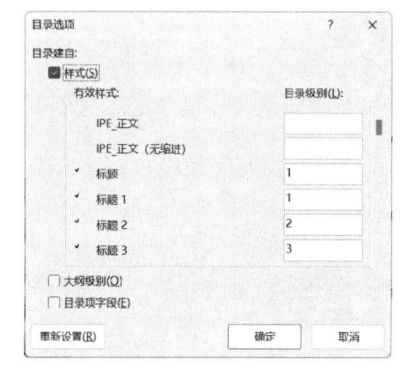

目录生成后，在目录中，按住"Ctrl"键同时单击相应的目录项就可跳转到文档中该目录项对应的位置。当文档内容发生变化时，只需右击目录，在弹出的快捷菜单中选择【更新域】命令，打开【更新目录】对话框，从中选择更新选项即可，如图 3-74 和图 3-75 所示。

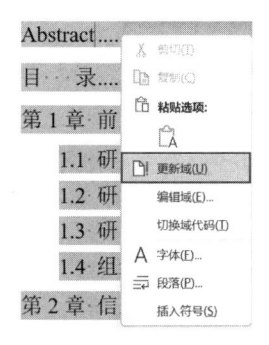

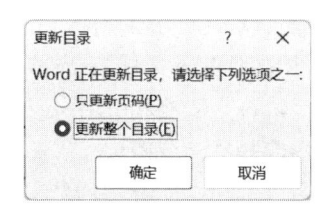

图 3-74 更新域　　　　　　　　　图 3-75 更新目录选项

3.3.7 页眉页脚设置

论文页眉、页脚排版要求如表 3-1 所示（不同院校要求不一样，仅供参考和学习使用）。

表 3-1 论文页眉页脚排版要求

论文各部分	页 眉	页 脚
封面	无页眉	无页脚
中英文摘要	无页眉	页脚为"第 i 页，第 ii 页…"形式
目录	无页眉	页脚为"第 i 页，第 ii 页…"形式
正文	页眉分奇、偶页标注，奇数页页眉为××大学×学位论文，偶数页页眉为章序号及章标题	页脚为"第 1 页，第 2 页…"形式
参考文献	无页眉	按正文顺序连续编码
其他	无页眉	按正文顺序连续编码

页眉用五号宋体字，页眉上边距和页脚下边距均为 15mm，页码位于页脚居中。

下面以"正文"页眉、页脚为例介绍页眉、页脚设置方法。

1）分节

要想使论文各部分的页眉、页脚不同，需首先对各部分进行分节（此前已分节）。

2）奇、偶页不同及边距设置

单击【布局】→【页面设置】选项组右下方的对话框启动器 ，打开【页面设置】对话框，切换到【布局】选项卡，勾选"奇偶页不同"复选框，设置页眉、页脚距边界均为"1.5 厘米"，如图 3-76 所示。

3）为正文部分设置奇数页页眉和偶数页页眉

（1）因为正文（本例第 1 章～第 4 章为正文）之前和之后均无须设置页眉，所以应首先设置其前后页眉均与上一节不同。具体操作为：双击"第 1 章 前言"所在页面顶部页眉区域，进入页眉编辑状态；单击【页眉和页脚工具】→【导航】→【链接到前一节】按钮 链接到前一节 ，即可取消本节与上一节页眉相同的功能，这时页眉编辑区右下方的"与上一节相同" 与上一节相同 消失。同样方法取消"参考文献"所在节的【链接到前一节】功能，取消此功能前后效果如图 3-77 和图 3-78 所示。

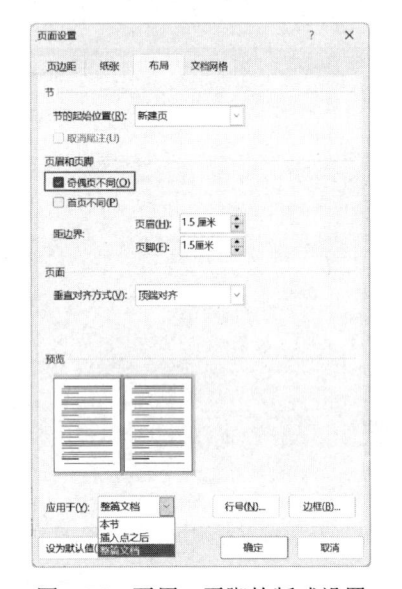

图 3-76 页眉、页脚的版式设置

（2）设置偶数页页眉。将光标定位到正文中任一偶数页需插入页眉处，选择【插入】→【文本】→【文档部件】→【域】命令，打开【域】对话框，如图 3-79 所示，进行以下设置。

"类别"选择"链接和引用"。

"域名"选择"StyleRef"。

"样式名"选择"标题 1"样式（因为偶数页页眉为"第×章 章标题"，而"第×章"属于标题 1 内容）。

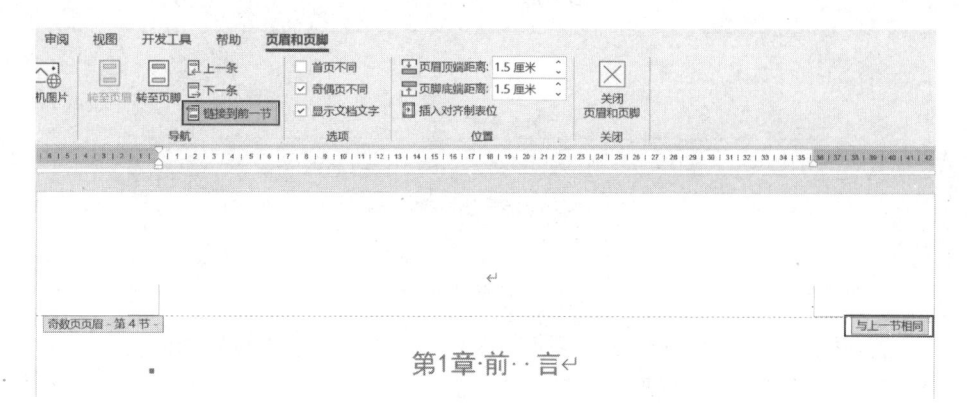

图 3-77 取消【链接到前一节】前效果

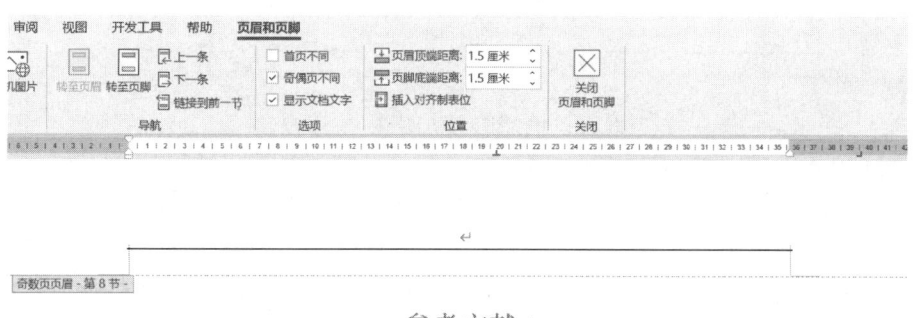

图 3-78 取消【链接到前一节】后效果

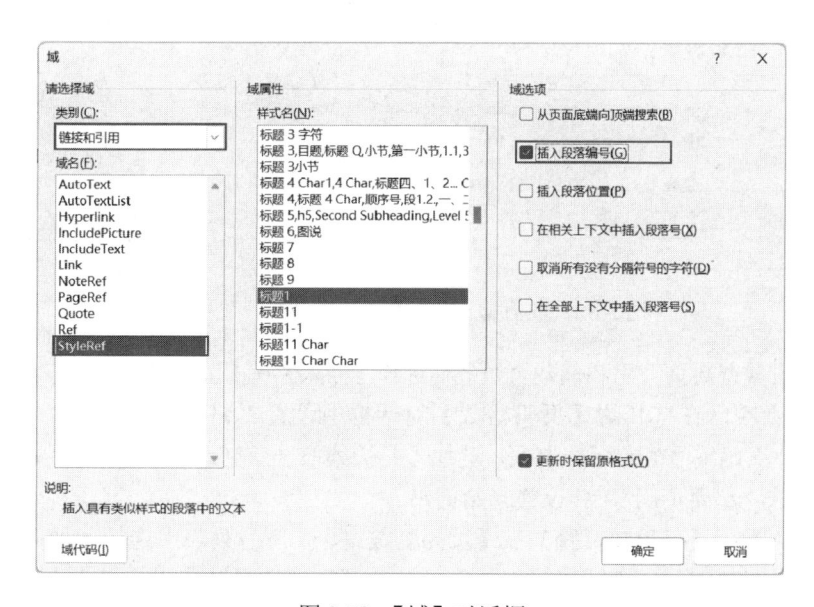

图 3-79 【域】对话框

"域选项"勾选"插入段落编号"复选框。

重复以上操作,在"域选项"栏中勾选"插入段落位置"复选框,即可将正文中所有偶数页页眉设置为"章序号+章标题"的形式。偶数页页眉效果如图 3-80 所示。

81

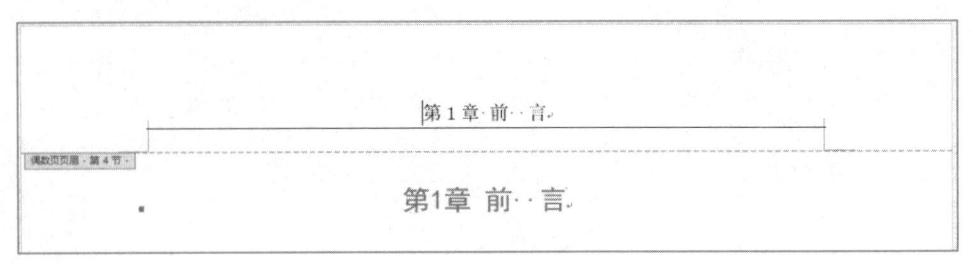

图 3-80　偶数页页眉效果

（3）设置奇数页页眉。将光标定位到正文中任一奇数页需插入页眉处，输入"××大学××学位论文"文字即可，奇数页页眉效果如图 3-81 所示。

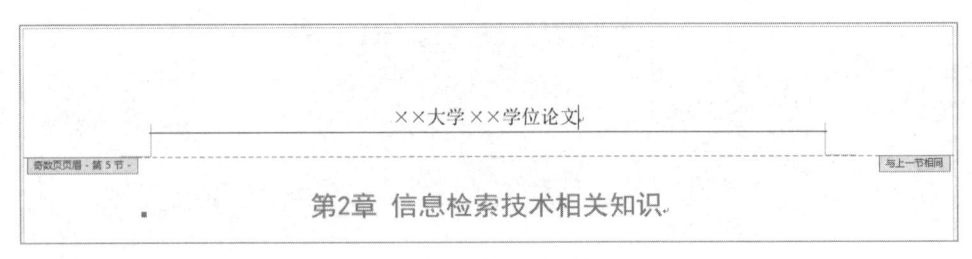

图 3-81　奇数页页眉效果

4. 为正文插入页码

（1）双击正文首页（即第 1 章开始页）下方页脚编辑区，进入页脚编辑状态。单击【导航】选项组下的 链接到前一节 按钮，取消"与一上节相同"链接功能，如图 3-82 所示。以上操作即取消了正文第一个奇数页页脚与上一节相同功能。用同样方法取消正文第一个偶数页页脚与上一节相同功能。

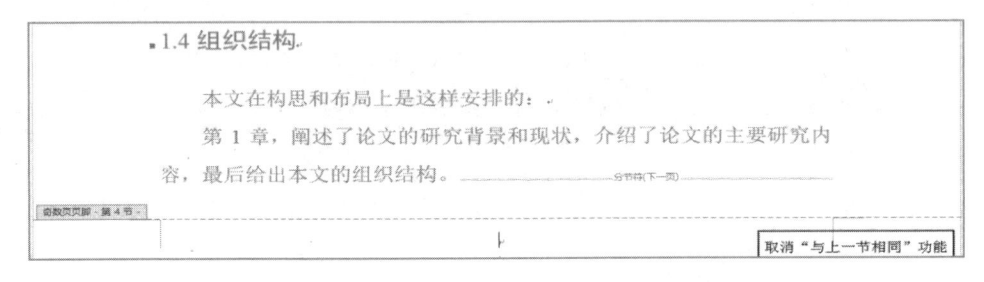

图 3-82　取消第一个奇数页页脚与上一节相同

（2）分别设置奇数页页码和偶数页页码。选择【插入】→【页眉和页脚】→【页码】→【设置页码格式】命令，在打开的【页码格式】对话框中设置"编号格式"和"页码编号"，如图 3-83 所示。"页码编号"有两个选项，若编号是接续前一节则选"续前节"；若想从当前页开始起始编号则选"起始页码"，并设置起始页码。

单击【插入】→【页眉和页脚】→【页码】按钮，在下拉列表中选择一种页码插入位置，如图 3-84 所示，即可插入页码。注意：奇数页、偶数页需单独执行以上插入页码操作。

> 📖 说明
>
> 　　设置具有不同要求的页眉、页脚比较麻烦，但只要把握住何时取消与不取消"与上一节相同"，问题就可迎刃而解。

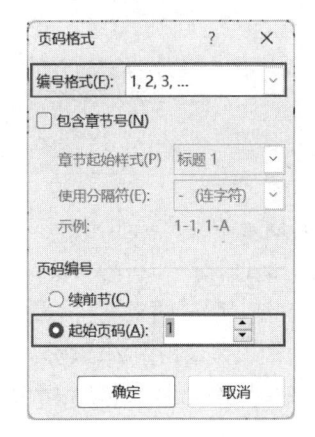

图 3-83 【页码格式】对话框　　　　图 3-84 插入页码

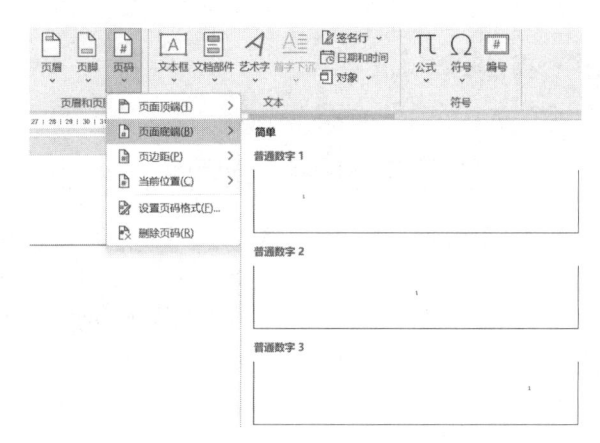

技　巧

有时在页眉处有一条横线（如图 3-85 所示），但此处不需要页眉，怎样去除横线呢？方法：双击此页眉区域进入页眉编辑状态，选择【开始】→【样式】列表中的"正文"样式，将当前"页眉"样式变为"正文"样式，因为正文样式不带横线，则即可去除横线。

图 3-85　去除页眉处横线

课后导读——大学生应树立科研诚信观

诚信对于每个人至关重要，假如失去了诚信，事物也就失去了根基。最近，国家出台的《关于在国家科技计划管理中建立信用管理制度的决定》，对这一问题给予了高度重视。今天，人们特别在经济活动领域中呼唤诚信。但社会上的浮躁风气对科学界也产生了影响，造成了科学诚信的缺失现象。如近几年，时常被媒体曝光的抄袭、虚报、浮夸等事件。虽然这些情况还是一些孤立的个别现象，但其造成的影响却不可低估。在科学研究领域，诚信是科学的生命，是科学的力量所在；缺乏诚信，也就为科学的真、善、美蒙上了阴影。看看那些减肥、美容等广告，只要打上科学的术语，尽管许多人并不知所以然，但却平添了许多信任。假如这样的过程可以造假，对公众心理的打击将可想而知。科学研究是一项需要一代一代人不断传承的事业，新的科学研究成果总是在总结前人成功和失败经验的基础上，经过艰苦努力而产生的，而维系这种传承的就是诚信。前一个科学研究的数据不断被后一个科学研究所引用，前一个科学研究的结论不断被当作后一个科学研究的开始，科学真理就是这样一个无尽的探索过程。获得一个研究成果有时需要几年、几十年时间，需要几代人的不懈奋斗，而在这个过程中，如果有一个环节不真实，就可能将整个研究引入歧途。因此，科学家历来以严谨著称，科学研究结果需要能够不断重复，这一直是科学工作者的共识。今天，科学界在社会浮躁风气的影响下，一些人为了个人的名和利，违背科学道德，牺牲诚信原则，在科学研究中不经过自己动手，虚报实验数据；有些人在申报科研成果时，抄袭别人的论文，剽窃他人研究成果；还有些人利用承担国家科研课题的便利，将科研经费挪作他用，或装入私人腰包。凡此种种，都严重损害了科学的声誉，长此以往，对科学事业危害极大。作为新时代杰出青年代表的大学生，更应该诚信做人用心做事，树立科学严谨的诚信观。

3.4 拓展实训

实训 1：为书籍创建关键词索引

　　索引是根据一定需要，把书籍（刊）中的主要概念或各种题名摘录下来，标明出处、页码，按一定次序分条排列，以供人查阅的资料。它是图书中重要内容的地址标记和查阅指南，设计科学、编辑合理的索引不但可以使阅读者倍感方便，而且索引也是图书质量的重要标志之一。Word 提供了图书编辑排版的索引功能。本实训将通过为《项目管理知识体系指南》（部分）书籍建立索引，介绍索引在文档处理中的应用。封面效果图和索引效果图分别如图 3-86 和图 3-87 所示。

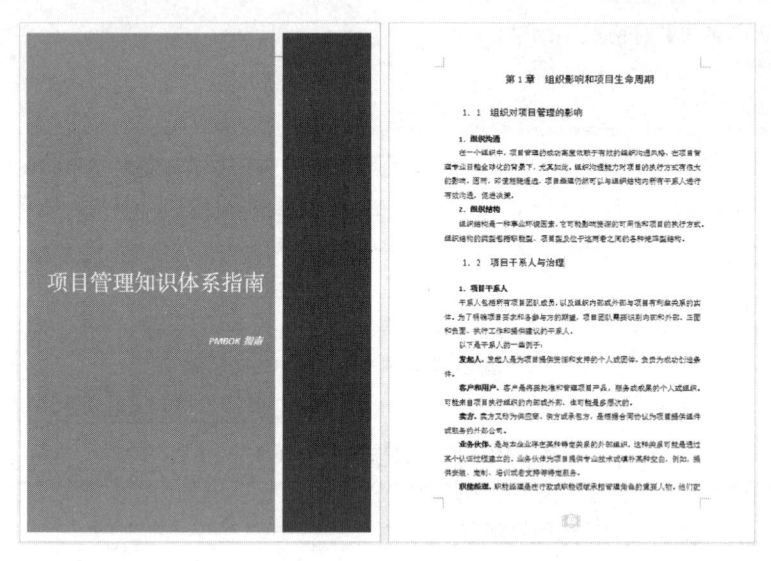

图 3-86　封面效果图

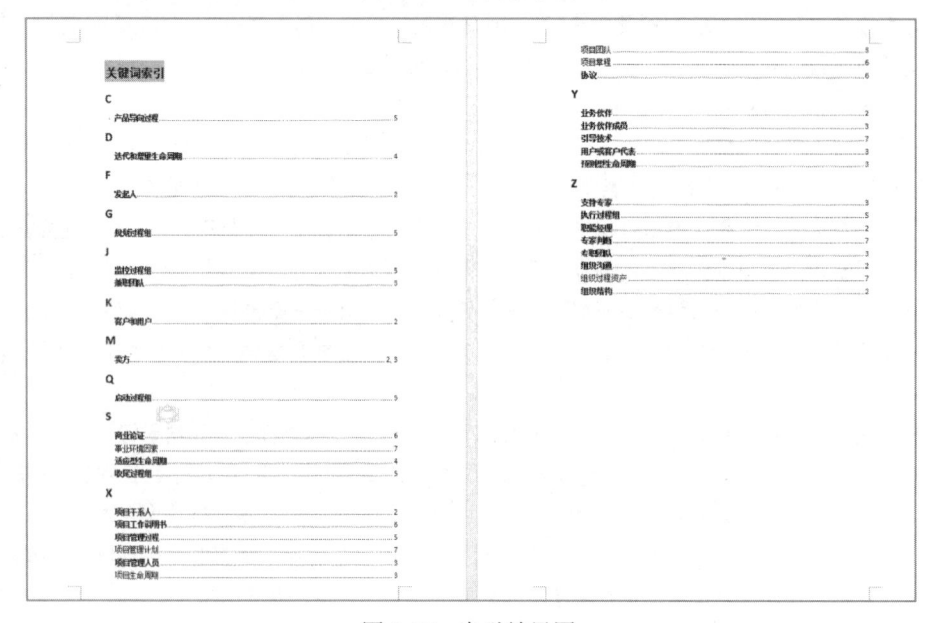

图 3-87　索引效果图

实训要求：
（1）为书籍应用内置构建基块中的"网格"封面。
（2）为书籍设置页码。要求封面页无页码，页码从正文开始。
（3）为书籍中的关键词设置索引。

操作提示

1. 封面设置

将光标置于封面页，选择【插入】→【文本】→【文档部件】→【构建基块管理器】命令，在打开的【构建基块管理器】对话框中选择"库名"为"封面"、"名称"为"网格"的构建基块，如图 3-88 所示。单击【插入】按钮，然后编辑封面文字即可。

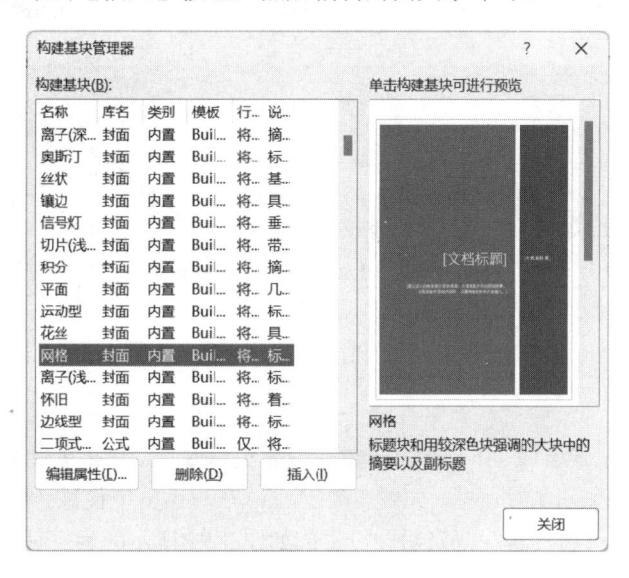

图 3-88　插入网格封面构建基块

2. 创建索引和目录

创建索引目录分为两步。

第一步对需要创建索引的关键词进行标记，即"标记索引项"，这个步骤用于定义文档中哪些关键词参与索引的创建。

第二步根据标记的关键词生成索引目录。

1）标记索引项

① 选中需标记索引的关键词，如图 3-89 所示的"组织沟通"。

② 单击【引用】→【索引】→【标记条目】按钮，在打开的【标记索引项】对话框中进行如下设置。

"主索引项"设置为"Z:组织沟通"，即在"组织沟通"前输入"Z:"。注意":"为半角西文标点。

"选项"勾选"当前页"单选按钮。

③ 单击【标记】按钮，即可标记当前关键词。标记关键词后生成 XE 索引域，如图 3-90 所示。

④ 这时不要关闭对话框，继续选择其他关键词，然后单击"主索引项"对应文本框，关键

词自动写入。继续设置主索引项，直到设置完成后关闭即可。

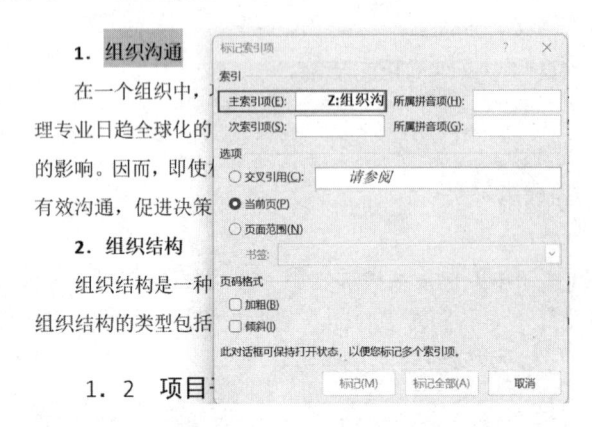

图 3-89　标记索引项　　　　　　　　图 3-90　XE 索引域

> **说明**
>
> □ 主索引项 "Z:组织沟通" 中的冒号应为西文标点的冒号，其含义是将索引分成两部分，前者为主索引项，后者为次索引项，等同于在【标记索引项】对话框的 "主索引项" 文本框中输入 "Z"，"次索引项" 中输入 "组织沟通"。
>
> □ 若单击对话框中的【标记全部】按钮，则系统会为文档中所有的 "组织沟通" 标记索引。

2）生成索引目录

为所有关键词标记索引后，下一步就可以生成索引目录了。单击【引用】→【索引】→【插入索引】按钮，打开【索引】对话框，如图 3-91 所示。在对话框中设置 "栏数" "排序依据" "页码右对齐" "制表符前导符" 等，确定后即可生成如图 3-92 所示的索引目录。

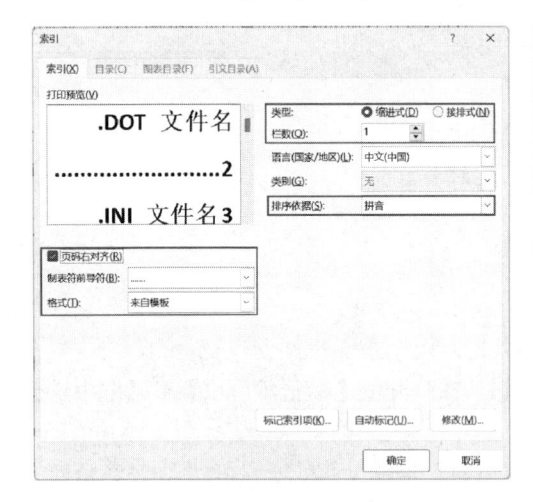

图 3-91　【索引】对话框　　　　　　图 3-92　索引目录

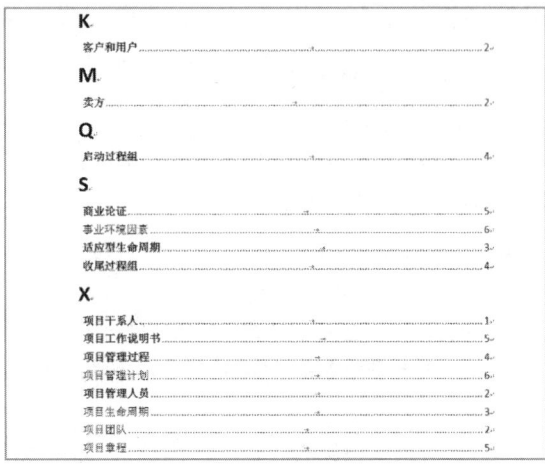

> **说明**
>
> □ 标记索引项后会在关键词后自动产生 "XE 索引域"，如图 3-93 所示。如何隐藏此索引域？一种

方法是单击【段落】选项组中的【显示/隐藏编辑标记】按钮，即可隐藏此标记；另一种方法是选择【文件】→【选项】→【显示】命令，在【Word 选项】对话框【显示】选项卡中取消勾选"隐藏文字"复选框，如图 3-94 所示。

- 单击【索引】对话框中右下方【修改】按钮，打开【样式】对话框，如图 3-95 所示，可以修改各级索引的样式。设置后生成或更新的索引目录保持修改样式。
- 更新索引方法：将光标置于索引目录中，单击图 3-96 中的【更新索引】按钮 即可。

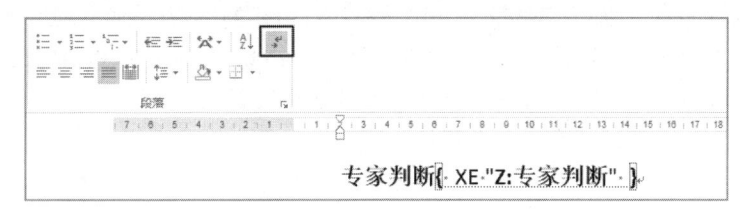

图 3-93　隐藏标记域

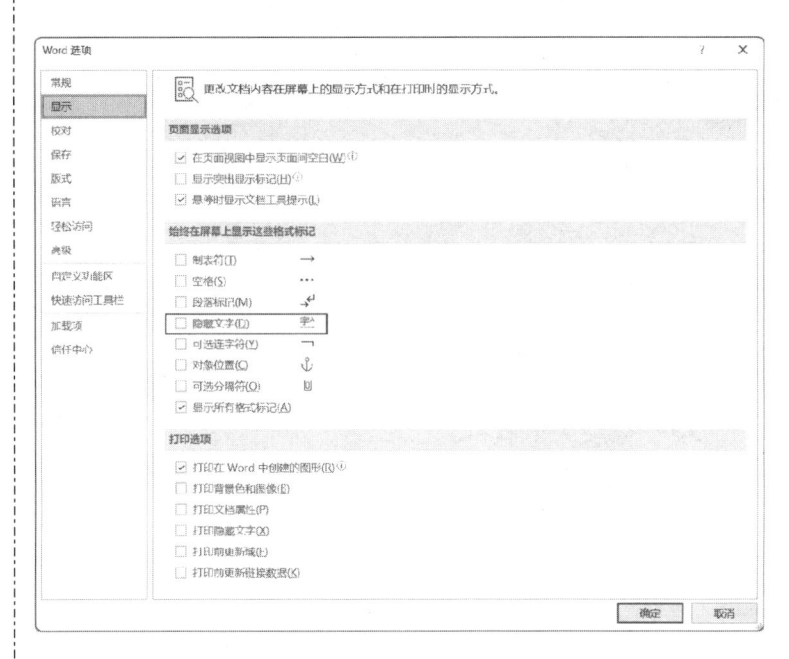

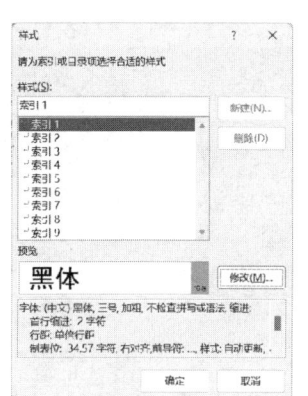

图 3-94　取消勾选"隐藏文字"复选框　　　图 3-95　修改各级索引的样式

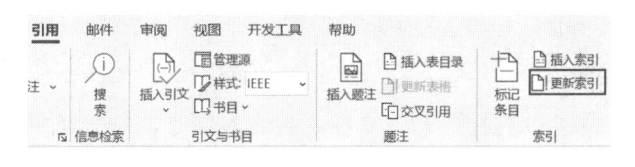

图 3-96　更新索引

实训 2：为文档设置引文目录与书签

为本书配套素材中的"薪酬制度管理"文档创建引文目录，效果如图 3-97 所示。

> 操作提示

1. 创建引文目录

引文目录主要用于在法律类文档中创建参考内容列表，如事例、法规和规章等，以及参考内容出现的页码。引文目录和上面介绍的索引非常相似，但它可以对标记内容进行分类，而索引只能利用拼音或笔画进行排列。

- 在创建引文目录之前，应首先标记引文（对特定法律案例、法令或其他法律文档的引用）。当标记引文时，Word 即在文档中插入特殊的 TA 域。如果不希望使用已有的引文目录，如事例、法规等，标记引文时可以更改或添加引文目录类别。
- 引文目录与其他目录类似，可以根据不同的引文类型创建不同的引文目录。在生成引文目录时，Word 将搜索标记的引文，将它们按类别进行组织，引用其页码，并在文档中显示生成的引文目录。

图 3-97 引文目录效果图

1）标记引文

① 选择要标记的引文。

② 选择【引用】→【引文目录】→【标记引文】命令，打开【标记引文】对话框，如图 3-98 所示。在"类别"下拉列表中选择当前引文类别，如图 3-99 所示。然后单击【标记】按钮。

③ 不要关闭【标记引文】对话框，继续添加其他引文。

> 说明
>
> 如果要修改一个存在的类别，可单击图 3-98 中【类别】按钮，打开【编辑类别】对话框，在列表

中选择要修改的类别,在"替换为"对应文本框中输入要替换的文字进行替换即可。要增加新的类别,在"类别"下拉列表中单击 8 至 16 之间的一个数字,在"替换为"文本框中输入新的类别名。

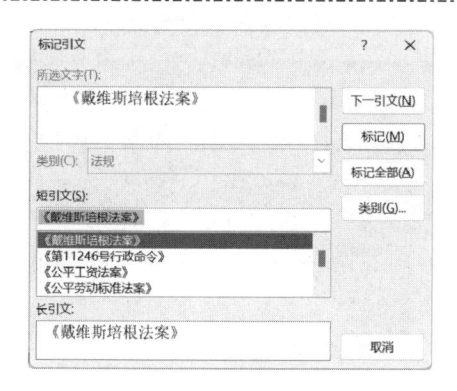

图 3-98 【标记引文】对话框   图 3-99 "类别"下拉列表

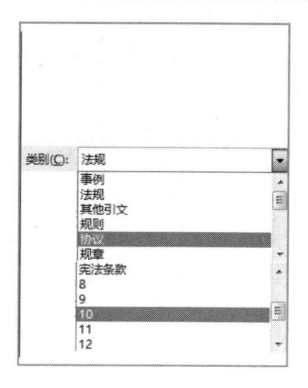

2)生成引文目录

① 选择【引用】→【引文目录】→【插入引文目录】命令,打开【引文目录】对话框,如图 3-100 所示,进行相关设置。

② 创建的引文目录也有相应的内置引文目录样式来套用,如要更改,可单击【修改】按钮。

③ 如果引文过长,可以勾选"保留原格式"复选框,以保留原有的引文格式。

3)管理引文目录

① 如果在文档中添加、删除、移动或编辑了引文或其他文字,应更新引文目录。

② 不要修改已生成的引文目录中的目录项,否则,所做更改将在更新引文目录时丢失。

2. 设置书签

书签主要用于帮助用户在长文档中快速定位至特定位置,或者引用同一文档(也可以是不同文档)中的特定文字。文档中的文本、段落、图形图片、标题等都可以添加为书签。比如,在本实训中为便于快捷查找可以将一些法律名词添加为书签。设置书签的方法如下。

(1)将光标定位在需要插入书签的位置,如图 3-101 所示,将光标定位在"差异性待遇"这个法律名词的后面。

图 3-100 【引文目录】对话框   图 3-101 定位书签位置

89

（2）选择【插入】→【链接】→【书签】命令，打开【书签】对话框，如图 3-102 所示，在"书签名"文本框中输入书签名，单击【添加】按钮即可在光标处插入一个书签。

定位书签有两种方法。

一种方法：打开【书签】对话框，在书签名列表中选择需要定位的书签，单击右侧的【定位】按钮即可，如图 3-103 所示。

另一种方法：通过【查找和替换】对话框中的定位功能进行书签定位，如图 3-104 所示。

图 3-102　添加书签　　　　　　　　　　图 3-103　定位书签

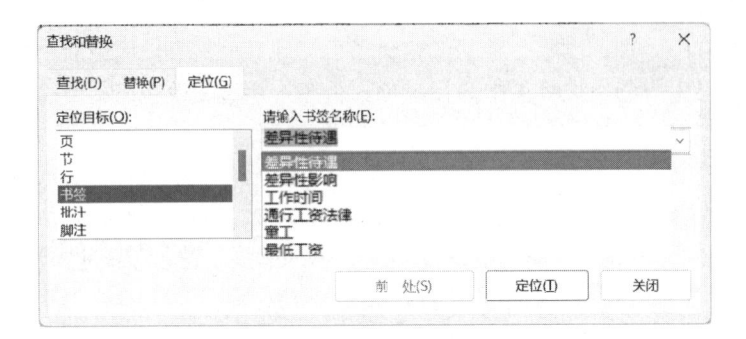

图 3-104　【查找和替换】对话框

3.5 综合实践

企业宣传册是企业对外宣传的媒介，是企业向公众展示自身品牌文化及整体实力的重要窗口与平台，是企业进行自我包装的重要载体，它是企业的名片与"脸面"，代表了企业的形象。请根据企业情况设计制作一个企业宣传册。

扫描二维码查看更多综合应用实训案例。

综合应用实训案例 3

任务 4　多部门协同处理公司总结报告文档

随着信息化建设的日益深入，无论是政府部门还是企事业单位，相互之间的信息沟通与协同工作越来越重要。在实际办公中，经常需要跨部门、多部门起草和处理同一文档，如共同编制招标标书、项目建议书、工作报告、年度总结等，这些文档通常会涉及多个部门而且篇幅也较长，因此往往需要由几个部门共同编写才能完成。多部门协同工作是一个复杂的过程，既需要分发给各个部门单独编写文档（重复拆分文档）及合并文档，还需要添加修改意见，以及自动标记修订过的文本内容，以便于后面再对修订过的内容进行审阅等，有时还需要对两个文档进行合并与比较等。对此我们可以使用 Word 提供的审阅功能，审阅功能主要包括：批注、修订、合并与比较文档，以及保护文档等。本任务通过多部门协同处理完成公司年度总结报告，掌握 Word 主控文档创建与管理、批注、修订、合并与比较文档、文档编辑保护等审阅内容。

4.1　任务情境

又到一年岁尾，也到了各单位忙着年度总结的时候。作为公司总经理助理的小孔准备着手这一年的年度工作总结。作为年销售额过亿、员工上千人的公司，公司下设多个部门，每年的工作总结都是让各个部门写好各自的总结后由小孔提出修改意见，返回部门按意见修改，然后再汇总……这个过程需要多部门甚至同一部门内多人协同才能完成，需要添加自己的想法和修改意见，并且能保留修改痕迹等。鉴于这个情况，小孔想到了使用 Word 为用户提供的审阅功能来完成这个工作。

知识目标

- 了解主控文档的作用，掌握主控文档的创建和使用方法；
- 了解批注和修订在文档编辑中的作用，掌握其使用和编辑方法；
- 掌握合并文档和比较文档的方法；
- 掌握文档的编辑限制保护方法。

能力目标

- 能够根据需要创建主控文档，生成子文档；
- 能够使用批注和修订功能对文档进行编辑审阅；
- 能够进行文档的合并与比较操作；
- 能够多人协同处理文档。

团队合作是组织内外不同成员之间的协作，体现了集体作战的合作精神，是任何组织实现组织目标的重要保证。通过学习本任务，让学生深刻领悟团队精神，树立集体主义观念；能够正确处理个人与集体之间的关系,做到风险共担,利益共享,相互配合,在组织中发挥好个人作用,为实现组织目标贡献个人力量。

4.2 任务分析

年度工作总结需由总经理办公室起草文档初稿后下发至各部门,各部门将各自工作总结填入格式文档后返回至总经理办公室。经总经理助理提出修改意见后返回各部门修改。各部门按照修改意见整理后递交总经理助理,由总经理助理汇总并上报总经理,具体流程如图4-1所示。

总经理助理起草初稿 → 发到各部门填写 → 总经理助理提出修改意见 → 返回部门按意见修改 → 汇总并上报总经理

图 4-1 任务流程

年度工作总结各环节图示如图4-2所示,各环节用到的知识如下。

- 总经理助理起草初稿:创建主控文档,生成子文档,文档保护(限制格式编辑);
- 总经理助理提出修改意见:插入意见批注;
- 返回部门按意见修改:修订,合并与比较文档;
- 汇总并上报总经理:接受或拒绝修订,转为普通文档,标记文档为最终状态。

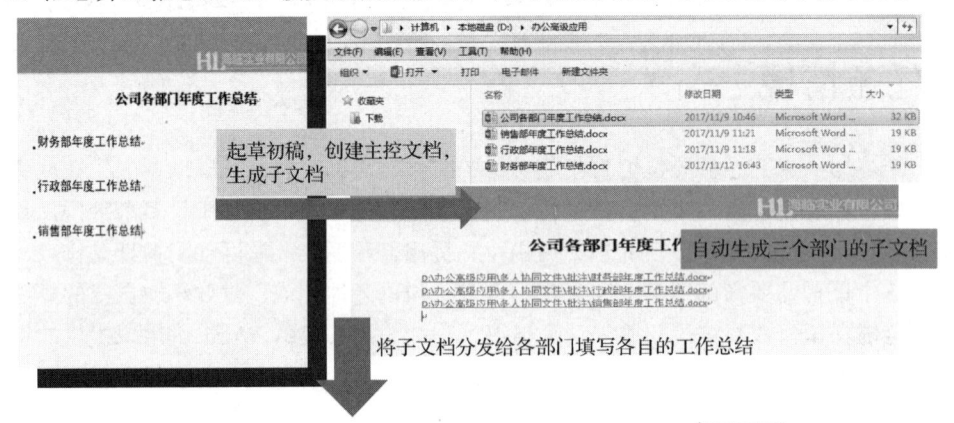

图 4-2 年度工作总结各环节图示

任务 4　多部门协同处理公司总结报告文档

销售部年度工作总结

转眼间已接近年底，今年销售部门根据年初制定的总体目标以及分阶段制定的目标，根据既定的销售策略和任务，按照常年的习惯，进行针对市场的销售任务。期间我们制定了自己的目标计划和销售计划，基本完成各自预定的销售任务，并及时总结经验，加以改善。为更好开展新的工作，特对本年度销售部工作做简要总结。

全年主要工作：
1. 人员招聘。为保证三期项目顺利销售，年初开始按计划进行人才储备。经过招聘、培训、调整，增加了销售力量。
2. 培训工作。因全年销售主要集中在下半年，全新的产品，均需要相对应的解说词，上半年销售部最主要的工作就是培训，近两月的时间销售部全员均在做系统而全面的培训。
3. 市场调研。今年下半年，因为新项目开始，给销售人员又增添市场调研的工作，从培训起，销售部开展全面的调研，实行至少每月更新一次市调报告，经过调研锻炼了销售员的分析能力。
4. 日常业务。销售期间，主要依靠现场接待、老客户回访、案场暖场活动吸引新客户，通过实践性的销售进一步巩固了培训所学内容，尤其是销售技巧的实践。
5. 其他工作。主要是配合策划部门做好暖场活动及阶段性活动。

过去一年，我们走过了一段艰辛的历程，也体会到了这一过程带来的快乐。此刻，我们站在一个新的起点，面对未来更多的挑战，我们深信，在公司的正确领导下，依靠优秀的产品、先进的理念、良好的服务，全体员工坚定信念，团结协作，以小目标实现大目标，以大目标实现长远目标，一步一个脚印，一定能出色完成任务。

> 孔凡试
> 去掉口语化表述

> 孔凡试
> 冗余内容对于总结没有意义，请更改。

↓ 各部门根据修改意见对各自的总结进行修订

销售部年度工作总结

今年销售部门基本完成了年初制定的总体目标以及分阶段制定的目标，为更好开展新的工作，特对本年度销售部工作做简要总结。

全年主要工作：
1. 人员招聘。为保证三期项目顺利销售，年初开始按计划进行人才储备。经过招聘、培训、调整，增加了销售力量。
2. 培训工作。因全年销售主要集中在下半年，全新的产品，均需要相对应的解说词，上半年销售部最主要的工作就是培训，近两月的时间销售部全员均在做系统而全面的培训。
3. 市场调研。今年下半年，因为新项目开始，给销售人员又增添市场调研的工作，从培训起，销售部开展全面的调研，实行至少每月更新一次市调报告，经过调研锻炼了销售员的分析能力。
4. 日常业务。销售期间，主要依靠现场接待、老客户回访、案场暖场活动吸引新客户，通过实践性的销售进一步巩固了培训所学内容，尤其是销售技巧的实践。
5. 其他工作。主要是配合策划部门做好暖场活动及阶段性活动。

分阶段目标的完成有利地促进了总体目标的实现，是本年度销售部管理的一个亮点，在下一年度，我们以小目标实现大目标，以大目标实现长远目标，一步一个脚印，一定能出色完成任务。

> 销售部内
> 删除的内容：转眼间已接近年底，今年销售部门根据年初制定的总体目标以及分阶段制定的目标，根据既定的销售策略和任务，按照常年的习惯，进行针对市场的销售任务。期间我们制定了自己的目标计划和销售计划，基本完成各自预定的销售任务，并及时总结经验，加以改善。

> 孔凡试
> 冗余内容对于总结没有意义，请更改。

> 销售部内
> 删除的内容：过去一年，我们走过了一段艰辛的历程，也体会到了这一过程带来的快乐。此刻，我们站在一个新的起点，面对未来更多的挑战，我们深信，在公司的正确领导下，依靠优秀的产品、先进的理念、良好的服务，全体员工坚定信念，团结协作，以小目标实现大目标，以大目标实现长远目标，一步一个脚印，一定能出色完成任务。

↓ 接受或拒绝修订

销售部年度工作总结

今年销售部门基本完成了年初制定的总体目标以及分阶段制定的目标，为更好开展新的工作，特对本年度销售部工作做简要总结。

全年主要工作：
1. 人员招聘。为保证三期项目顺利销售，年初开始按计划进行人才储备。经过招聘、培训、调整，增加了销售力量。
2. 培训工作。因全年销售主要集中在下半年，全新的产品，均需要相对应的解说词，上半年销售部最主要的工作就是培训，近两月的时间销售部全员均在做系统而全面的培训。
3. 市场调研。今年下半年，因为新项目开始，给销售人员又增添市场调研的工作，从培训起，销售部开展全面的调研，实行至少每月更新一次市调报告，经过调研锻炼了销售员的分析能力。
4. 日常业务。销售期间，主要依靠现场接待、老客户回访、案场暖场活动吸引新客户，通过实践性的销售进一步巩固了培训所学内容，尤其是销售技巧的实践。
5. 其他工作。主要是配合策划部门做好暖场活动及阶段性活动。

分阶段目标的完成有利地促进了总体目标的实现，是本年度销售部管理的一个亮点，在下一年度，我们以小目标实现大目标，以大目标实现长远目标，一步一个脚印，一定能出色完成任务。

行政部年度工作总结

新年伊始，万象更新。回首过去，为了汲取过去经验教训及来年更好的发展，行政部对过去一年的工作加以回顾，进行全面总结如下：

1. 公司各部门之间的协调工作
行政部必须做好上、下联络沟通工作，及时向领导反映情况，反馈信息，搞好各部门间相互配合，综合协调工作，对各项工作和计划进行督办和检查。

2. 完善管理制度
起草、制定有关规章制度、工作计划和其他文稿，做好公司文件的通知、审核、传递、催办、检查，加强办公文件、档案管理，在文件收发上，做到下发的文件适时达到有关口办理，为公司贯彻落实上级精神、及时高效工作任务提供了有力保证。

3. 固定资产及办公物资的管理
对公司各部门使用的办公物资进行了统计，并分类建档存入电脑中，保证了物资使用的安全；负责公司办公设施的管理和维护及维修职场，包括公司办公用品采购、发放、保管、维护工作等，认真办理办公用品的出入库、领用严格控制和管理。

4. 完善公司管理流程
梳理完善的管理流程，建立完善的公司企业邮箱和 OA 使用流程，为公司每个员工申请邮箱和 OA 使用账号并负责指导安装，做到所有用户标准化、一致化，有效的提高办公效率。

↓ 生成总文档上交总经理

图 4-2　年度工作总结各环节图示（续）

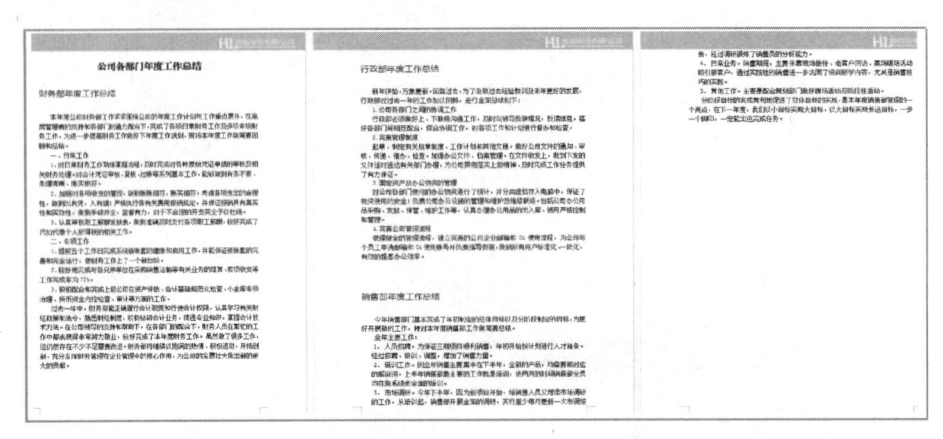

图 4-2　年度工作总结各环节图示（续）

4.3　任务实施

4.3.1　创建主控文档并生成子文档

1．主控文档及作用

主控文档是一组单独文件（或子文档）的容器，使用主控文档可创建并管理多个文档。主控文档包含与一系列相关子文档关联的链接（链接：将某个程序创建的信息副本插入 Word 文档，并维护两个文件之间的连接。如果更改了源文件中的信息，则目标文档中将自动刷新该更改）。可以使用主控文档将长文档分成较小的、更易于管理的子文档，从而便于组织和维护。

本任务将利用主控文档创建并管理各个部门的年度工作总结子文档。

2．创建主控文档

新建一个名为"年度工作总结（主控文档）.docx"的 Word 文档，输入如图 4-3 所示文本内容，设置标题"公司各部门年度工作总结"为"标题"样式，设置各部门年度工作总结标题为"标题 1"样式。

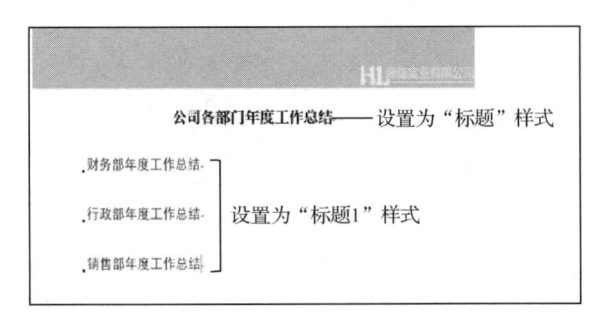

图 4-3　主控文档

3．生成子文档

将图 4-3 中标题 1 的内容生成三个子文档。

（1）单击【视图】→【视图】→【大纲】按钮，切换到大纲视图。

（2）选中如图 4-4 中所示标题 1 内容，单击【大纲显示】→【主控文档】选项组中的【显示文档】按钮,在展开的命令项中单击【创建】按钮。将大纲中的标题 1 指定为子文档。

(3)关闭大纲视图,回到页面视图。

(4)重新保存文档后,打开主控文档所在文件夹,发现已生成三个以标题 1 内容为文件名的子文档,如图 4-5 所示。

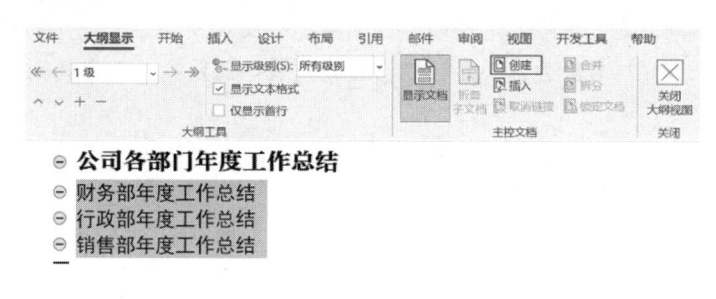

图 4-4　创建子文档

图 4-5　生成三个子文档

相关知识

在创建子文档之前,也可以先将现有文档内容插入子文档标题后(注意要设置为"正文文本"样式)。方法:单击图 4-6 所示【主控文档】选项组中的【插入】按钮,在【插入子文档】对话框中选择要打开的文件,即可插入内容,然后再单击【主控文档】选项组中的【创建】按钮。插入后效果如图 4-7 所示。

图 4-6　插入子文档　　　　图 4-7　插入后效果

4. 设置限制子文档格式

生成子文档后,就可以准备将其发给各个部门填写各自的工作总结了。为了保证各子文档格式的统一,在分发之前,可以先设置好子文档的格式,并限制各部门对子文档进行格式设置,这就用到保护文档中的限制格式编辑功能,设置方法如下。

95

（1）打开"财务部年度工作总结"文档，设置标题和正文格式，并更新样式库中的标题和正文样式，如图4-8所示。

（2）单击【审阅】→【保护】→【限制编辑】按钮，右侧弹出【限制编辑】窗格，勾选"1.格式设置限制"下的"限制对选定的样式设置格式"复选框；单击其下【设置】按钮，弹出【格式设置限制】对话框，在此可以勾选当前允许使用的样式，此处单击【无】按钮，再单击【确定】按钮后弹出"该文档可能包含不允许的格式或样式，您是否希望将其删除？"提示框，单击【否】按钮。

（3）如果想现在就启动强制保护，单击"3.启动强制保护"下的【是，启动强制保护】按钮，在弹出的【启动强制保护】对话框中输入保护密码，如图4-9所示，单击【确定】按钮即可看到当前文档的格式选项变为灰色，已被锁定，如图4-10所示。若想解除格式设置限制，单击【限制编辑】窗格下方的【停止保护】按钮，输入保护密码即可。

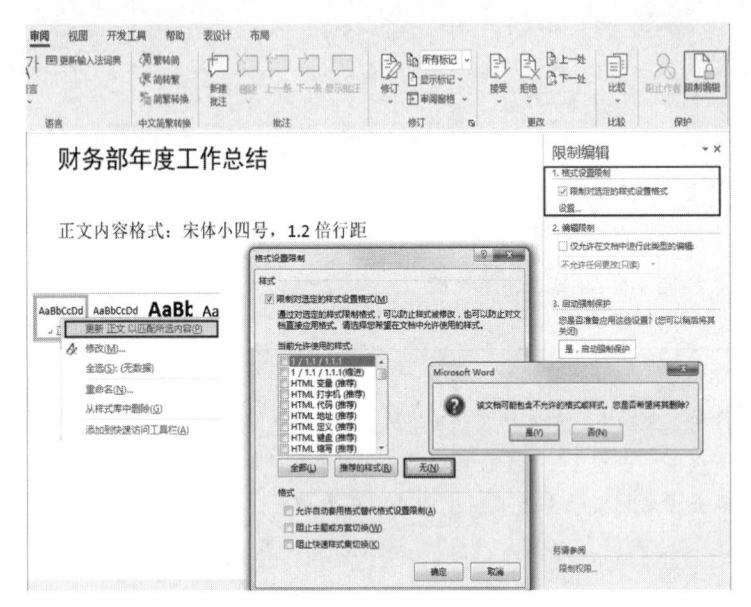

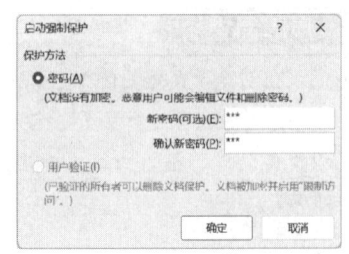

图4-8　设置限制格式　　　　　　　　　图4-9　设置保护密码

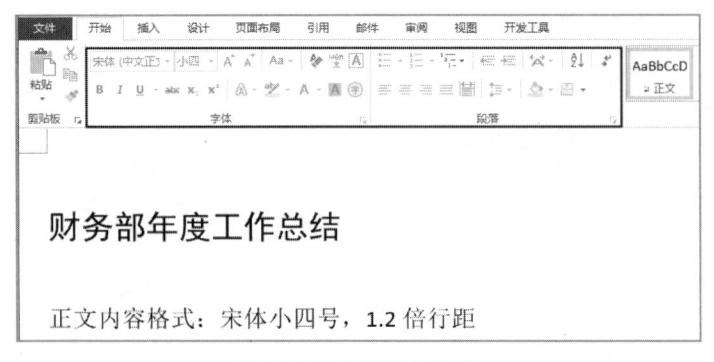

图4-10　设置锁定格式

完成以上操作，小孔就可以将三个格式加密的子文档发给各部门填写了。

4.3.2　批注

各部门填写好各自的年度工作总结后，提交给总经理助理，总经理助理根据公司相关要求对提交上来的年度工作总结进行审阅并提出修改意见。为了不对文档本身进行修改，可以使用“批注”功能对文档进行注释说明，提出自己的修改意见。添加批注后效果如图 4-11 所示。

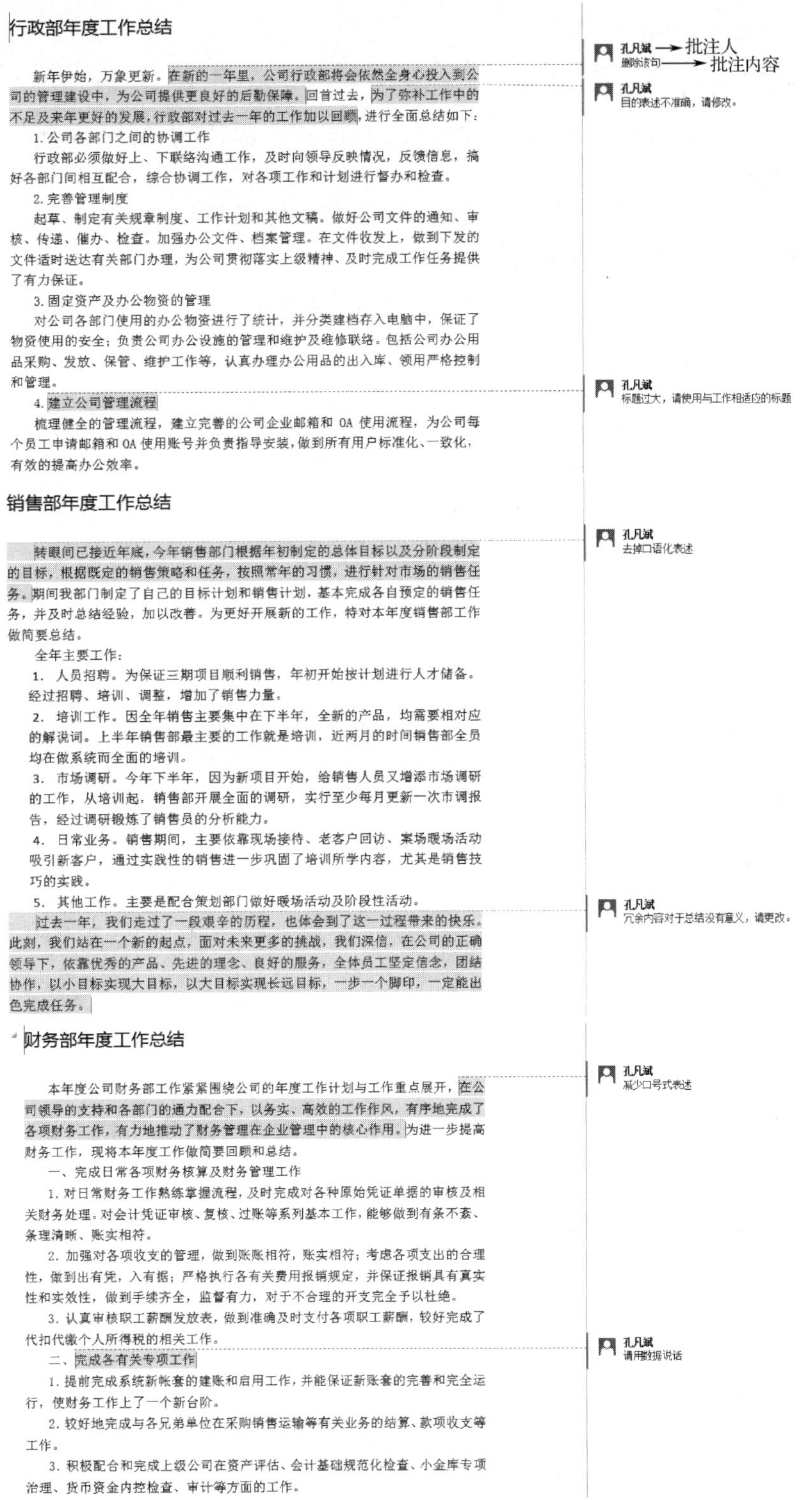

行政部年度工作总结

新年伊始，万象更新。在新的一年里，公司行政部将会依然全身心投入到公司的管理建设中，为公司提供更良好的后勤保障。回首过去，为了弥补工作中的不足及来年更好的发展，行政部对过去一年的工作加以回顾，进行全面总结如下：

1. 公司各部门之间的协调工作

行政部必须做好上、下联络沟通工作，及时向领导反映情况，反馈信息，搞好各部门间相互配合，综合协调工作，对各项工作和计划进行督办和检查。

2. 完善管理制度

起草、制定有关规章制度、工作计划和其他文稿。做好公司文件的通知、审核、传递、催办、检查。加强办公文件、档案管理。在文件收发上，做到下发的文件适时送达有关部门办理，为公司贯彻落实上级精神、及时完成工作任务提供了有力保证。

3. 固定资产及办公物资的管理

对公司各部门使用的办公物资进行了统计，并分类建档存入电脑中，保证了物资使用的安全；负责公司办公设施的管理和维护及维修联络。包括公司办公用品采购、发放、保管、维护工作等，认真办理办公用品的出入库、领用严格控制和管理。

4. 建立公司管理流程

梳理健全的管理流程，建立完善的公司企业邮箱和 OA 使用流程，为公司每个员工申请邮箱和 OA 使用账号并负责指导安装，做到所有用户标准化、一致化，有效的提高办公效率。

销售部年度工作总结

转眼间已接近年底，今年销售部门根据年初制定的总体目标以及分阶段制定的目标，根据既定的销售策略和任务，按照常年的习惯，进行针对市场的销售任务。期间我部门制定了自己的目标计划和销售计划，基本完成各自预定的销售任务，并及时总结经验，加以改善。为更好开展新的工作，特对本年度销售部工作做简要总结。

全年主要工作：

1. 人员招聘。为保证三期项目顺利销售，年初开始按计划进行人才储备。经过招聘、培训、调整，增加了销售力量。

2. 培训工作。因全年销售主要集中在下半年，全新的产品，均需要相对应的解说词。上半年销售部最主要的工作就是培训，近两月的时间销售部全员均在做系统而全面的培训。

3. 市场调研。今年下半年，因为新项目开始，给销售人员又增添市场调研的工作，从培训起，销售部开展全面的调研，实行至少每月更新一次市调报告，经过调研锻炼了销售员的分析能力。

4. 日常业务。销售期间，主要依靠现场接待、老客户回访、案场暖场活动吸引新客户，通过实践性的销售进一步巩固了培训所学内容，尤其是销售技巧的实践。

5. 其他工作。主要是配合策划部门做好暖场活动及阶段性活动。

过去一年，我们走过了一段艰辛的历程，也体会到了这一过程带来的快乐。此刻，我们站在一个新的起点，面对未来更多的挑战，我们深信，在公司的正确领导下，依靠优秀的产品、先进的理念、良好的服务，全体员工坚定信念，团结协作，以小目标实现大目标，以大目标实现长远目标，一步一个脚印，一定能出色完成任务。

财务部年度工作总结

本年度公司财务部工作紧紧围绕公司的年度工作计划与工作重点展开，在公司领导的支持和各部门的通力配合下，以务实、高效的工作作风，有序地完成了各项财务工作，有力地推动了财务管理在企业管理中的核心作用。为进一步提高财务工作，现将本年度工作做简要回顾和总结。

一、完成日常各项财务核算及财务管理工作

1. 对日常财务工作熟练掌握流程，及时完成对各种原始凭证单据的审核及相关财务处理。对会计凭证审核、复核、过账等系列基本工作，能够做到有条不紊、条理清晰、账实相符。

2. 加强对各项收支的管理，做到账账相符，账实相符；考虑各项支出的合理性，做到出有凭，入有据；严格执行各有关费用报销规定，并保证报销具有真实性和实效性，做到手续齐全，监督有力，对于不合理的开支完全予以杜绝。

3. 认真审核职工薪酬发放表，做到准确及时支付各项职工薪酬，较好完成了代扣代缴个人所得税的相关工作。

二、完成各有关专项工作

1. 提前完成系统新帐套的建账和启用工作，并能保证新账套的完善和完全运行，使财务工作上了一个新台阶。

2. 较好地完成与各兄弟单位在采购销售运输等有关业务的结算、款项收支等工作。

3. 积极配合和完成上级公司在资产评估、会计基础规范化检查、小金库专项治理、货币资金内控检查、审计等方面的工作。

图 4-11　添加批注后效果

> **相关知识**
>
> 批注是附加在文档上的注释，显示在文档的页边距或审阅窗格中。批注不是文档的一部分，只是审阅者提出的意见和建议等信息。

1. 批注与修订相关设置

在对文档进行批注和修订之前，可以根据需要设置批注与修订的用户名、位置、外观等。

1）设置批注或修订者名称

批注中有"孔凡斌"字样，这个标记中的"孔凡斌"是当前 Word 使用者的用户名，用户名用于标记是哪位审阅者所做的批注和修订。

设置方法：打开【Word 选项】对话框，在【常规】选项卡下"用户名"文本框中修改 Word 用户名，如图 4-12 所示。

2）设置批注与修订的显示方式

批注与修订在文档中的显示方式有三种："在批注框中显示修订""以嵌入方式显示所有修订""仅在批注框中显示备注和格式设置"，如图 4-13 所示。

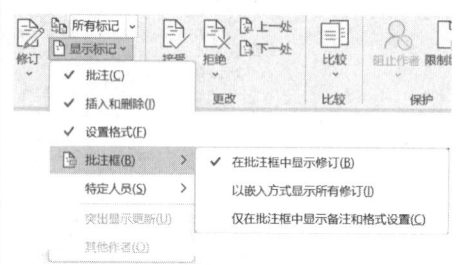

图 4-12　修改 Word 用户名　　　　　图 4-13　设置批注与修订的显示方式

① 在批注框中显示修订（默认设置）。修订和批注同时显示在页面右侧的批注框中，如图 4-14 所示。

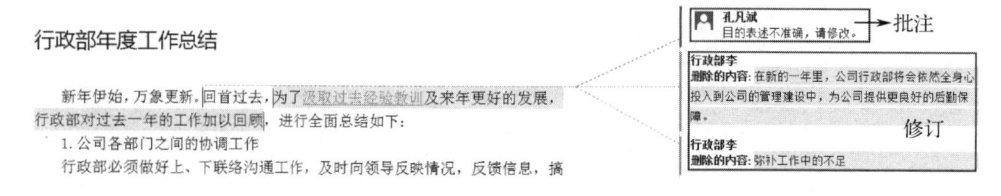

图 4-14　"在批注框中显示修订"显示效果

② 以嵌入方式显示所有修订。使用批注框显示批注和修订时，由于批注框显示在页面右侧的页边距区域内，会使得页面宽度增加。如果不想页面宽度改变，可以选择"以嵌入方式显示所有修订"选项，同时将批注和修订在正文中嵌入显示，效果如图 4-15 所示。

任务 4 多部门协同处理公司总结报告文档

图 4-15 "以嵌入方式显示所有修订"显示效果

③ 仅在批注框中显示备注和格式设置。选择该方式，修订显示于正文中，批注显示于批注框中，效果如图 4-16 所示。

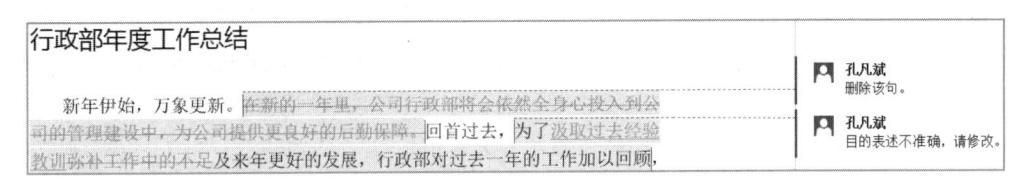

图 4-16 "仅在批注框中显示备注和格式设置"显示效果

3）设置批注和修订外观

单击【审阅】选项卡【修订】组右下方的对话框启动按钮，在打开的对话框中单击【高级选项】按钮，弹出【高级修订选项】对话框，可以根据个人对颜色的喜好，对批注和修订标记的颜色等外观进行设置，如图 4-17 所示。

2. 添加与管理批注

1）插入批注

在文档中选择要进行批注的内容，单击【审阅】→【批注】→【新建批注】按钮，将在页面右侧显示一个批注框。直接在批注框中输入批注，再单击批注框外的任何区域，即可完成批注插入。对于同一文档，可以由多名审阅者同时添加批注。

图 4-17 【高级修订选项】对话框

例如，对"行政部年度工作总结"文档内容添加批注，选中"在新的一年里，公司行政部将会依然全身心投入到公司的管理建设中，为公司提供更良好的后勤保障。"文本内容，单击【审阅】→【批注】→【新建批注】按钮，页面右侧显示批注框，在批注框中输入批注内容"删除该句。"，如图 4-18 所示。

微课

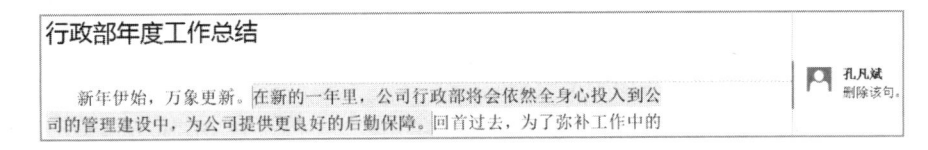

图 4-18 插入批注

2）编辑批注

如果批注意见需要修改，单击批注框，进行修改后再单击批注框外的任何区域即可。

99

3）指定审阅者及查看批注

① 指定审阅者。Word 中允许有多人参与批注或修订操作，文档默认状态是显示所有审阅者的批注和修订的。可以通过指定审阅者，使文档中仅显示指定审阅者的批注和修订，便于用户快速了解该审阅者的编辑意见。指定审阅者的方法：选择【审阅】→【修订】→【显示标记】→【特定人员】命令，选中指定审阅者前的复选框，如图 4-19 所示，指定审阅者为孔凡斌。

图 4-19 指定审阅者

② 查看批注。对于加了许多批注的长文档，直接用鼠标翻页的方法查看批注既费神又容易遗漏，Word 提供了自动逐条定位批注的功能。在【审阅】选项卡的【批注】选项组中，单击【上一条】【下一条】按钮可以逐条查看所显示的批注。在查看批注的过程中，作者可以采纳或忽略审阅者的批注。批注不是文档的一部分，作者只能参考批注的意见和建议，如果要将批注框内的内容直接用于文档，需要通过复制粘贴实现。

4）删除批注

对于已查看并接纳的批注可以删除，可以有选择性地进行单个或部分删除，也可以一次性删除所有批注。

① 删除单个批注。右击需要删除的批注框，在弹出的快捷菜单中选择【删除批注】命令；或者单击需要删除的批注框，在【审阅】选项卡下【批注】组中单击【删除】按钮删除当前批注。

② 删除所有批注。单击任何一个批注框，在【审阅】选项卡下【批注】组中选择【删除】→【删除文档中的所有批注】命令，将文档中所有批注删除掉。

③ 删除指定审阅者的批注。先进行指定审阅者操作，使当前仅显示指定审阅者的批注内容，然后在【批注】组中选择【删除】→【删除所有显示的批注】命令即可。

4.3.3 修订

总经理助理将做好批注的文档重新分发给各部门，各部门收到后需要根据批注意见进行文档的修改订正。为了便于审阅者（总经理助理）能够看到对文档都做了哪些修改操作，需要使用修订功能来标记这些操作，审阅者也可以根据需要接受或拒绝每处的修订。只有接受修订，对文档的编辑才能生效，否则文档将保留原内容。

1. 打开/关闭文档修订功能

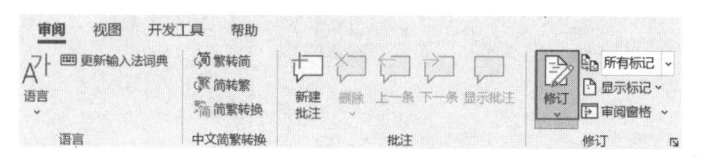

要想跟踪文档中所有修订的内容并标记下来，必须在"修订"状态下修改文档。所以在修订之前首先应打开修订功能。具体操作为：打开所要修订的文档，单击【审阅】→【修订】组下的【修订】按钮，这时修订按钮会加亮突出显示，这样就开启了文档的"修订"状态，如图 4-20 所示。

图 4-20 开启文档"修订"状态

启用文档修订功能后，作者或审阅者的每次插入、删除、修改或更改格式，都会被自动标记出来。用户可以在日后对修订进行确认或取消操作，防止误操作对文档带来的损害，提高了文档的安全性和严谨性。

若想关闭修订功能，再单击一次图 4-20 中的【修订】按钮即可。

2. 各部门根据批注意见进行修订

打开修订功能后，就可以对文档进行修订操作了。以行政部的修订操作为例，修订后效果如图 4-21 所示。

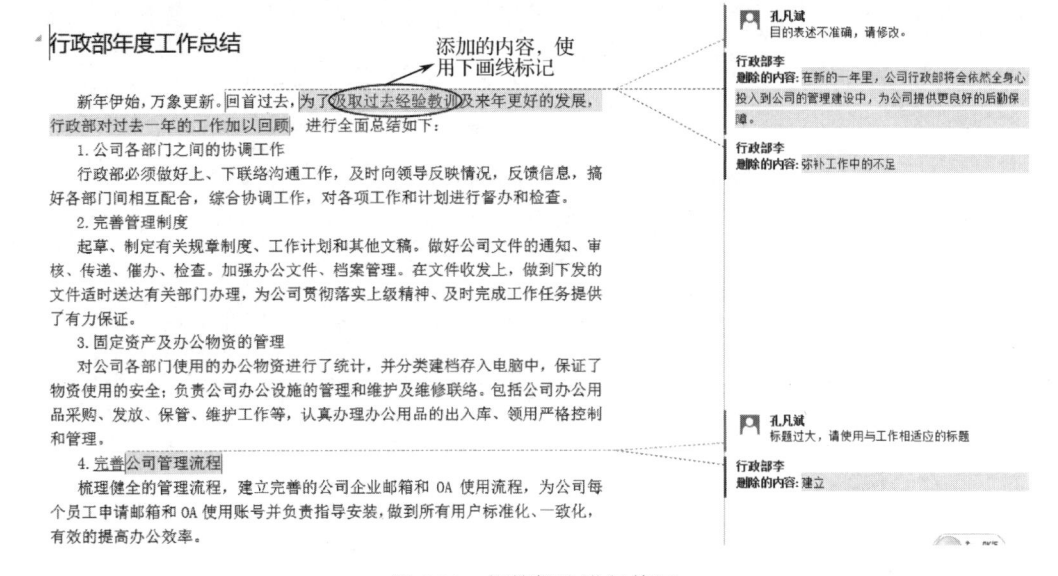

图 4-21　根据批注进行修订

具体操作步骤：选中"在新的一年里……后勤保障。"并删除这句文字，右侧批注框随即标记出"行政部李"所做的修改。删除"弥补工作中的不足"文字，并在此处输入"汲取过去经验教训"文字，则在文档中以下画线和带颜色的形式显示添加的内容，右侧批注框中也标记出了删除的内容，如图 4-21 所示。

原内容、批注与修订、修订后内容前后对比如图 4-22 所示。

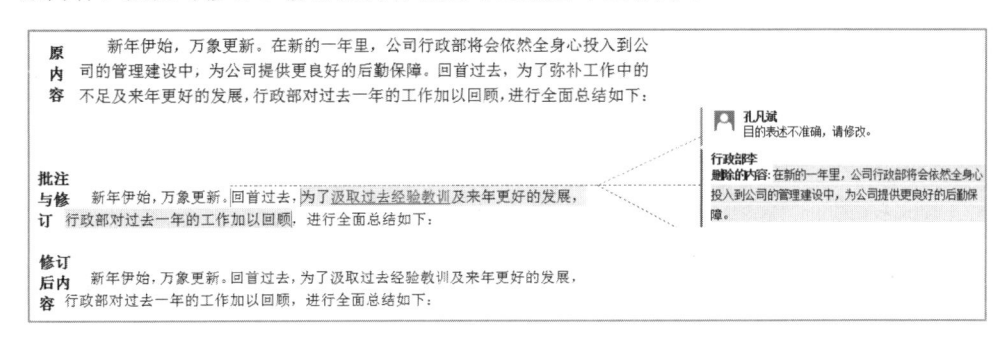

图 4-22　原内容、批注与修订、修订后内容前后对比

财务部和行政部所做修订如图 4-23 和图 4-24 所示。注意：财务部的修订是由两个人（财务部王、财务部刘）合作完成的。

101

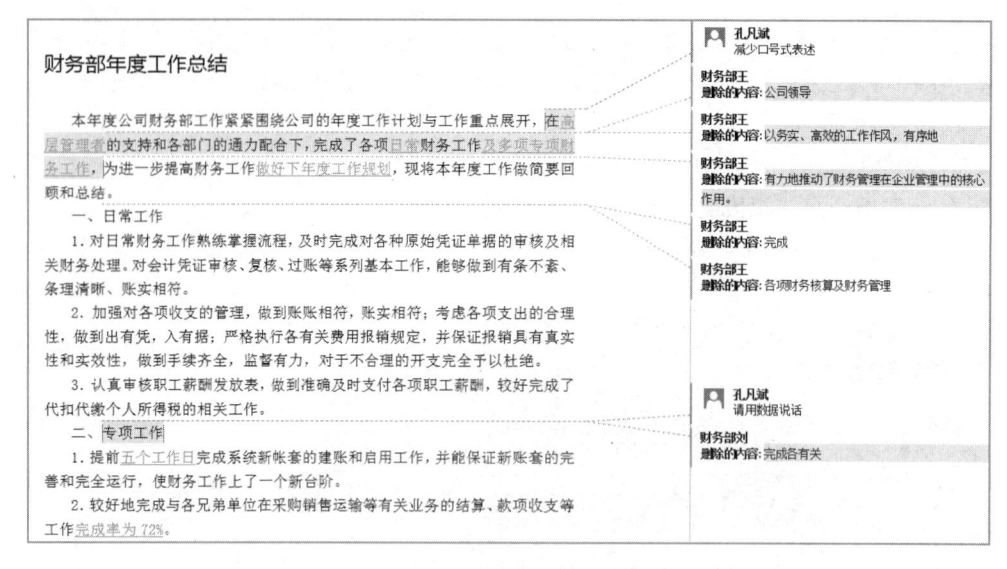

图 4-23　财务部所做修订

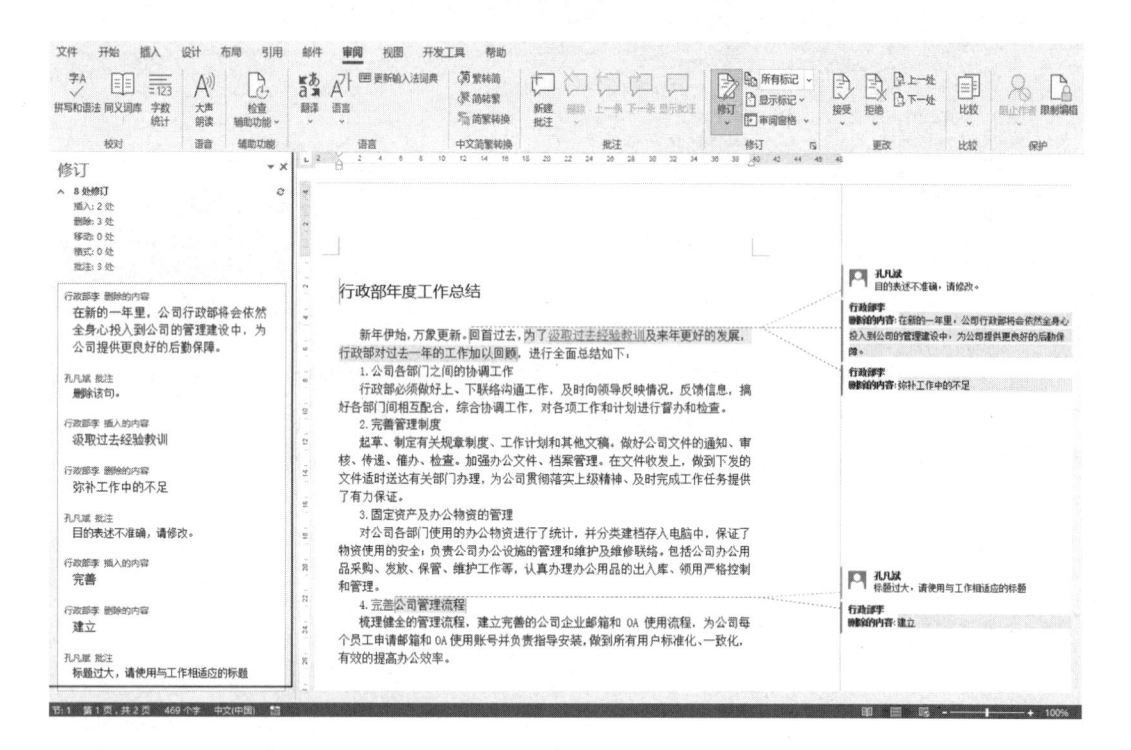

图 4-24　行政部所做修订

> **相关知识**
>
> 审阅窗格可以分门别类地记录所有人对文档做的各种改动，当多人同时修改或批注一个文档时，阅读者可以很方便地定位到任何一处修改过或批注过的位置，如图 4-24 左侧框中所示。显示审阅窗格的方法：单击【审阅】→【修订】→【审阅窗格】按钮。

4.3.4 合并与比较文档

如果有多个修订者针对同一文档进行了修订处理工作，那么如何将所有修订者所做的修改组合到同一文档中，以及一定情况下如何比较修订前后文档都做过哪些修改？审阅中的合并与比较文档功能为此提供了很好的支持，利用它可实现对所有修订者所做修改的记录和标记，以方便阅读者进行查看。

1. 合并文档

合并文档是将多位修订者的修订组合到一个文档中。例如本任务中，财务部小王和小刘分别对文档进行了修订，修订后文档分别为"王.docx"和"刘.docx"。怎样将两个修订文档合并为一个文档，这就用到了合并文档功能。

打开两个文档中的任意一个，如打开"刘.docx"，单击【审阅】→【比较】→【比较】→【合并】按钮，打开【合并文档】对话框，如图 4-25 所示，设置"原文档"为"刘.docx"，"修订的文档"为"王.docx"，确定后，生成一个新文档"合并结果 1.docx"，即合并的修订文档。关闭新文档，改文件名为"财务部年度工作总结.docx"。

2. 比较文档

有时需要对同一篇文章进行多次修改，或者不同人对同一篇文章进行修改，修改的次数多了，难免会杂乱。有没有简单的方法比较两个文档的差异呢？Word 提供了比较文档功能。

本任务中，两个文档"财务部年度工作总结.docx"和"修后-财务部年度工作总结.docx"分别为原文档和修订后的文档，下面利用比较文档功能进行文档的比较。

打开"财务部年度工作总结.docx"文档，单击【审阅】→【比较】→【比较】按钮，打开【比较文档】对话框，设置"原文档"和"修订的文档"，如图 4-26 所示，确定后，生成一个新文档，如图 4-27 所示，所做修改一目了然。

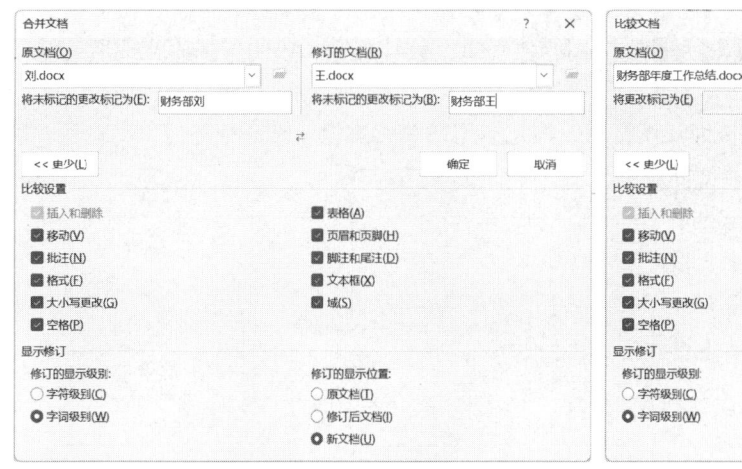

图 4-25 【合并文档】对话框   图 4-26 【比较文档】对话框

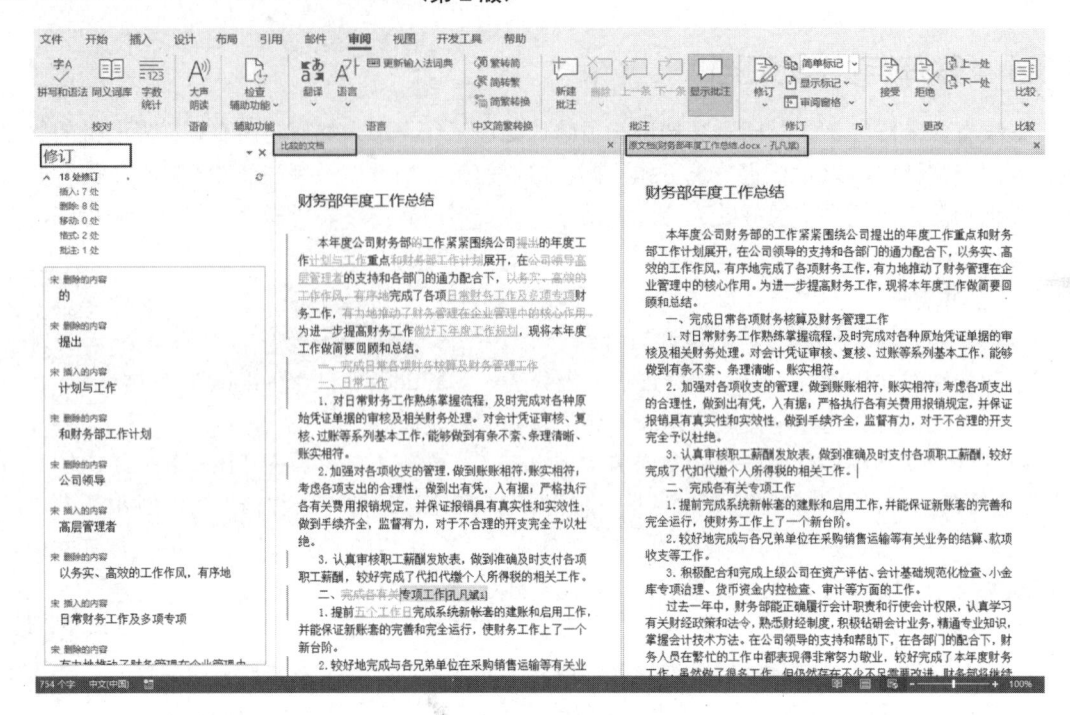

图 4-27　文档比较结果

4.3.5　接受或拒绝修订

总经理助理将各部门修订过的文档复制到原位置（生成子文档时的文件夹），覆盖原同名文件（注意一定要保持文件名不变）。接下来需要根据情况接受或拒绝修订。

1. 接受修订

打开文档，单击【审阅】→【更改】→【接受】按钮，选择【接受此修订】、【接受所有显示的修订】或【接受所有修订】等命令，分别为接受单个修订、某个审阅者的修订或所有审阅者的修订。

接受修订后，Word 将修订转为常规文字或格式应用的最终文本，修订标记被自动删除。接受修订前后效果如图 4-28 和图 4-29 所示。

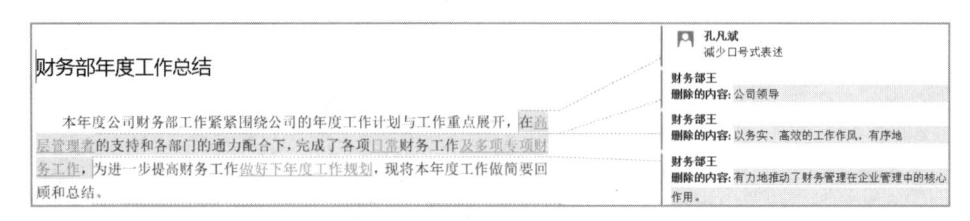

图 4-28　接受修订前

图 4-29　接受修订后

2. 拒绝接受修订

单击【审阅】→【更改】→【拒绝】按钮,选择【拒绝更改】、【拒绝所有显示的修订】或【拒绝所有修订】等命令,分别为拒绝单个修订、某个审阅者的修订或所有审阅者的修订。

4.3.6 转为普通文档

报告完成后需要交给总经理审阅,考虑到主控文档打开时不会自动显示内容且必须附上所有子文档等问题,显然不宜直接上交主控文档。因此还需要把编辑好的主控文档转成一个普通文档再上交。

打开主控文档"公司各部门年度工作总结.docx",如图 4-30 所示。在大纲视图下,单击【大纲】选项卡中的【展开子文档】按钮以完整显示所有子文档内容。单击【大纲】选项卡中的【显示文档】按钮展开【主控文档】区,将光标依次放置在各个子文档中,单击【取消链接】按钮即可,如图 4-31 所示。最后将当前文档另存为一个新文件,即可得到合并后的普通文档,如图 4-32 所示。此时最好另存为而不要直接保存,毕竟原来的主控文档以后再编辑时可能还用得到。

图 4-30 "公司各部门年度工作总结.docx"主控文档

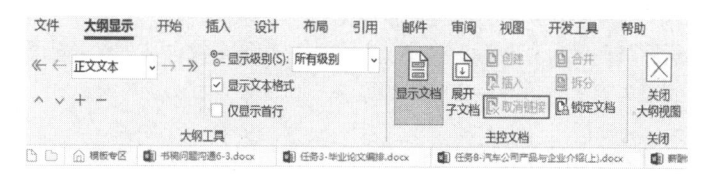

图 4-31 取消链接

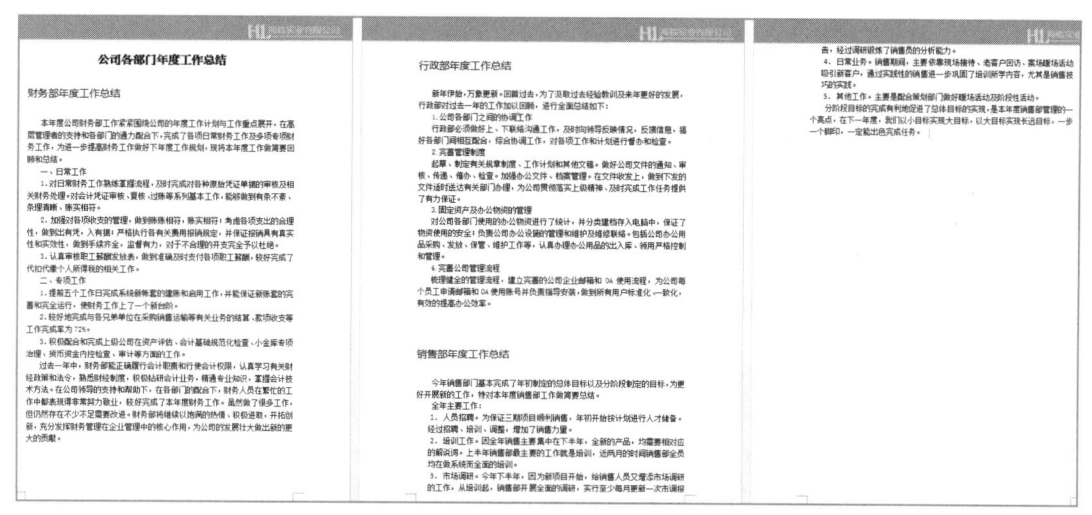

图 4-32 最终生成的普通文档

事实上,在 Word 中单击【插入】→【文本】→【对象】→【文件中的文字】按钮也可以快速合并多人分写的文档，操作还要简单得多。之所以要使用主控文档，主要在于主控文档中进行的格式设置、修改、修订等内容都能自动同步到对应子文档中，这一点在需要重复修改、拆分、合并时特别重要。

4.3.7 标记文档的最终状态

如果文档已经确定修改完成，用户可以将文档标记成最终状态，即最终版本。该操作可以将文档设置为只读，并禁用相关的内容编辑命令。

将文档标记成最终状态的操作步骤如下：单击 Word 工具栏左上角【文件】→【信息】按钮，在打开的窗口中单击【保护文档】按钮，在弹出的下拉列表中选择【标记为最终状态】命令，完成设置，如图 4-33 所示。

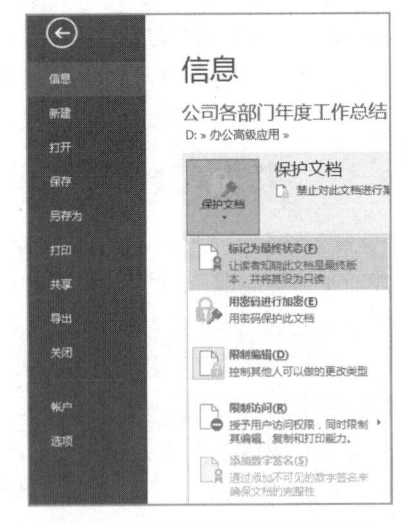

图 4-33　将文档标记成最终状态

热点话题——团队·合作

俗话说"一个篱笆三个桩"，这说的是人与人要懂得合作。还有歌中唱道"一根筷子哟，轻轻被折断；十双筷子哟，牢牢抱成团。"这说的是人要有团队精神。我们无论做任何事情，都需要与他人合作，都要有团队精神。如何学会与人合作，如何融入团队，让团队生发出更大的力量，是我们每个人都应该思考的问题。

- 在不大的蚂蚁家族中，有着复杂却又严格的分工。工蚁负责探路和寻找食物，兵蚁负责蚁巢的安全保障，蚁后则负责生育和哺养后代。每个成员既不多做也不少做，缺了其中任何一个环节都不行。蚂蚁家族正是凭借着成员之间的亲密合作，才得以生存下去。
- 鳄鱼面目狰狞，性情凶恶，专门捕食鱼、蛙、家畜。但是，在非洲尼罗河边，鳄鱼和千鸟却能和谐相处。原来，千鸟不但能在鳄鱼身上找到小虫吃，还能在鳄鱼嘴里找到水蛭吃，免除了鳄鱼受小虫、水蛭叮咬之苦。而且千鸟非常机灵，只要听到异常动静，便喧噪个不停，这样便惊醒了睡梦中的鳄鱼，有了千鸟做警卫，对鳄鱼当然有益，而千鸟也可以从鳄鱼身上找到可口的食物。
- 一个人再伟大，也离不开团体，一个人的智慧再卓越，也不能脱离群众。一人之智不敌万人之智，团结就是力量。

请阅读分析以上材料，谈谈你对团队合作的理解和看法。

4.4 拓展实训

实训 1：基于云存储的多人实时在线编辑

移动互联网时代，企业办公已经不只是局限于办公室和电脑。在线文档能满足企业在各种场景下"多人多地多端在线实时协同"的远程协同办公需求，真正实现办公"零距离"。在线文档协作编辑产品属于在线办公的一个细分领域，是通过在线创建或导入形成的文档，可以分享，并具有协同功能，通过轻便的使用方式和较低的使用门槛，为用户的协作办公提供强大而高效的支撑，进而用协作改变工作方式。

当前比较流行的办公协同工具或平台主要有：腾讯文档、飞书、金山文档、石墨文档、企业微信等，这些协同办公工具在功能设计、模板、网页功能、PC 端支持友好性、是否需要进行客户端下载、是否收费等方面都有各自的优势和特点。下面将以金山文档为例简要介绍如何进行文档的多人实时在线协作编辑。

1. 登录金山文档

在浏览器中打开金山文档页面，如图 4-34 所示。单击页面右上方的【下载】按钮，选择"Windows 版本""Mac 版本""移动端扫码下载""小程序扫码使用"等。单击【进入网页版】按钮，打开"登录 金山办公账号"页面，如图 4-35 所示，可通过不同形式登录金山文档。可以看到金山文档不仅可以通过浏览器在线使用，还可以通过下载客户端、小程序、手机/平板 App 使用，做到多平台便捷使用，多端同步。

图 4-34 金山文档页面

图 4-35 登录 金山办公账号页面

2. 创建与分享文档

登录金山文档之后，可以通过新建或导入文档的方式创建文档并进行发布与分享。单击页面左上方【新建】按钮，可以选择新建在线文档、Office 文档及使用思维导图、流程图等应用

107

服务，或者通过上传本地文件或文件夹创建文档，或者通过我的模板创建文档，如图 4-36 所示。

图 4-36　新建金山文档

在任务 2 中制作了"基于窗体控件的规范表格—职工个人信息表"，现在使用金山文档的表单功能制作一个职工个人信息表，实现多人实时在线编辑文档。主要步骤（以金山网页版为例）如下。

（1）创建表单。单击图 4-36 中的【新建】→【在线文档】→【表单】按钮，打开如图 4-37 所示的表单编辑页面，在页面左侧【题型】选项卡下选择需要的题型创建表单项目，如图 4-37 中已创建了"姓名（填空题）""性别（单选题）""身份证件类型（下拉题）"等内容，根据需要依次创建表单其他各项内容。另外，还可以在【题库】中选择已设置好的一些常用表单项直接使用，如图 4-38 所示。

图 4-37　表单编辑页面

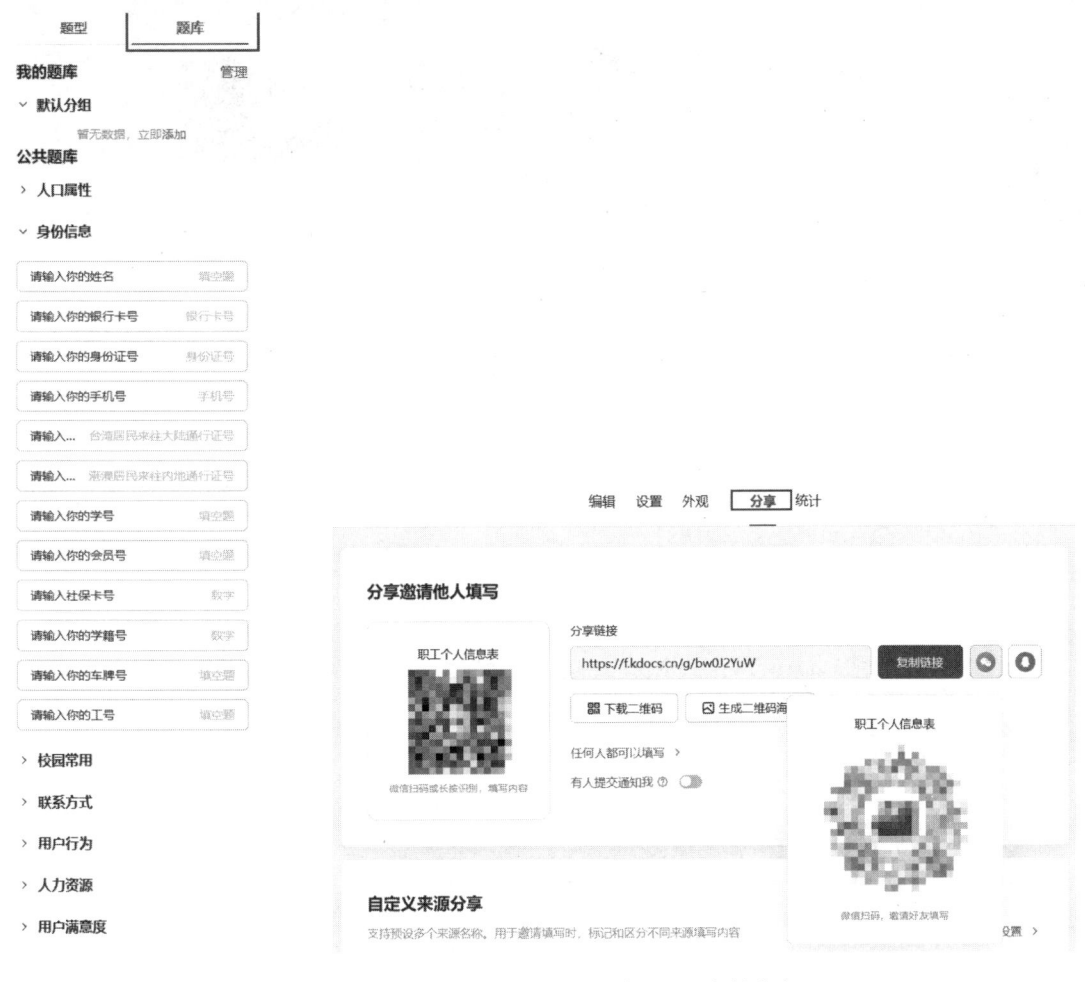

（2）发布并分享表单。完成表单制作编辑后，单击页面右上方的【发布并分享】按钮，打开【分享】页面，如图 4-39 所示，可以通过分享链接下载二维码、生成二维码海报、微信扫码邀请好友、QQ 扫码等方式分享该表单。PC 端和手机端分享方式有所不同，请大家自行尝试。

图 4-38　表单题库　　　　　　　　　　图 4-39　表单分享

> **注意**
> 在分享文档之前，需要对共享分档进行相关设置，如填写有效时间、填写权限、填写需登录等；还可以对文档的外观进行设置，如主题、页面图片、背景、表单配色等，如图 4-40 所示。

（3）取消共享。在协作编辑结束后，如果不想再让其他人通过链接进入文档，可以进行取消共享设置。单击图 4-41 中的【共享】→【我发出的】按钮，单击需取消共享的文件后面的 … 按钮，在打开的菜单中选择【取消共享】选项，这样其他用户将无法再通过链接进入文档。

当分享给其他人的文档已经过期，再次分享时需要开启。首先找到标记为"已过期"的文档，右击文档并单击【共享】按钮，在打开的面板中单击【立即开启】按钮即可。

109

图 4-40 表单设置

图 4-41 取消共享

实训 2：运用 Python 实现办公自动化

　　Python 办公自动化是使用编程的方式对办公文档，如 Word、Excel、Powerpoint 等进行自动处理，以实现快速批量处理，减少工作量，提升办公效率。Python 办公自动化要求使用者能够熟练掌握和运用 Python 语言和相关函数库。如果使用者了解各种办公文档文件格式（文件存储的逻辑结构），则可以运用 Python 语言的基本函数进行无障碍操作。然而，对于许多人来说，不可能了解各种办公文档文件格式，但可以熟练运用 Python 语言，由此可以运用一些开源或商用的针对办公文档的 Python 函数库，来完成自动化处理。

　　下面以"将多个 Word 文档内容转换为一个 Excel 表数据"为例，介绍如何运用 Python 实现办公自动化处理，效果如图 4-42 所示。

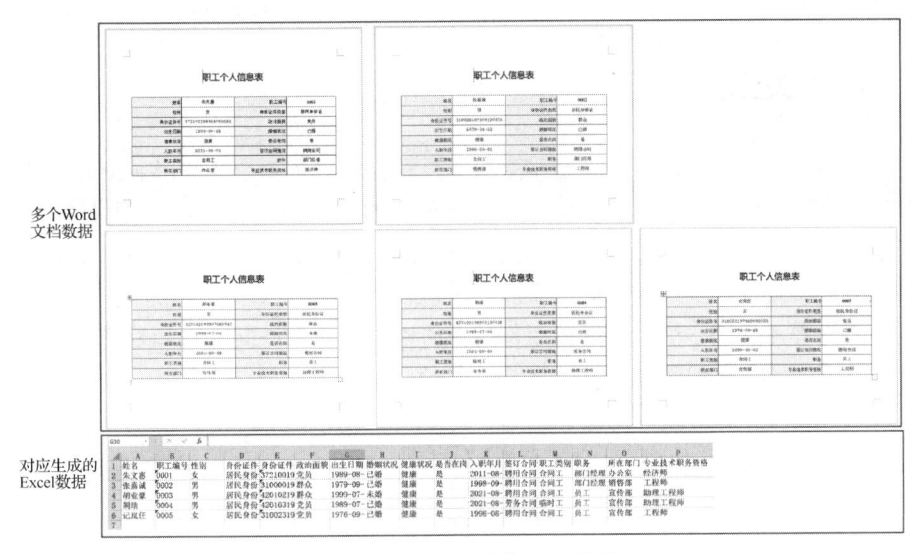

图 4-42　办公自动化处理效果

> **操作提示**

本任务使用 python-docx 和 openpyxl 两个函数库，需要使用 python 语言自带的函数库安装工具"pip"进行安装。"pip"工具在 python 主安装文件夹下"Scripts"子文件夹中。在 Windows 系统中"pip"工具的执行环境为 CMD 命令窗口；在 Linux 系统中"pip"工具的执行环境为终端命令窗口。函数库 python-docx 的安装命令为"pip install python-docx"；openpyxl 的安装命令为"pip install openpyxl"。

python-docx 函数库可以读写 docx 类型文件，但不支持 doc 类型文件操作。

openpyxl 函数库可以读写 xlsx 或者 xlsm 类型文件，但不支持 xls 类型文件操作。

Python 参考程序如图 4-43 所示（各行代码功能见相应注释）。

图 4-43　Python 参考程序代码

4.5 综合实践

　　大学生社团是高等学校一种特殊的学生组织，是大学生依据个人兴趣、爱好、特长，或自身需要等为基础而组成的自主开展学生活动的志愿性团体。学生社团具有自我服务、自我教育、自我管理、自我发展等重要的社会教化功能，是校园文化的重要组成部分。为了进一步加强校园精神文明建设，促进学生社团的健康发展，规范社团的运行秩序，某社团计划制定该社团的管理条例。因为管理条例中涉及社团多个部门，所以需要他们协同编辑和处理才能完成，请利用所学知识完成管理条例的制作。

　　扫描二维码查看更多综合应用实训案例。

综合应用实训案例 4

任务 5　数据可视化分析

在办公过程中，无论是对高层管理人员还是对普通办公职员，数据可视化分析都是至关重要的，这是因为通过可视化将离散的数据拼合成了有用的信息，便于用户直接识别和应用。数据可视化分析有两大类型，即报表和图形，二者分别从结构化角度细节呈现和从视觉上比对信息变化。报表和图形同时又是一份工作报告中数据信息的重要表现形式。

Excel 提供了多种报表生成方法，同时也提供了各种类型的图形的生成、编辑方法，使用户方便、快捷地完成信息的收集和利用工作。下面以在实际办公场景中提取的任务为例，讲述如何利用 Excel 提供的工具和方法进行数据可视化分析。

5.1　任务情境

小卓大学毕业后进入一家厨房电器公司，在生产运营部门负责统计、整理和报告从生产预测、订单生产至客户交付的数据信息。小卓开始疲于生产运营过程中销售部门订单、本部门计划和生产数据的分析之中。在经过一段时间的无序工作之后，小卓对本职工作有了比较全面的认识，但是执行效率仍然较低，经常加班加点。因此，小卓准备通过以下几项数据分析提高自己的工作效率。

任务 1：生产交付情况的分区域按月份统计分析。
- 生产数量统计；
- 产品生产数量百分比；
- 产品生产趋势。

任务 2：产品订单、预测和实际交付等产品生产情况对比分析。

任务 3：交付率及交付缺陷率按产品变化趋势可视化。

小卓用到的原始数据表具有以下字段。
- 订单数量：销售部门每月各类产品的计划数量。
- 计划数量：生产部门预测并安排的各类产品的生产数量。
- 生产数量：生产部门实际生产的各类产品的数量。
- 交付数量：销售部门实际交付客户的各类产品的数量。
- 交付缺陷数量：各类产品交付后客户反馈存在问题的产品数量。

数据可视化是将数据表达成图形或图像的转换过程，其中蕴含着数据关系创新，体现了转化者对于数据的剖析和理解，能提高数据利用效率，对于可视化数据使用者至关重要。通过学习本任务，让学生认识数据关系的复杂性，认识信息的隐藏性，把握有用信息与数据之间的关系，开拓思路，提高自身数据敏感性，提升数据关系的信息表达创新能力，增强自信心，通过数据可视化创新提高数据利用率。

5.2 任务分析

任务 1 涉及数据的分类、汇总和计算，步骤多且复杂，因此需要自动化程度比较高的工具才能提高效率。Excel 提供的"表格"功能和"数据透视表"能够以多种不同的方式快速汇总数据并对其进行描述，因此采用"数据透视表"来实现这项任务是最佳选择。任务 2 涉及多种项目的对比和可视化，可以利用 Excel 的"图表"功能来处理各个单项，但是其可视化效果不太理想，希望将图表组合起来突出对比效果，因此利用"组合"功能进行处理。任务 3 要按产品的变化趋势进行分析，应体现产品数据之间的对比性，可以利用 Excel 中的"迷你图表"功能来实现。

知识目标

- 表格：掌握表格的基本原理、创建、编辑和基本操作。
- 数据透视表：掌握数据透视表的功能、用途、操作和基本技巧。
- 组合图表：掌握组合图表的使用原理和编辑策略。
- 迷你图表：掌握迷你图表的选择、使用和编辑。

能力目标

能够利用表格、数据透视表、组合图表及迷你图表等进行数据分类汇总和图表生成、动态更新和编辑等数据分析任务，为进一步熟练掌握 Excel、提高工作效率奠定基础。

5.3 任务实施

5.3.1 生产交付统计分析

生产部门的原始数据一般为结构化的关系型数据库记录，在生成 Excel 工作表时，失去了原有的结构化关系，即失去了数据与记录和字段的关联信息，只保留了记录和字段对应关系的结构化信息，如图 5-1 所示。若不利用这些结构化信息，仅使用 Excel 的非结构化数据，常常会有大量的重复性操作，不但工作效率低，而且不易重复使用。为了提高工作效率，从 Office 2013 开始，Excel 为用户提供了结构化处理功能"表格"，可以将具有结构化信息的数据还原成结构化数据，即将数据与记录和字段重新建立关联。Excel"表格"功能是工作表中被结构化的一块"区域"，利用【表格工具】选项卡可以独立于工作表中其他行和列的数据来操作表格。

将普通数据转化成"表格"的操作步骤如下。

（1）打开"生产数据.xlsx"文件，选择 sheet3 工作表，表中包含了豆浆机、电饭煲等五种产品 2013～2017 年"生产"与"交付"等数据。

（2）选中工作表中数据区的任意单元格，在【插入】选项卡【表格】选项组中单击【表格】按钮，打开【创建表】对话框，如图 5-2 所示。这时，Excel 会自动为表格选择数据源，即数据所占据的所有单元格，单击【确定】按钮，将会创建如图 5-3 所示生产数据表格，同时 Excel 打开【表设计】选项卡，如图 5-4 所示。

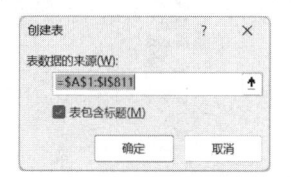

图 5-1　生产部门原始数据　　　　　　　　　　　图 5-2　【创建表】对话框

图 5-3　生产数据表格

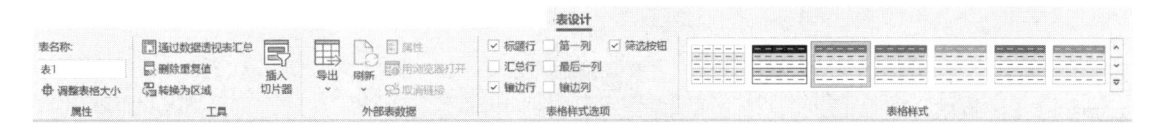

图 5-4　【表设计】选项卡

> **注意**
>
> 在创建表格前，Excel 数据应当有标题行，若没有，在创建后 Excel 会自动为表格添加标题行。无论是原有的标题行还是自动创建的标题行，都可以通过编辑相应单元格进行修改。

（3）在【表设计】选项卡【属性】选项组的【表名称】编辑框中更改"表 1"为"生产数据表"。

通过以上步骤，将普通 Excel 数据转换为类似于关系数据库的记录式数据，可以按整列（字段）或按整行（记录）进行结构化操作。

1. 汇总与展示

利用 Excel "表格"可以轻松实现数据汇总、动态编辑字段和数据切换，方便展示。

1）数据汇总

在图 5-4【表设计】选项卡【表格样式选项】选项组中勾选"汇总行"复选框，Excel 会将光标移动至生产数据表的最后并添加汇总行，如图 5-5 所示。

图 5-5　表格汇总行

115

"表格"功能提供了多种预置的"汇总方式",方便用户快速进行汇总数据。要更改某一字段的汇总方式,需选中字段在汇总行中对应的单元格,单击右侧下拉按钮,在弹出的如图 5-6 所示的下拉列表框中选择相应的汇总函数,即可完成汇总方式的更改。若该字段不需要汇总,则选择"无"选项;若预置的汇总方式不能满足需要,可以选择"其他函数"选项进行手动设置。除"无"和"其他函数"选项外,"表格"将按照所选选项对该列进行相应公式计算,例如,"生产""交付""交付缺陷"列的求和计算结果如图 5-7 所示。

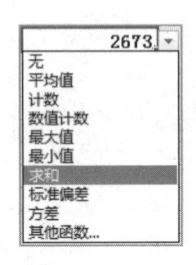

图 5-6 汇总行快速公式选项

图 5-7 "生产""交付""交付缺陷"列求和计算结果

为了提升汇总效率,"表格"提供了筛选功能,帮助用户快速选择所需数据。筛选有两种方式,一是按照某一字段的所有不重复的字段值进行筛选;二是为字段值设置过滤表达式。如果要单独查看某一产品的汇总情况,选择产品字段标题行用"产品名称"进行筛选,即可快速得到汇总结果,例如,豆浆机的汇总结果如图 5-8 所示。

图 5-8 豆浆机汇总结果

2)动态编辑字段

使用"表格"功能可以非常方便地添加一列数据,方式是增加一个字段,并在该列设置数据或计算公式完成数据填充。例如,要计算"交付缺陷率",只要在表格中增添一列,在任意单元格内输入计算公式,即可完成整列计算。如图 5-9 所示,在标题行最右边空白单元格内输入"交付缺陷率"并按"回车"键,该列自动转换成"表格"的列。

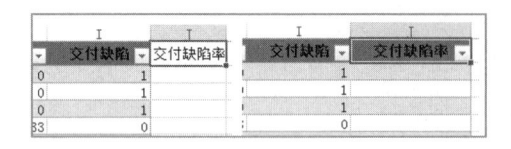

图 5-9 表格添加列

微课

在"交付缺陷率"单元格下方任意单元格内输入公式"=[@交付缺陷]/[@交付]"并按"回车"键,则该列会自动计算所有行,如图 5-10 所示。可以看到,"表格"中单元格输入公式与其他使用表达式的方式不一样,不是引用单元格而是引用字段,从而可知"表格"操作是结构化的操作,而非针对某一个具体单元格的操作。

3)数据切换

为了快速过滤汇总结果,"表格"提供了"切片器"功能,该功能替代"筛选"功能,具有可视化、操作简易等特点。按产品型号进行汇总结果切换的操作步骤:切换到【表设计】选项卡,单击【工具】选项组中【插入切片器】按钮,打开如图5-11(a)所示【插入切片器】对话框,勾选"产品"字段,并单击【确定】按钮,得到图5-11(b)所示关于"产品"字段的"切片器"。选择"切片器"中不同产品型号标签即可切换表格中显示的内容。

图 5-10 计算"交付缺陷率"

2. 产品生产数量百分比

"数据透视表"是 Excel 提供的数据汇总的综合工具,是汇总、分析、浏览和呈现数据的集成式快捷方法。"数据透视表"灵活度高,可快速调整结果显示方式,还可创建"数据透视图",当源数据更新时,"数据透视图"将随"数据透视表"同步更新。因此,本任务采用"数据透视表"功能进行产品生产数量百分比分析,具体步骤如下。

1)创建数据透视表

选中工作表 sheet3 中表格数据区任意单元格,切换到【插入】选项卡,在【表格】选项组中单击【数据透视表】按钮,打开如图 5-12 所示【创建数据透视表】对话框。对话框共有 3 项设置。

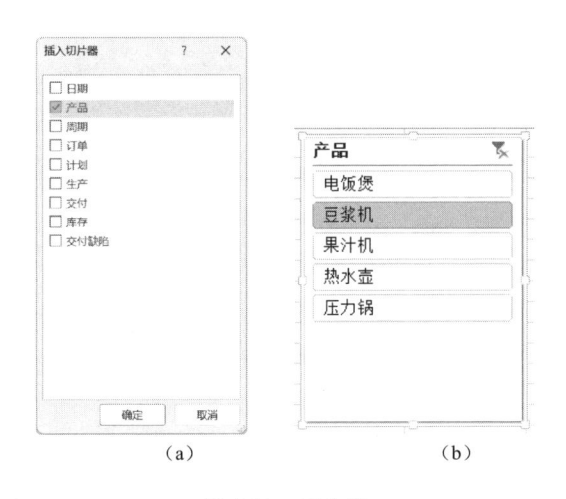

图 5-11 切片器

图 5-12 【创建数据透视表】对话框

- 请选择要分析的数据。有两个选项:"选择一个表或区域"和"使用外部数据源"。这里的"表"就是用表格工具创建的"表格","区域"就是工作表中包含多个单元格的矩形区域。在单击【数据透视表】按钮前,若将鼠标指针放置在"表格"中的单元格中,则Excel 会自动选择该"表格"作为要分析的数据,如本例中 Excel 会自动选择"生产数据表"作为要分析的数据;若将鼠标指针放置在非"表格"的数据区域内的单元格中,则

Excel 会选取整个数据区域作为要分析的数据；若鼠标指针既不在"表格"中，也不在数据区域中，则 Excel 不会自动填充，需要用户输入"表格"名称或数据区域表达式，或者用"数据选择器"进行数据区域选择。外部数据源是工作簿以外的其他文件或数据库中的数据，可以通过创建相应的链接进行设置。

- 选择放置数据透视表的位置。有两个选项："新工作表"和"现有工作表"。"新工作表"表示需新建一个工作表，并将数据透视表放置其中。"现有工作表"表示在当前工作表中放置要创建的数据透视表，需要用户指定起始位置，可以直接输入表达式或用"数据选择器"进行选择。本例选择在新工作表中创建数据透视表。
- 选择是否想要分析多个表。该项表示数据透视表数据是否来源于多个"表格"。当选择此项时，前面所选择的数据将被添加到数据模型中。本例只分析单表格数据，所以不选择此项。

完成上述 3 项设置后，单击【确定】按钮，Excel 生成了一个新的工作表，并创建了一个空白数据透视表，如图 5-13 所示，同时打开【数据透视表分析】选项卡和【数据透视表字段】窗格。

图 5-13 【数据透视表分析】选项卡

【数据透视表字段】窗格分上、下两个分区，上分区用于处理数据透视表中的字段编辑；下分区用于数据透视表中的字段布局。字段布局区又分为四个子区，分别为：

- "筛选器"区域：对于拖入此区域的字段，可以轻松选取该字段取值的任意子集，从而让数据透视表仅显示基于该子集的计算结果；
- "列"区域：拖到此区域的字段会在数据透视表顶行列出它们的所有取值；
- "行"区域：拖到此区域的字段会在数据透视表最左边列出它们的所有取值；
- "值"区域：拖到此区域的字段会在数据透视表中进行汇总计算，默认计算为求和，可通过【值字段设置】菜单更改汇总方法。

2）计算产品生产数量百分比

（1）将"产品"字段拖入"行"区域。

（2）将"订单""计划""生产""交付"字段拖入"值"区域。

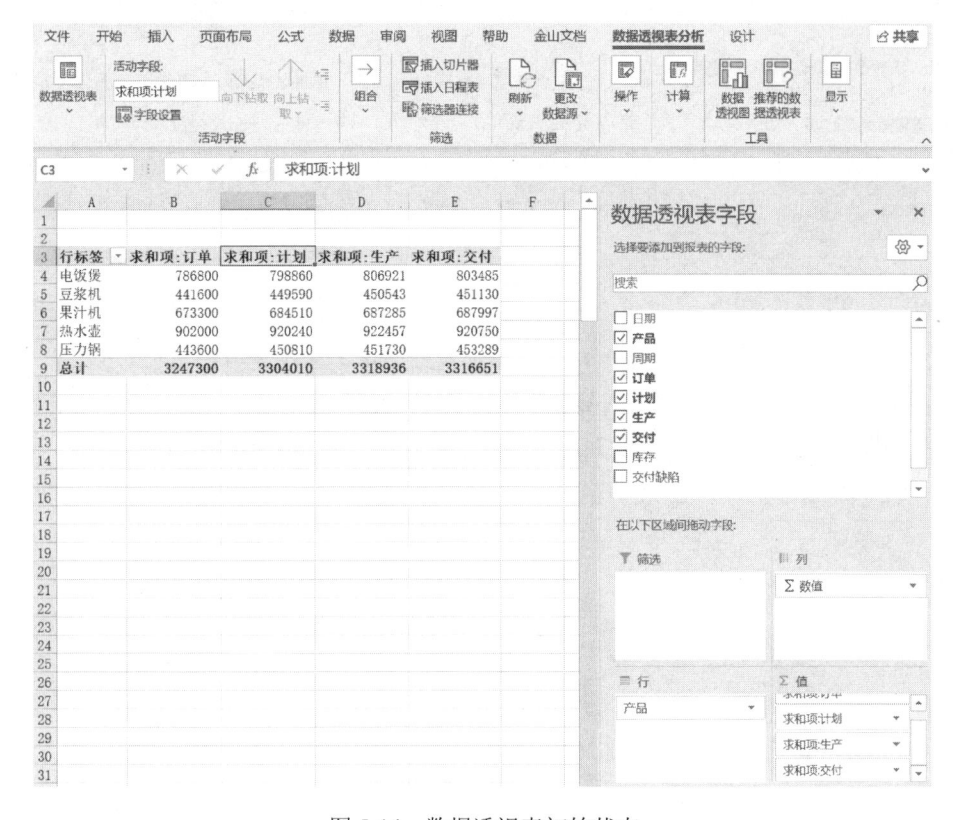

如图 5-14 所示为数据透视表和字段列表初始状态。数据透视表中显示了订单、计划、生产和交付的总计数量。

图 5-14 数据透视表初始状态

（3）要显示各产品生产数量所占百分比，需更改字段显示方式。操作步骤如下。

① 右击"总计"行对应字段列单元格，在弹出的快捷菜单中选择【值字段设置】命令，打开【值字段设置】对话框。

② 选择【值显示方式】选项卡。

③ 单击"值显示方式"下拉列表框右侧的下拉箭头，选择"列汇总的百分比"选项，如图 5-15 所示。

④ 单击【确定】按钮，则数据透视表中相应列更新为百分比方式。

⑤ 重复以上步骤将其余字段更改为百分比方式。

经过以上步骤设置，数据透视表的结果如图 5-16 所示，显示了所有统计数据产品生产数量百分比占比。

3）设置日期过滤器

为了统计不同时间段内的产品生产数量百分比占比，需要设置日期过滤器。一种方式可将"日期"字段拖到"筛选器"区域，然后在"数据透视表"顶部单击【日期筛选器】按钮进行日期过滤。但是，这种方式不具有可视化特点，选择后不知道这是哪个时间段的统计分析，因此

119

不推荐使用。另一种进行日期筛选的办法就是使用"日程表"功能，类似"切片器"功能，可使日期筛选简易化和可视化。添加"日程表"步骤如下。

图 5-15 【值字段设置】对话框

图 5-16 所有统计数据产品生产数量百分比占比

① 在【数据透视表分析】选项卡【筛选】选项组中单击【插入日程表】按钮。
② 在【插入日程表】对话框中选择"日期"字段，如图 5-17 所示，单击【确定】按钮。
③ 将如图 5-18 所示的"日程表"拖曳到合适位置，即完成了日程表的添加。

图 5-17 【插入日程表】对话框

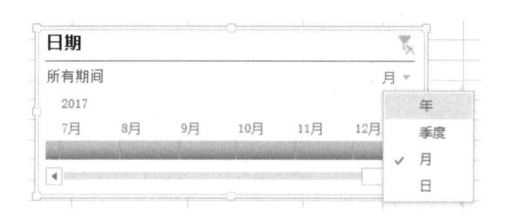

图 5-18 日程表

添加完日程表之后，可以根据展示需要选择时间区间。日程表提供了四级日期过滤器，即年、季度、月和日，设置方式如图 5-18 所示，选择日程表右上角下拉列表中对应过滤级别即可。本例将日期过滤器设置为"年"。另外也可通过【时间线】选项卡提供的功能更改日程表设置，如将标题更改为"统计日期区间"，如图 5-19 所示。

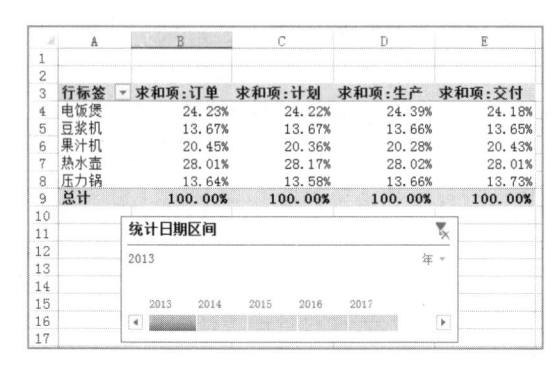

图 5-19 统计日期区间

通过以上 3 个步骤，完成了产品生产数量百分比分析可视化。使用"日程表"的时间区段的选择功能，可以方便地查看相应时间段内各个产品生产数量的百分比占比情况。

3. 产品生产趋势

要想了解产品生产情况的变化趋势，仅靠每月的总计数量并不能直观地展现每种产品生产情况的变化状态。数据透视图可利用数据透视表生成图表，可以完美地利用"切片器"功能动态展示不同产品的图表。利用"数据透视图"创建"生产趋势图"的步骤如下。

（1）新建一张数据透视表，将"日期"字段拖入"行"区域，将"计划"和"生产"字段拖入"值"区域，如图 5-20 所示。

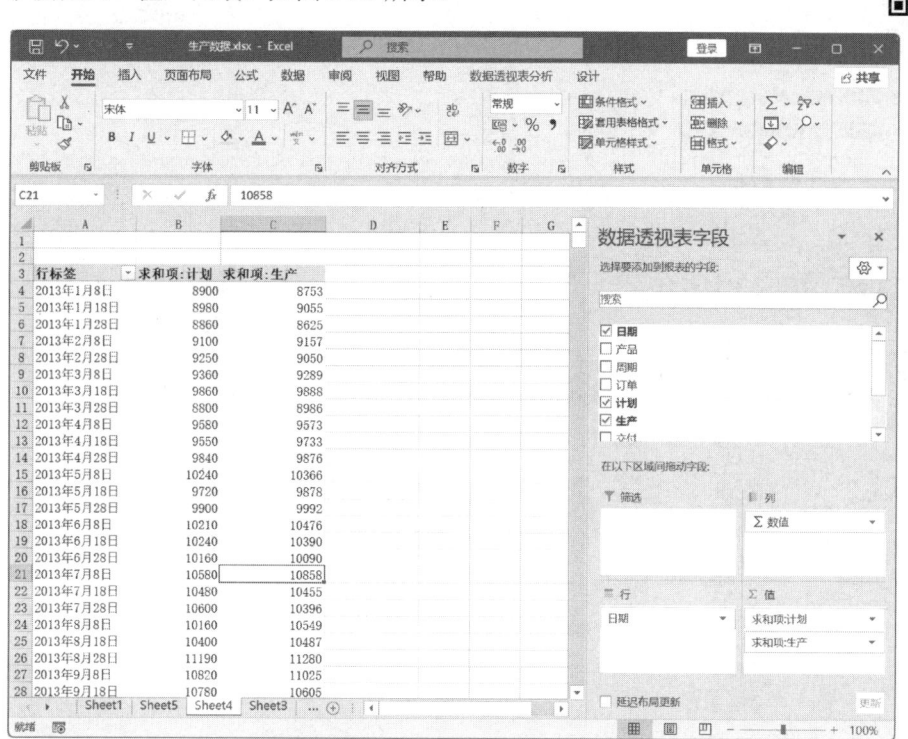

图 5-20　产品生产趋势数据透视表初始状态

（2）对"生产"进行按年、月分组。右击任意"日期"，在弹出的快捷菜单中选择【组合】命令，在弹出的【组合】对话框中选择"月"和"年"选项，如图 5-21 所示，单击【确定】按钮完成按年、月分组。

（3）添加产品"切片器"。右击【数据透视表字段】窗格上分区列表中"产品"字段，在弹出的快捷菜单中选择【添加为切片器】命令，生成"产品"切片器。

（4）创建数据透视图。在【数据透视表分析】选项卡【工具】选项组中单击【数据透视图】按钮，创建"数据透视图"。在【插入图表】对话框中选择"折线图"选项，如图 5-22 所示，其他保持默认设置，单击【确定】按钮，完成图表的创建。

完成后的生产趋势图如图 5-23 所示，可以看出豆浆机 2013～2017 年"计划"和"生产"数量的走势。从中可以发现每年 2 月份产品生产数量都有明显的下降，这是因为 2 月份通常是春节放假，工作时间少造成的。还可通过"产品"切片器查看其他产品的生产趋势图。

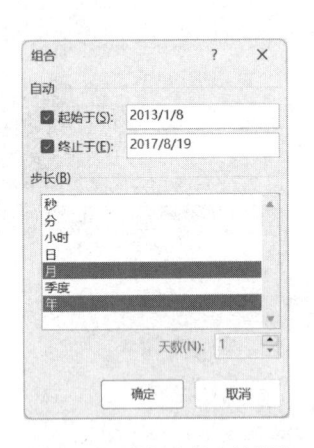

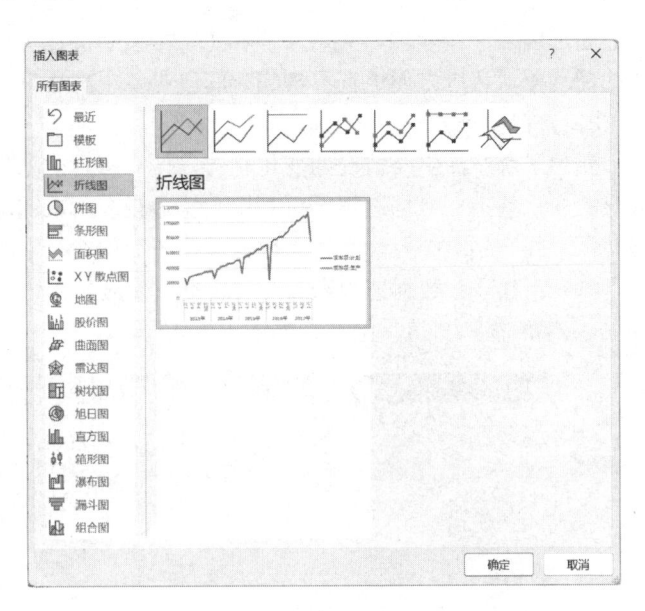

图 5-21　【组合】对话框　　　　　　　　图 5-22　【插入图表】对话框

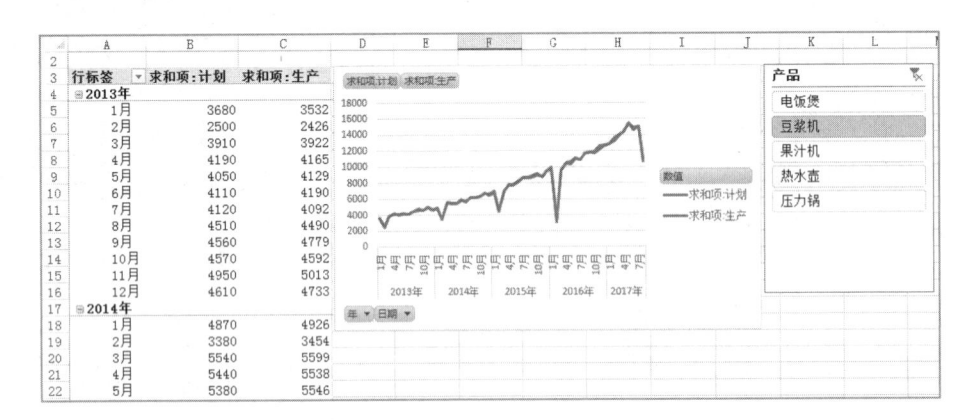

图 5-23　生产趋势图

5.3.2　产品生产情况对比分析

在 5.3.1 节中给出的统计周期内单个产品的生产趋势图能够较好地展示每种产品在统计周期内的生产变化情况。如果将这些产品的生产趋势图放置在同一个图表中用不同的图形表示，就能清晰地对比各个产品的生产情况。这种在同一个图表中用不同图形表示的方法称为"组合图"。下面为利用数据透视表创建组合图。

（1）新建一张数据透视表，将"日期"字段拖入"行"区域，将"生产"字段拖入"值"区域，将"产品"字段拖入"列"区域，如图 5-24 所示。

（2）对"生产"进行按年分组。右击任意"日期"，在弹出的快捷菜单中选择【组合】命令，在弹出的【组合】对话框中选择"年"选项，单击【确定】按钮完成按年分组。

（3）创建数据透视图。在【数据透视表分析】选项卡【工具】选项组中单击【数据透视图】按钮，创建数据透视图。在【插入图表】对话框中选择"组合"选项，如图 5-25 所示，单击【确定】按钮，完成组合图创建。

任务 5　数据可视化分析

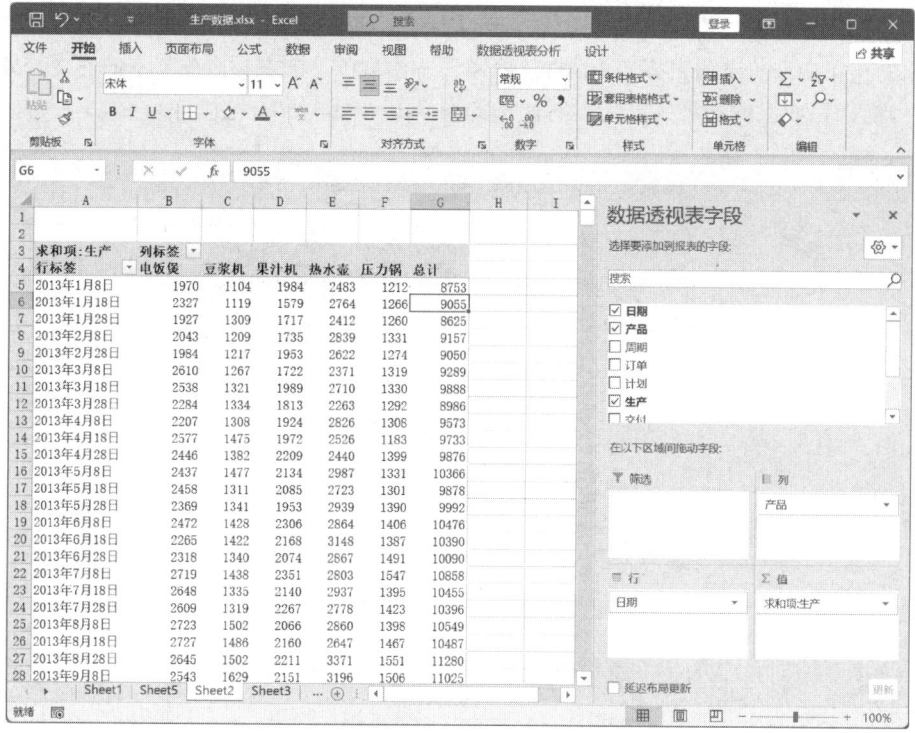

图 5-24　产品生产情况对比数据透视表初始状态

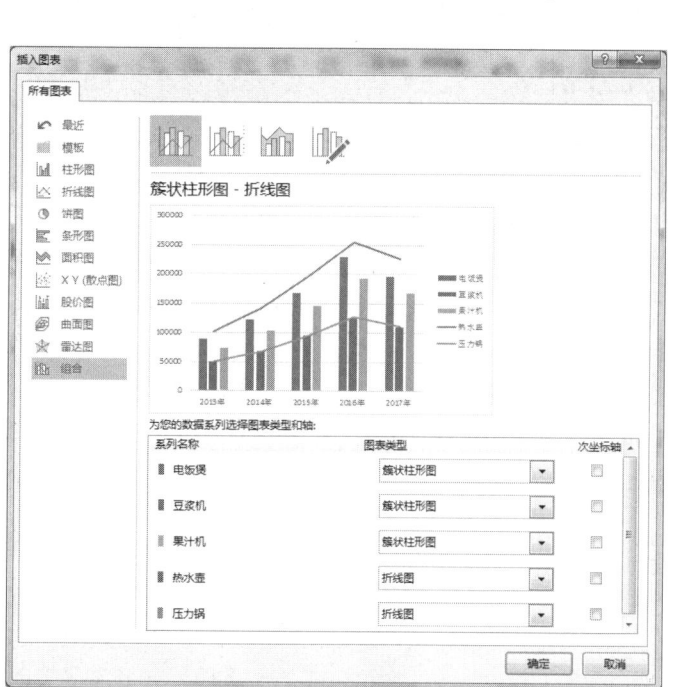

图 5-25　创建组合图

提示　在【插入图表】对话框中可根据实际需要设置图表类型，本例采用默认类型，即簇状柱形图和折线图。

123

（4）添加图表标题。在创建完图表后，选中图表，在图表右上角会出现田按钮，单击该按钮在弹出的菜单中选择【图表标题】命令。将图表中出现的"图表标题"文本框内容修改为"生产情况对比"。完成后的产品生产情况对比图如图 5-26 所示。

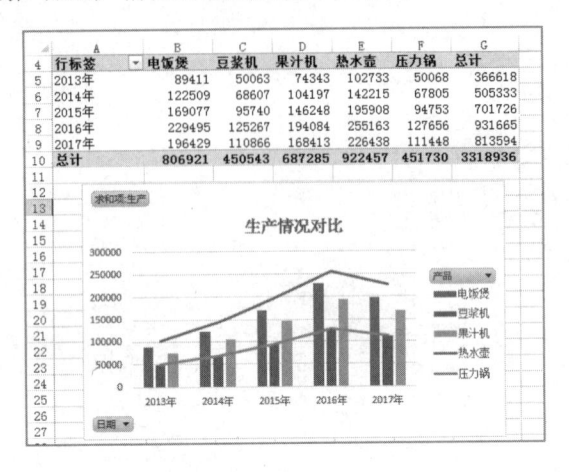

图 5-26　产品生产情况对比图

总体来看，五种产品的生产总量百分比占比在过去四个年度中没有明显的变化，近四年内五种产品的增长趋势基本一致。其中，压力锅和豆浆机生产总量相近，在五种产品中偏低；电饭煲和热水壶生产总量相近，在五种产品中偏高；果汁机处于生产总量的中等水平；生产总量最大的热水壶与生产量最低的豆浆机绝对产品差逐年拉大，电饭煲也同样存在这种趋势。

5.3.3　交付情况分析

通常，企业关心的交付问题涉及两个指标，一是交付率，二是交付缺陷率。交付率是指实际交付数量与订单数量的比值；交付缺陷率是交付后存在问题产品数量占交付总数量的比值。交付率是衡量满足客户需求能力的指标，交付缺陷率是衡量产品质量控制能力的指标。企业都希望交付率不断提高，交付缺陷率不断下降，这样才能说明企业在不断发展进步。因此，交付率和交付缺陷率分析主要涉及在统计时间区间内的发展趋势问题。

1．交付率

图 5-27　【字段、项目和集】下拉菜单

（1）新建一张数据透视表，将"日期"字段拖入"行"区域，将"产品"字段拖入"列"区域，按照 5.3.1 节中所述方法将"日期"字段按年建立分组。

（2）添加"交付率"字段。

① 在【数据透视表分析】选项卡【计算】选项组中单击【字段、项目和集】右侧的按钮，在下拉菜单中选择【计算字段】命令，如图 5-27 所示。

② 在弹出【插入计算字段】对话框中，输入名称"交付率"，输入公式"=交付\订单"，单击【确定】按钮，如图 5-28 所示。"交付率"字段就被添加到了字段列表中，同时被添加到了"值"区域中。在如图 5-29 所示【值字段设置】对话框中，选择【值汇总方式】选项卡下的"计算类型"列表中的"最小值"项。

图 5-28 【插入计算字段】对话框　　图 5-29 【值字段设置】对话框

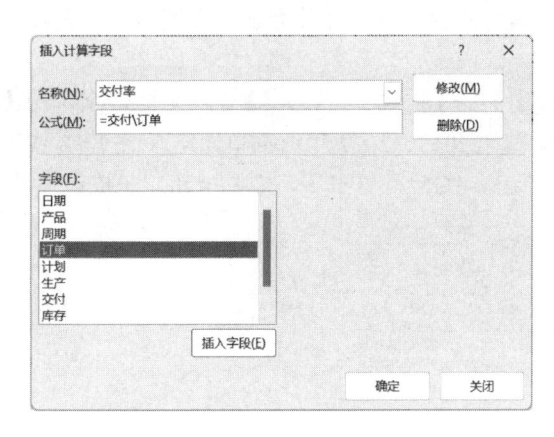

（3）删除透视表总计。右击透视表"总计"单元格，弹出如图 5-30 所示的右键快捷菜单，选择【删除总计】命令，即可删除总计行或列。

（4）生成雷达图。单击【数据透视图】按钮打开【插入图表】对话框，选中"雷达图"选项，如图 5-31 所示。

完成后的交付率对比图如图 5-32 所示。从雷达图上可以看出，所有产品的交付率均大于 1.01，这表明生产部门交付的产品总是大于销售部门所做的订单，从另一个角度来说，就是销售部门的预测总比实际销售情况保守。从 2016 年和 2017 年来看，压力锅的交付率明显高于其他四种产品，这可显示两个信息，一是市场需求迅速增长，二是生产能力有了显著提升。

图 5-30 透视表右键快捷菜单　　图 5-31 插入雷达图

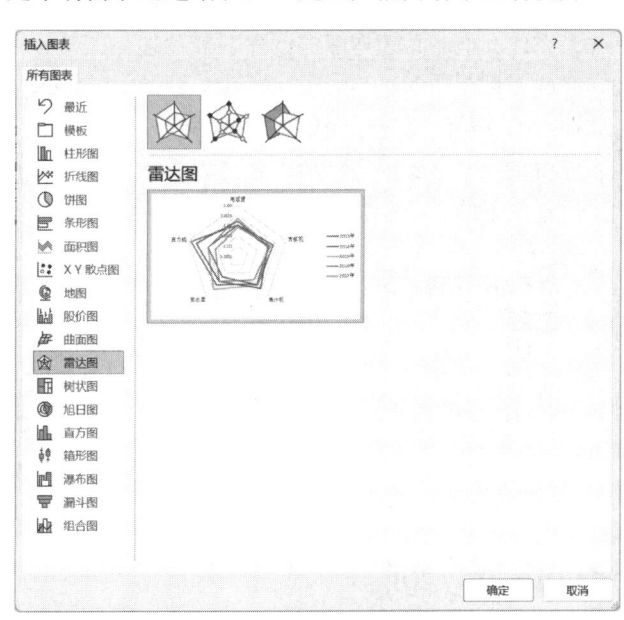

2．交付缺陷率

（1）新建一张数据透视表，将"产品"字段拖入"行"区域，将"日期"字段拖入"列"区域，按照 5.3.1 节中所述方法将"日期"字段按年建立分组。

微课

125

（2）将"交付缺陷率"字段拖入"值"区域，将值字段"计算类型"设置为"最大值"。

（3）删除总计行和列。

（4）创建迷你图。单击【插入】→【迷你图】→【折线】按钮，弹出如图 5-33 所示的【创建迷你图】对话框。选择数据透视表"电饭煲"行 2013～2017 年数据单元格（B5:F5）作为数据范围，将"迷你图"位置设定在该行右边单元格（G5），单击【确定】按钮，生成迷你图。

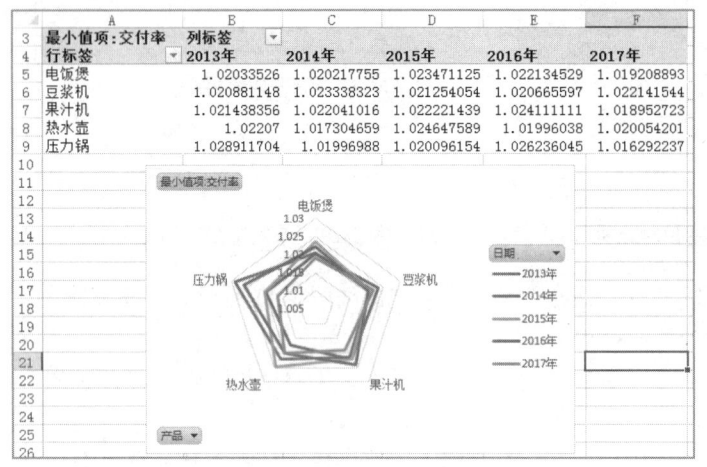

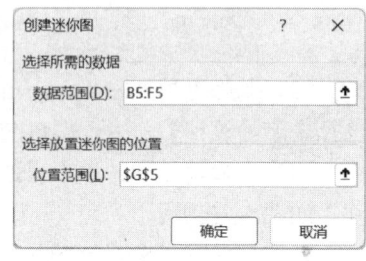

图 5-32　交付率对比图　　　　　图 5-33　【创建迷你图】对话框

（5）更改迷你图显示样式。选中刚创建的迷你图，在【迷你图】选项卡【显示】选项组中勾选"标记"复选框，为每个数据点增加红色标记，如图 5-34 所示。

（6）完成其他产品迷你图的创建。拖动迷你图单元格右端"复制手柄"将格式应用到其他产品，完成迷你图的创建。

完成后的交付缺陷迷你图如图 5-34 所示。可以看出全部产品的交付缺陷率都在逐年下降，表明企业质量水平不断提升。另外还可以看出这种下降并不是线性的，下降趋势在变缓，这也证实了质量水平的提升会越来越难。

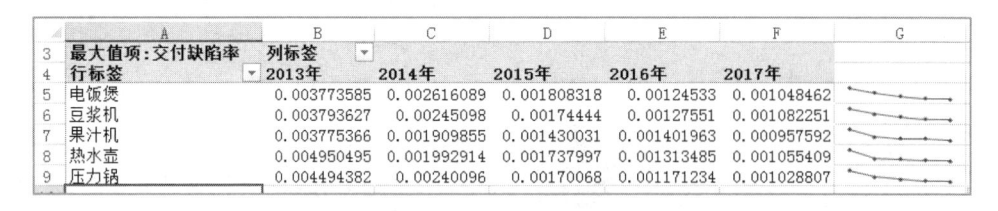

图 5-34　交付缺陷率迷你图

5.4　拓展实训

实训 1：结构化数据操作

使用表 5-1 所示数据，利用"表格"工具创建 Excel 表格，并添加新字段"销售收入"用来统计总销售收入。统计结果如图 5-35 所示。

表 5-1　销售量与单价

产　　品	销售量（单位：台）	单价（单位：元/台）
P1	450	250
P2	200	350
P3	150	325
P4	200	400
P5	250	450
P6	360	500

VAR.S　=[销售量（单位：台）]*[单价（单位：元/台

	A	B	C	D	E
1	产品	销售量（单位：台）	单价（单位：元/台	销售收入	
2	P1	450	250	·）]*[单价（单位	
3	P2	200	350	70000	
4	P3	150	325	48750	
5	P4	200	400	80000	
6	P5	250	450	112500	
7	P6	360	500	180000	
8	汇总			603750	

图 5-35　销售收入统计结果

问题探索：

（1）为什么说 Excel“表格”中的数据是结构化的数据？

（2）Excel“表格”对于用户有哪些便利之处？

（3）Excel“表格”添加列与非表格添加列有什么不同？为什么？

实训 2：应用数据透视表分析数据

利用素材中“销售数据 2017.xlsx”提供的销售数据制作数据透视表，要求完成如下任务。

（1）按产品分类汇总销售的数量和交易金额。

（2）按产品分析销售的数量和交易金额占比情况。

（3）插入日程表筛选 8 月份的销售情况。

分析结果参考如图 5-36 至图 5-38 所示。

问题探索：

（1）数据透视表中“值字段”设置都有哪些重要内容？

（2）使用“筛选器”区域进行字段过滤有什么特点？

（3）“日程表”是“切片器”吗？它有什么特点？“切片器”与“筛选器”有什么区别？

3	行标签	求和项:数量	求和项:交易金额
4	电磁炉	10560	1995840
5	电饭锅	18980	5485220
6	电风扇	13554	2412612
7	加湿器	21514	5163360
8	微波炉	26077	9126950
9	吸尘器	28450	12802500
10	洗碗机	6260	2935940
11	消毒柜	12340	7268260
12	总计	137735	47190682

图 5-36　按产品分类汇总销售的数量和交易金额

3	行标签	求和项:数量	求和项:交易金额
4	电磁炉	7.67%	4.23%
5	电饭锅	13.78%	11.62%
6	电风扇	9.84%	5.11%
7	加湿器	15.62%	10.94%
8	微波炉	18.93%	19.34%
9	吸尘器	20.66%	27.13%
10	洗碗机	4.54%	6.22%
11	消毒柜	8.96%	15.40%
12	总计	100.00%	100.00%

图 5-37　按产品分析销售的数量和交易金额占比

3	行标签	求和项:数量	求和项:交易金额
4	电风扇	700	124600
5	吸尘器	2660	1197000
6	洗碗机	550	257950
7	消毒柜	650	382850
8	总计	4560	1962400

日期 2015年8月 月
2015
7月 8月 9月 10月 11月 12月

图 5-38　8月份销售情况

实训 3：可视化分析销售数据

利用素材中"销售数据 2017.xlsx"提供的销售数据，要求完成如下任务。
（1）使用"图表"可视化产品的交易金额趋势，并用"切片器"切换产品。
（2）使用"组合图"对比各产品交易金额趋势。
（3）使用"迷你图"显示各产品销售数量趋势。
（4）使用"雷达图"显示各产品交易金额。

分析结果参考如图 5-39 至图 5-42 所示。

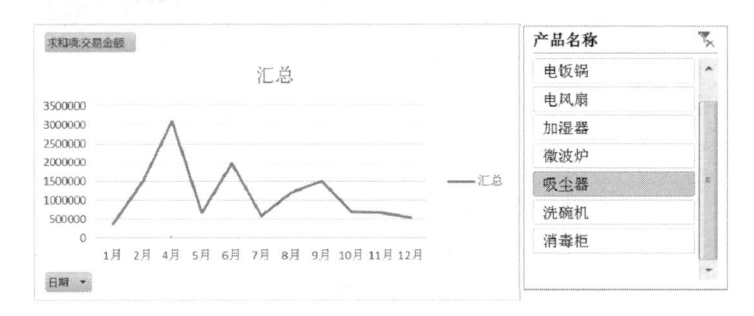

图 5-39　产品交易金额按月趋势图

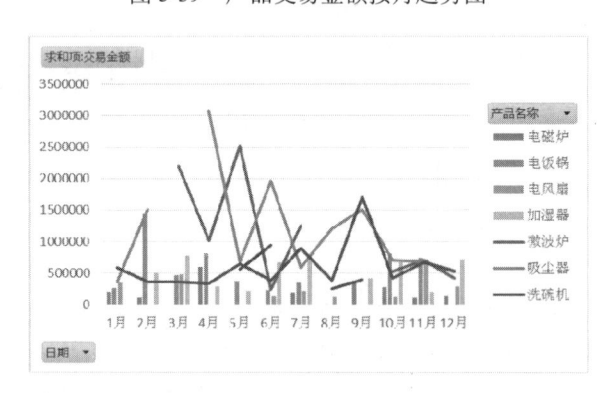

图 5-40　产品交易金额按月趋势组合图

求和项:交易金额	列标签							
行标签	电磁炉	电饭锅	电风扇	加湿器	微波炉	吸尘器	洗碗机	消毒柜	总计
1月	207900	260100	356000		262500	364500		589000	2040000
2月	113400	1447890		504000		1507500		353400	3926190
3月		462400	482380	771360	2196950		469000	353400	4735490
4月	601020	809200		288000	1008000	3082500		329840	6118560
5月		375700		216000	2520000	675000	562800	647900	4997400
6月		231200	128160	672000	245000	1966500	938000	388740	4569600
7月	189000	346800	213600	720000	1253000	585000		895280	4202680
8月			124600			1197000	257950	382850	1962400
9月	366660			417600		1512000	398650	1708100	4403010
10月	272160	812090	120506	672000	521500	697500		424080	3519836
11月	113400	739540	702566	204000	700000	675000	309540	665470	4109916
12月	132300		284800	698400	420000	540000		530100	2605600
总计	1995840	5485220	2412612	5163360	9126950	12802500	2935940	7268260	47190682
销售趋势									

图 5-41　产品销售数量趋势迷你图

128

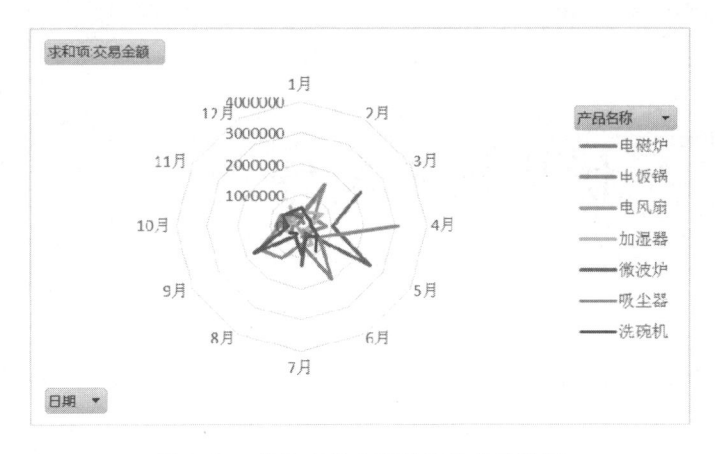

图 5-42　产品交易金额按月趋势雷达图

问题探索：
（1）数据透视图与普通图表有什么不同？数据透视图最重要的特点是什么？
（2）"切片器"与"筛选器"能够刷新数据透视图的显示吗？
（3）组合图中"次坐标"是指什么？有什么作用？

5.5 综合实践

选取一家公司一定时期内生产或销售的数据进行可视化分析。要求：将数据生成"表格"，利用"数据透视表"进行汇总分析，利用"数据透视图"及其他"图表"进行可视化分析，要求图表直观、易读、合理和实用。

扫描二维码查看更多综合应用实训案例。

综合应用实训题库 5

任务 6　优化与决策分析

决策是为了解决某一问题，达到一定目标而做出的决定。决策分析是从提出问题到做出决策前分析和研究最优方案的过程。很多决策问题都会涉及数学规划问题，如产品定价问题、生产计划问题等，即求解目标优化问题。Excel 为数学规划问题提供了一个计算工具，即"规划求解"，可以帮助用户进行线性规划、非线性规划和非平滑规划问题的求解。

6.1 任务情境

在一次行业交流会议上，小卓了解到几家公司经营过程中的优化经验，感觉这些公司初始情况与自己公司目前的状态相似。由于有了前一阶段对于生产预测的研究，小卓对本公司的生产计划系统有了很深入的了解。为了改进公司的生产计划系统，小卓决定借鉴同行的优化经验，采用 Excel 对现有生产计划安排系统进行优化，并使得：

- 所有生产系统投入最少；
- 公司销售收入达到最高。

6.2 任务分析

可以看到，小卓的目标实际上就是公司运营的全局目标，即获得最大的利润。这个目标不但涉及如何安排生产过程，也涉及产品定价问题。解决利润最大化问题的方法首选数学规划方法，因此，小卓要达到任务目的，需要进行以下工作步骤。

- 学习并掌握基本的优化方法；
- 运用线性规划方法进行生产计划；
- 运用非线性规划方法进行生产计划；
- 改进现有预测模型。

知识目标

- 掌握基本数学规划工作步骤；
- 掌握规划求解工作步骤；
- 掌握规划求解之线性规划方法；
- 掌握规划求解之非线性规划方法；
- 掌握规划求解之演化规划方法。

能力目标

通过任务学习能够对一些优化问题进行建模，并采用 Excel "规划求解"工具进行求解，包括：线性规划问题、非线性规划问题、非平滑规划问题。

求解数学规划问题是利用数学方法获取最优化方案的过程，是提升效能、降低资源消耗、发展新质生产力的有效方法。在实务上，通过学习本任务，让学生认识数学规划的基本理论方法，了解线性规划和非线性规划问题的基本形式，理解和掌握利用 Excel "规划求解"工具求解优化问题的常用方法。在思维上，通过学习本任务，让学生认识到现实中任何工作任务都是在有限资源情境下进行的，且大部分都是非线性的问题，是有现实约束的，要想解决它们，必须脚踏实地，因地、因时、因限制宜，才能实现资源最优化配置，减少浪费、实现经济价值和社会效益最大化。

6.3 任务实施

数学规划是数学中的一个分支，它研究的主要目标是在给定的区域中寻找可以最小化或最大化某一函数的最优解，被广泛应用于自然科学、社会科学和工程技术中。数学规划虽然包含很多分支，如线性规划、非线性规划、多目标规划、动态规划等，但都遵循一个基本的问题解决流程，即建立优化模型和求解模型两个基本阶段。其中，第一阶段建立优化模型是数学规划中最重要的一步，它关系着对实际问题的抽象是否真实，是否能够反映实际问题的根本特质。第二阶段则是利用数学方法进行求解，可以手工计算或利用计算机进行求解。本任务采用 Excel "规划求解"来进行优化模型求解。

6.3.1 建立优化模型

建立实际问题的优化模型通常包括四个基本步骤。

1. 识别决策变量

决策变量代表实际问题中影响最终优化值、需要做出取值决策的变量，是优化模型想要确定的量。识别决策变量就是识别所有对问题最终优化值有显著性影响的变量，对于最终优化值没有显著影响的变量不予考虑。一个问题有一个或多个决策变量，不同的问题有不同的决策变量，例如，将要生产的不同产品的数量、用于研究和开发项目的投入资金金额、化工中各种材料的配比等。

决策变量在数学上是目标函数的自变量，即决策变量的变化引起目标函数值的变化。

2. 确定目标函数

目标函数表示决策变量与问题中最优化值之间的变化关系。在实际应用中，常常称代表最优值的变量为"目标函数"，例如，利润是公司期望取得最大化的变量，就是某些问题的目标函数。

3. 识别所有适合的约束

约束是实际问题中要取得最优化结果的前提条件和所受的限制，即对决策变量和优化变量的约束条件。约束多种多样，可能是实际的或技术上的限制，可能是各种管理规定，也可能是法律法规的要求。约束不但增加了优化问题求解的难度，而且也限制求解的范围。因此，必须识别所有适合的约束，否则就会得出错误的解。

4. 用数学形式表示目标函数和约束

为了对问题进行精确刻画并能够方便运用 Excel "规划求解"工具求解问题，需要将决策变量、目标函数和约束条件用数学语言进行描述。优化模型的一般数学形式如下：

$$Y = \min F(X)$$
$$s.t. \begin{cases} G(X) \leq 0, & G = (g_1 \quad g_2 \quad \cdots \quad g_l)^T \\ H(X) = 0, & H = (h_1 \quad h_2 \quad \cdots \quad h_q)^T \end{cases}$$

其中，$X = (x_1 \quad x_2 \quad \cdots \quad x_n)^T$ 为决策变量矢量，$x_i(i=1,2,\cdots,n)$ 为第 i 个决策变量，$Y = (y_1 \quad y_2 \quad \cdots \quad y_m)^T$ 为最优变量矢量，$y_j(j=1,2,\cdots,m)$ 为第 j 个优化变量，$F = (f_1 \quad f_2 \quad \cdots \quad f_m)^T$ 为目标函数矢量，$f_j(j=1,2,\cdots,m)$ 为第 j 个目标函数。$G(X) \leq 0$ 为不等式约束矢量，$H(X) = 0$ 为等式约束矢量。

6.3.2 线性规划

一般地，将求线性目标函数在线性约束条件下的最大值或最小值的问题，统称为线性规划问题。线性规划是数学规划中，研究较早、发展较快、应用较多、方法较成熟、极具应用价值的一个重要分支，也是数学规划的最基本部分，它是辅助人们进行科学管理的一种数学方法。它所研究的问题主要有两类：第一类是用最少的资源满足确定目标，即当任务确定后，如何统筹安排，尽量做到以最少的人力、物力资源去完成任务；第二类则是用现有资源实现最佳输出，即如何安排使用已有的人力、物力资源，取得最佳输出结果。

凡是有明确的线性优化目标，且能用线性约束方程（等式或者不等式）组描述其内部运行规则的问题，都能够用线性规划的方法求解。只要能满足上述条件，无论这些问题属于哪个领域，都属于线性规划方法的应用范围。一些常见的领域有：企业营销策划、产品生产计划、采购与库存管理、工程设计优化、物流管理、人事管理、理财与投资、系统综合评价、宏观经济运行调控、城市管理、作战规划等。

在优化模型的基础上，根据线性规划的特点，可以得到线性规划模型如下：

$$y = \max C^T X$$
$$s.t. \begin{cases} GX \leq 0 \\ HX = 0 \end{cases}$$

其中，$X = (x_1 \quad x_2 \quad \cdots \quad x_n)^T$ 为决策变量矢量，$x_i(i=1,2,\cdots,n)$ 为第 i 个决策变量，y 为优化变量，$C = (c_1 \quad c_2 \quad \cdots \quad c_n)^T$ 为价值（成本）系数矢量或称为目标函数系数矢量，G 为不等式约束系数矩阵，H 为等式约束系数矩阵。一般应用中还有决策变量非负性约束，即 $X \geq 0$。

1. 建立线性规划模型

现在用线性规划方法来帮助小卓对公司生产计划进行优化。公司的产品生产过程包括分装、总装和检验3个阶段，分别由3个车间完成。分装车间有50名熟练工人，分2个班次，每人每天工作8小时。总装车间有30名熟练工人，1个班次，每人每天工作8小时。检验车间有10名熟练工人，1个班次，每人每天工作8小时。公司每周工作6天。根据过往数据的统计，公司单位产品制造工时和可能的净利润如表6-1所示。由于市场火爆，小卓公司的产品供不应求。公司为了实现最大利润，可以只生产某一种利润最高的产品，但是这样不利于规避市场风险。公司在追求最大利润的同时，对每种产品的最低日产量进行了限制，见表6-1。接下来小卓就要根据前面的学习开始进行线性规划模型构建。

表6-1 单位产品制造工时、净利润和最低日产量

产　　品	分装（分钟）	总装（分钟）	检验（分钟）	净利润（元）	最低日产量（台）
豆浆机	6	3	1	85	500
电饭煲	3	2	1	65	900
热水壶	2	2	1	78	900
压力锅	5	3	2	100	500
果汁机	4	3	1	92	650

1）识别决策变量

小卓公司共生产5种厨房家电，并且想要通过合理安排日产量以实现最大利润化，因此可以判断出每种产品的日产量就是对利润最大化起到决定性影响的变量，为决策变量。对应5种产品的日产量则有5个决策变量：豆浆机日产量、电饭煲日产量、热水壶日产量、压力锅日产量和果汁机日产量。

2）确定目标函数

很明显，利润最大化就是小卓公司希望实现的目标，因此各产品日产量与总利润之间的确定关系就是目标函数。该目标函数是各产品日产量的线性函数。

3）识别约束

显然，分装、总装和检验车间的工人数量和每天工作时间都限制了各个车间的可用生产时间。因此，所面临的约束如下。

分装车间：用于分装的总工时不能超过可以用的总工时数量。

总装车间：用于总装的总工时不能超过可以用的总工时数量。

检验车间：用于检验的总工时不能超过可以用的总工时数量。

除此之外，公司还对每种产品的最低日产量进行了限制，见表6-1。

4）目标函数和约束数学公式化

令 x_1、x_2、x_3、x_4、x_5 分别表示豆浆机、电饭煲、热水壶、压力锅、果汁机的日产量，则每天实现的总利润为：

$$85x_1 + 65x_2 + 78x_3 + 100x_4 + 92x_5$$

令 y 表示实现的最大利润，就可得到完整的目标函数数学表达式：

$$y = \max(85x_1 + 65x_2 + 78x_3 + 100x_4 + 92x_5)$$

分装车间的可用工时为 $50 \div 2 \times 8 \times 2 = 400$ 小时/天，总装车间的可用工时为 $30 \times 8 = 240$ 小时/天，检验车间的总工时为 $10 \times 8 = 80$ 小时/天。由于制造产品所用总工时不能超过车间所提供的可用工时，所以可用工时约束用数学公式表示如下：

分装：$6x_1 + 3x_2 + 2x_3 + 5x_4 + 4x_5 \leqslant 400 \times 60$

总装：$3x_1 + 2x_2 + 2x_3 + 3x_4 + 3x_5 \leqslant 240 \times 60$

检验：$x_1 + x_2 + x_3 + 2x_4 + x_5 \leqslant 80 \times 60$

各种产品最低日产量的约束表示为：

$$x_1 \geqslant 500$$
$$x_2 \geqslant 900$$
$$x_3 \geqslant 900$$

$$x_4 \geq 500$$
$$x_5 \geq 650$$

整理后,得到完整的线性规划模型:
$$y = \max(85x_1 + 65x_2 + 78x_3 + 100x_4 + 92x_5)$$
$$s.t. \begin{cases} 6x_1 + 3x_2 + 2x_3 + 5x_4 + 4x_5 - 24000 \leq 0 \\ 3x_1 + 2x_2 + 2x_3 + 3x_4 + 3x_5 - 14400 \leq 0 \\ x_1 + x_2 + x_3 + 2x_4 + x_5 - 4800 \leq 0 \\ x_1, x_4 \geq 500 \\ x_2, x_3 \geq 900 \\ x_5 \geq 650 \end{cases}$$

2. 求解线性规划模型

规划求解是 Excel 中的一个加载宏,可求得工作表上目标单元格中公式的最优值,对与目标单元格中公式相关联的一组单元格中的数值进行调整,最终在目标单元格公式中求得期望的结果。规划求解有 3 种引擎。

- 单纯线性规划引擎,用于求解线性最优化问题;
- 非线性 GRG 引擎,用于求解非线性规划问题;
- 演化引擎,用于包含非平滑函数的优化问题。

求解线性规划问题使用单纯线性规划引擎,求解步骤如下。

说明:规划求解加载宏的设置方法。单击【文件】菜单下的【选项】命令,打开【Excel 选项】对话框,选择【加载项】选项,在右侧加载项窗口中选择"规划求解加载项",如图 6-1 所示;单击对话框下方的【转到】按钮,打开如图 6-2 所示【加载项】对话框,勾选"规划求解加载项"复选框,单击【确定】按钮,即可以将该加载项加载,这时在【数据】选项卡下增加了一个【分析】选项组,该选项组下有一个"规划求解"按钮 规划求解 。

图 6-1 电子表格模型　　　　　　　　　　图 6-2 【加载项】对话框

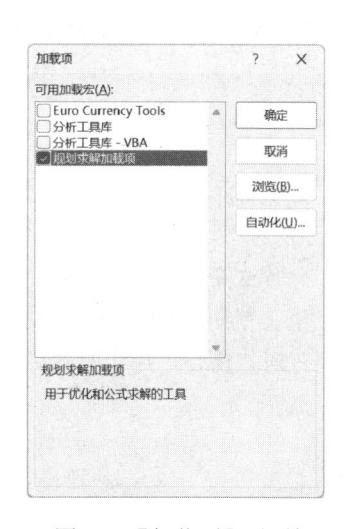

1)建立电子表格模型

为了更好地运用电子表格模型,需要对工作表布局进行设计,设计原则为将数据、计算和输出分隔开，不要在计算公式中直接使用数据，而是通过引用其他单元格的数据来实现。

（1）打开素材文件"电子表格模型.xlsx"，内容如图6-3所示。

（2）用单元格表示线性规划模型，如图6-3所示，其中，G21单元格表示最大利润，B21、C21、D21、E21、F21单元格分别表示豆浆机、电饭煲、热水壶、压力锅、果汁机的利润。各单元格计算关系如下所示：

$$G21=B21+C21+D21+E21+F21$$
$$B21=B10*B14 \quad C21=C10*C14 \quad D21=D10*D14 \quad E21=E10*E14 \quad F21=F10*F14$$
$$G15=SUM(B15:F15) \quad G16=SUM(B16:F16) \quad G17=SUM(B17:F17)$$
$$B15=B14*B6 \quad C15=C14*C6 \quad D15=D14*D6 \quad E15=E14*E6 \quad F15=F14*F6$$
$$B16=B14*B7 \quad C16=C14*C7 \quad D16=D14*D7 \quad E16=E14*E7 \quad F16=F14*F7$$
$$B17=B14*B8 \quad C17=C14*C8 \quad D17=D14*D8 \quad E17=E14*E8 \quad F17=F14*F8$$

2）求解模型

切换到【数据】选项卡，在【分析】选项组中单击【规划求解】按钮，打开如图6-4所示的【规划求解参数】对话框。

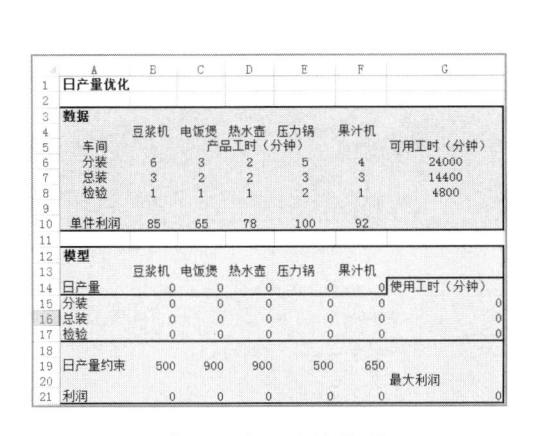

图6-3 电子表格模型

图6-4 【规划求解参数】对话框

在图6-4所示对话框中进行（1）至（6）的设置。

（1）在"设置目标"字段中输入"$G$21"，引用单元格G21，或用鼠标选择G21单元格，作为优化目标。

（2）在"到"一栏中选择"最大值"单选按钮。

（3）在"通过更改可变单元格"中输入"$B$14:$F$14"，或用鼠标选择B14至F14的单元格，作为优化的决策变量。

（4）将模型约束条件添加到"遵守约束"列表中。单击列表右侧的【添加】按钮，弹出如图6-5所示的【添加约束】对话框。约束条件以不等式形式创建，左边"单元格引用"输入约束条件数学公式的左边项所在单元格，右边"约束"输入约束条件的右边项所

图6-5 添加约束对话框

135

在单元格或数值,中间为不等关系选择列表。选择完成后,单击【确定】按钮,会在"遵守约束"列表中添加一项约束条件。如果想修改添加的约束条件,将其选中并单击右侧【更改】按钮修改即可。

(5)勾选"使无约束变量为非负数"复选框,保证未约束的决策变量为非负数。

(6)将"选择求解方法"设置为"单纯线性规划"。

(7)单击【求解】按钮求解模型,打开如图 6-6 所示的【规划求解结果】对话框。对话框中显示了"规划求解找到一解,可满足所有的约束及最优状况。"若没有找到可行解,则会显示相应的信息通知用户,这说明优化模型出现了错误或约束条件相互冲突,需要重新检查优化模型,更正后再进行求解。

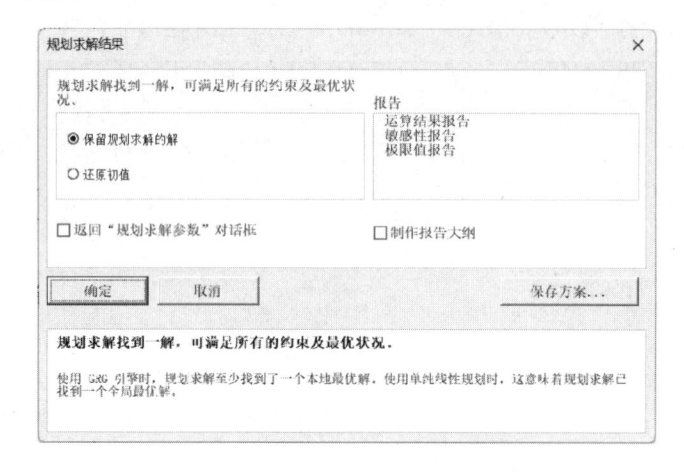

图 6-6 【规划求解结果】对话框

当显示"规划求解找到一解"时,在电子表格模型中已经自动添加了运算结果,如图 6-7 所示。

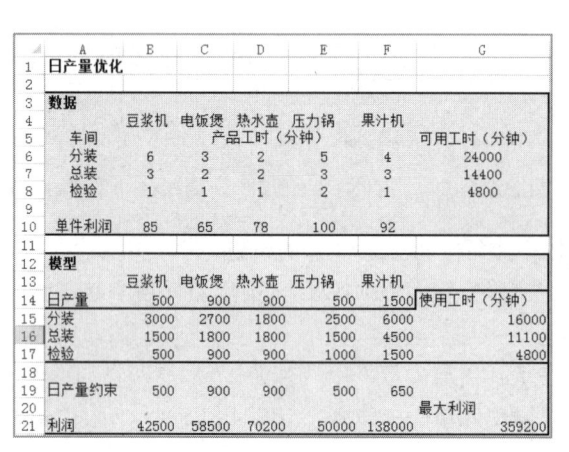

图 6-7 运算结果

(8)生成优化报告。在【规划求解结果】对话框中"报告"列表框中选择"运算结果报告"、"敏感性报告"和"极限值报告"选项,并单击【确定】按钮。规划求解将分别新建 3 个工作表用于分别存放 3 种报告。

① 运算结果报告。如图 6-8 所示,运算结果报告提供了规划求解的基本信息,包括目标函

数的初值、终值及决策变量。目标函数的初值和终值在"目标单元格"区域。决策变量在"可变单元格"区域。"约束"区域中"单元格值"列表示使目标函数取得最优值的约束条件的取值;"状态"列表示约束是否达到了限制值;"松弛值"列表示取得最优解时,约束条件左边与右边之间的差值。从结果报告中可以看出:

  a. 目标函数的终值为 359200 元,即要实现各个产品的日产量的最大利润额。

  b. "可变单元格"中给出了决策变量的终值,即各个产品的最终日产量:

  豆浆机 500 台、电饭煲 900 台、热水壶 900 台、压力锅 500 台、果汁机 1500 台。

  c. "约束"中各车间使用工时分别为:分装 16000 分钟,总装 11100 分钟,检验 4800 分钟。其中分装和总装都未达到可用工时极限,特别是分装车间仅使用了可用工时的三分之二,松弛值为 8000 分钟。但从这个结果上来看,检验车间将是公司的瓶颈车间,因为松弛值为零,而另外两个车间松弛值有很大余量。

  ② 敏感性报告。如图 6-9 所示,敏感性报告分析参数变动对最优解的影响程度,即关于最优目标值及最优决策变量如何受到目标函数系数的变化影响,某些决策变量改变将产生怎样的影响,约束条件变化将产生怎样的影响。一个模型参数每次的改变都将会引起敏感性报告内容的变化。

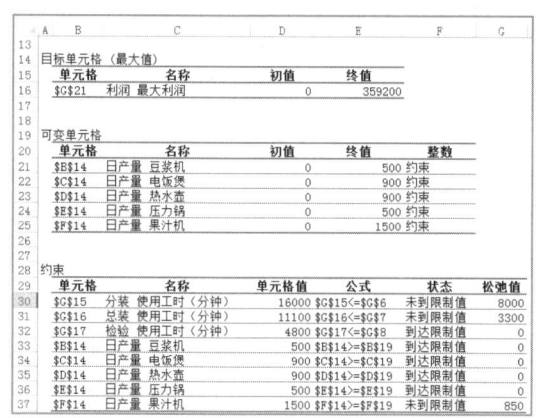

图 6-8 运算结果报告　　　　　　　　图 6-9 敏感性报告

  报告中"可变单元格"区域列举了每个决策变量的终值、递减成本、目标式系数(目标函数中与决策变量对应的系数)、允许的增量和允许的减量的数值。递减成本表示目标式系数减少多少,相应决策变量取值才会大于约束值。例如,果汁机日产量终值大于日产量约束值 650,相应的递减成本为零。允许的增量和允许的减量表示目标函数取最优值时,保持该决策变量取值不变的情况下,相应目标式系数的最大变化范围。"1E+30"表示无限。例如,豆浆机日产量保持不变时,其利润变化范围为(0,85+7);电饭煲利润变化范围为(0,65+27)。

  "约束"区域包含了约束式的左边终值(终值)、阴影价格、约束式的右边终值(约束限制值)、允许的增量和允许的减量等。阴影价格表示约束限制值增加 1 个单位时,目标函数会改变多少。当约束有正松弛值时,阴影价格恒为零。当约束条件涉及有限资源时,阴影价格表示该资源增加 1 个单位会带来多少利润。因此,阴影价格可以指导用户如何进行资源重新分配。允许的增量和允许的减量表示约束限制值变动的范围,约束限制值在该范围内变动时,不会引起其他决策变量终值的变化。这些变化范围能够帮助用户进行资源重新分配。

  可以看到,分装车间可用工时变化范围为(24000-8000,>24000),即分装车间的总工时可

137

以降低到 16000 分钟，如果不考虑其他因素，公司可以减少用工人数。

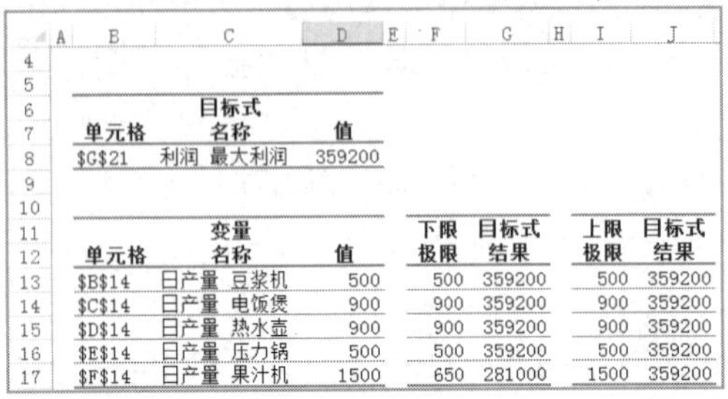

单元格	目标式 名称	值
$G$21	利润 最大利润	359200

单元格	变量 名称	值	下限 极限	目标式 结果	上限 极限	目标式 结果
$B$14	日产量 豆浆机	500	500	359200	500	359200
$C$14	日产量 电饭煲	900	900	359200	900	359200
$D$14	日产量 热水壶	900	900	359200	900	359200
$E$14	日产量 压力锅	500	500	359200	500	359200
$F$14	日产量 果汁机	1500	650	281000	1500	359200

图 6-10　极限值报告

③ 极限值报告。如图 6-10 所示，极限值报告包含了每个决策变量的可以接受的、满足所有约束条件的变化范围及相应的目标函数最优值。例如，果汁机日产量的变化范围为 650 台至 1500 台，相应的最大利润为 281000 至 359200 元。

结合运算结果报告和敏感性报告，小卓公司除果汁机外的 4 种产品在现有条件下与果汁机相比没有特别的利润优势。同时，可以看到，公司的检验车间是生产的瓶颈，如果要快速跟进市场，要么增加工人数量，要么提高现有产品的工艺水平，才能保证制造能力的提高，否则当前最大利润将是一个顶峰。

6.3.3　非线性规划

在现实中，大部分优化问题都属于非线性问题，即优化问题中的变量之间不是简单的线性关系。这种非线性问题在优化模型中的表现就是其目标函数和/或约束条件是非线性表达式。非线性模型和线性模型最大的不同是，非线性模型没有一个通用的结构。因此，构建非线性规划模型比起构建线性规划模型更具有挑战性，需要具备更强的创造力和分析能力。非线性规划问题建模必须注意以下两点：

- 模型仅是真实问题的有效表达，“完美模型”不可能存在。
- 模型现实性越高，模型的复杂度越高。

微课

1. 建立非线性规划模型

在 6.3.2 节中，小卓用线性规划方法对生产计划进行了优化，得到了产品产量与公司资源之间的约束关系。然而，这种优化结论是在假定产品单位利润固定，公司总利润与产品销量成正比关系下得出的。在现实中，利润和销量并不存在简单的线性关系，因为销量受到包括价格在内许多因素的影响。小卓为了更加精准地进行生产计划优化，必须考虑产品的利润与产品销量和价格变化的关系。小卓从市场部门了解到，当前公司产品销量和定价之间近似符合乘幂需求曲线模型，即销量 q 是价格 p 的幂函数：

$$q = ap^{-b}$$

其中，a 为价格系数，b 为需求弹性系数。于是可以得到产品利润的模型：

$$\text{profit} = q(p-c) = ap^{-b}(p-c)$$

其中，profit 表示产品利润，p 表示产品价格，c 表示产品成本，q 表示销量。

注 意

需求曲线是显示价格与需求量关系的曲线，是指其他条件相同时，在每一价格水平上市场愿意购买的商品量的曲线。

可以看到，产品利润 profit 是产品价格 p 和产品成本 c 的非线性函数。在不考虑其他因素的情况下，必然存在一个价格使得利润取得最大值，获得最佳产品销量。小卓从市场部门收集到公司 5 种产品需求模型参数及产品成本如表 6-2 所示，当前可以定价的范围如表 6-3 所示。

表 6-2 产品需求模型参数及产品成本

产 品	成本 c（元）	价格系数 a	需求弹性系数 b
豆浆机	335	99846000	2.0
电饭煲	252	5455300	1.5
热水壶	315	51169900	1.8
压力锅	398	849200	1.2
果汁机	362	312522600	2.1

表 6-3 产品定价范围

产 品	最低价（元）	最高价（元）
豆浆机	350	520
电饭煲	275	400
热水壶	335	480
压力锅	415	600
果汁机	380	500

根据收集到的数据，小卓重新构建了产品日产量的优化模型。这种情况下，优化模型的决策变量就变为产品的价格。优化问题由生产计划转变为产品定价问题，即在有限资源下，如何定价产品实现最大利润。

令 q_1、q_2、q_3、q_4、q_5 分别表示豆浆机、电饭煲、热水壶、压力锅、果汁机的日产量；p_1、p_2、p_3、p_4、p_5 分别表示豆浆机、电饭煲、热水壶、压力锅、果汁机的单位价格；c_1、c_2、c_3、c_4、c_5 分别表示豆浆机、电饭煲、热水壶、压力锅、果汁机的单位成本；a_1、a_2、a_3、a_4、a_5 分别表示豆浆机、电饭煲、热水壶、压力锅、果汁机的价格系数；b_1、b_2、b_3、b_4、b_5 分别表示豆浆机、电饭煲、热水壶、压力锅、果汁机的需求弹性系数，则每天实现的总利润为：

$$\sum_{i=1}^{5} q_i(p_i - c_i) = \sum_{i=1}^{5} a_i p_i^{-b_i}(p_i - c_i)$$

令 y 为实现的最大利润，就可得到完整的目标函数数学表达式：

$$y = \max \sum_{i=1}^{5} a_i p_i^{-b_i}(p_i - c_i)$$

可将工时约束用数学公式表达如下：

分装：$6q_1 + 3q_2 + 2q_3 + 5q_4 + 4q_5 \leq 400 \times 60$

总装：$3q_1 + 2q_2 + 2q_3 + 3q_4 + 3q_5 \leq 240 \times 60$

检验：$q_1 + q_2 + q_3 + 2q_4 + q_5 \leq 80 \times 60$

各种产品最低日产量的约束表示为：

$$q_1 \geq 500$$
$$q_2 \geq 900$$
$$q_3 \geq 900$$
$$q_4 \geq 500$$
$$q_5 \geq 650$$

各种产品的价格约束为：

$$350 \leqslant p_1 \leqslant 520$$
$$275 \leqslant p_2 \leqslant 400$$
$$335 \leqslant p_3 \leqslant 480$$
$$415 \leqslant p_4 \leqslant 600$$
$$380 \leqslant p_5 \leqslant 500$$

2. 求解非线性规划模型

求解非线性规划问题使用非线性 GRG 规划引擎，求解步骤如下。

1）建立电子表格模型

（1）新建工作表，并填入如图 6-11 所示数据。

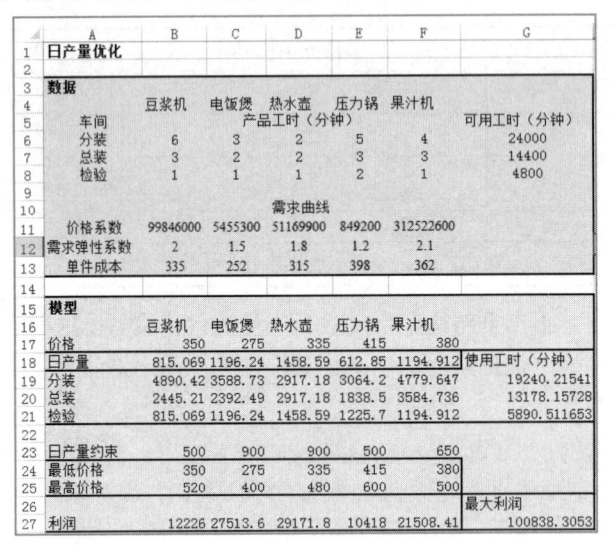

	A	B	C	D	E	F	G
1	日产量优化						
2							
3	数据						
4		豆浆机	电饭煲	热水壶	压力锅	果汁机	
5	车间			产品工时（分钟）			可用工时（分钟）
6	分装	6	3	2	5	4	24000
7	总装	3	2	2	3	3	14400
8	检验	1	1	1	2	1	4800
9							
10				需求曲线			
11	价格系数	99846000	5455300	51169900	849200	312522600	
12	需求弹性系数	2	1.5	1.8	1.2	2.1	
13	单件成本	335	252	315	398	362	
14							
15	模型						
16		豆浆机	电饭煲	热水壶	压力锅	果汁机	
17	价格	350	275	335	415	380	
18	日产量	815.069	1196.24	1458.59	612.85	1194.912	使用工时（分钟）
19	分装	4890.42	3588.73	2917.18	3064.2	4779.647	19240.21541
20	总装	2445.21	2392.49	2917.18	1838.5	3584.736	13178.15728
21	检验	815.069	1196.24	1458.59	1225.7	1194.912	5890.511653
22							
23	日产量约束	500	900	900	500	650	
24	最低价格	350	275	335	415	380	
25	最高价格	520	400	480	600	500	
26							最大利润
27	利润	12226	27513.6	29171.8	10418	21508.41	100838.3053

图 6-11 非线性规划电子表格模型

（2）用单元格表示非线性规划模型。其中，G27 单元格表示最大利润；B27、C27、D27、E27、F27 单元格分别表示豆浆机、电饭煲、热水壶、压力锅、果汁机的利润；B18、C18、D18、E18、F18 单元格分别表示豆浆机、电饭煲、热水壶、压力锅、果汁机的日产量；B13、C13、D13、E13、F13 单元格分别表示豆浆机、电饭煲、热水壶、压力锅、果汁机的单位成本；B17、C17、D17、E17、F17 单元格分别表示豆浆机、电饭煲、热水壶、压力锅、果汁机的单位价格。各单元格计算关系如下所示：

$$G27=B27+C27+D27+E27+F27$$
$$B27=B18*(B17-B13)$$
$$C27=C18*(C17-C13)$$
$$D27=D18*(D17-D13)$$
$$E27=E18*(E17-E13)$$
$$F27=F18*(F17-F13)$$

G19=SUM(B19:F19)　　G20=SUM(B20:F20)　　G21=SUM(B21:F21)

B19=B18*B6　C19=C18*C6　D19=D18*D6　E19=E18*E6　F19=F18*F6

B20=B18*B7　C20=C18*C7　D20=D18*D7　E20=E18*E7　F20=F18*F7

B21=B18*B8　C21=C18*C8　D21=D18*D8　E21=E18*E8　F21=F18*F8

B18=B11*B17^(−B12)　　C18=C11*C17^(−C12)　　D18=D11*D17^(−D12)

E18=E11*E17^(−E12)　　F18=F11*F17^(−F12)

2）求解模型

单击【数据】→【分析】→【规划求解】按钮，打开【规划求解参数】对话框。

（1）在"设置目标"字段中输入"$G$27"，引用单元格 G27，或用鼠标选择 G27 单元格，作为优化目标。

（2）在"到"一栏中选择"最大值"单选按钮。

（3）在"通过更改可变单元格"中输入"$B$17:$F$17"或用鼠标选择 B17 至 F17 的单元格，作为优化的决策变量。

（4）将模型约束条件添加到"遵守约束"列表中。约束列表如下：

$$\$B\$18>=\$B\$23$$
$$\$C\$18>=\$C\$23$$
$$\$D\$18>=\$D\$23$$
$$\$E\$18>=\$E\$23$$
$$\$F\$18>=\$F\$23$$
$$\$B\$17>=\$B\$24\ \ \$B\$17<=\$B\$25$$
$$\$C\$17>=\$C\$24\ \ \$C\$17<=\$C\$25$$
$$\$D\$17>=\$D\$24\ \ \$D\$17<=\$D\$25$$
$$\$E\$17>=\$E\$24\ \ \$E\$17<=\$E\$25$$
$$\$F\$17>=\$F\$24\ \ \$F\$17<=\$F\$25$$

（5）勾选"使无约束变量为非负数"复选框，保证未约束的决策变量为非负数。

（6）选择"选择求解方法"为"非线性 GRG 规划"。

（7）单击【求解】按钮求解模型，求解结果如图 6-12 所示。从结果中可以看出除果汁机外其余 4 种产品的日产量都是约束的日产量，且与线性规划的结果相同。不同的是，果汁机的日产量为 671 台比线性规划 1500 台小了很多，但是最大利润却比线性规划提高了 5.2%。并且，公司各车间使用工时都未成为实现最大利润的瓶颈。小卓认识到在有限资源下综合考虑各个因素可有效降低企业投入，并能够实现最大利润。为此，小卓决定抛弃日产量约束，重新建立求解模型，求解结果如图 6-13 所示。

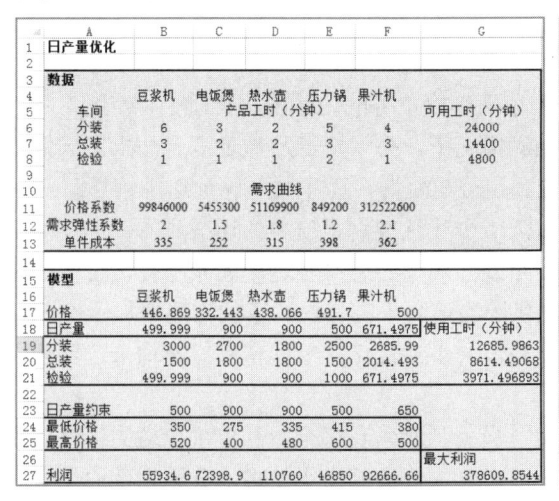

图 6-12　非线性 GRG 求解结果　　　　图 6-13　抛弃日产量约束求解结果

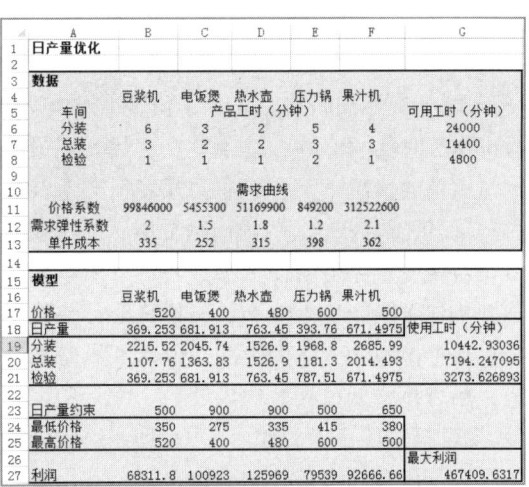

从图 6-13 可以看出，5 种产品都达到了约束的最大价格，除果汁机外其他产品的日产量都低于日产量约束，但是最大利润额却是有日产量约束情况下的 1.235 倍，超过了 46.7 万元。

（8）分析优化报告。在【规划求解结果】对话框中"报告"列表框中选择"运算结果报告"、"敏感性报告"和"极限值报告"选项，并单击【确定】按钮。规划求解分别生成 3 个报告，分别如图 6-14 至图 6-16 所示。

图 6-14 运算结果报告

图 6-15 敏感性报告

图 6-16 极限值报告

① 运算结果报告。从图 6-14 可以看出，3 个车间可用工时的松弛值都比较大，使用工时仅占可用工时的 48.4%，这说明在已经实现最大利润情况下，公司资源严重过剩。如果需求曲线绝对可信的情况下，公司需要开发新产品以充分利用公司资源，而不是一味地追求销量。

② 敏感性报告。如图 6-15 所示，递减梯度类似于线性规划报告中的递减成本，但是由于每个决策变量系数由许多参数决定，所以无法按照线性规划的思维去运用递减梯度。拉格朗日乘数类似于阴影价格。不过，拉格朗日乘数仅提供了当达到限制值的约束的右边增加 1 个单位时，目标函数中变化的大概数值，并不是准确的数值。本次优化，车间使用工时均未达到限制值，所以拉格朗日乘数均为零。

③ 极限值报告。如图 6-16 所示，报告表明了最大利润额及每个产品单位价格的可以接受的、满足所有约束条件的变化范围，可以看出热水壶单位价格取最小值时，公司实现的最大利润额最低。

结合运算结果报告和敏感性报告，公司明白了目前要实现利润最大化不能盲目增加产量，而是要研究定价和促销策略，或是努力开发新产品，因为目前公司的制造能力已经远远超过了 5 种产品实现最大利润的制造能力。

6.3.4 非平滑规划

在实际的优化问题中，既存在非线性，又存在非连续取值（非平滑）变量，这样的问题很难用常规的方法来求解。如上一节的规划求解，如果限定产品的日产量为整数，非线性 GRG 求解就无法得到可行解。为了克服这种限制，科研人员开发了许多启发式算法来求解这种非平滑规划，这些算法有遗传算法、神经网络和禁忌搜索等。

1. 建立演化求解模型

由于小卓要优化的产品日产量属于整数型变量，所以需要对产品日产量增加整数约束。另外在给产品定价时，按照惯例也不应该有小数，所以产品的价格也要限定为整数约束。其他模型要求在 6.3.3 节已经叙述，在此不再赘述。整理后的模型如下。

目标函数数学表达式：

$$y = \max \sum_{i=1}^{5} a_i p_i^{-b_i} (p_i - c_i)$$

整数约束表示为：q_1、q_2、q_3、q_4、q_5 为整数，p_1、p_2、p_3、p_4、p_5 为整数。

2. 求解演化规划

Excel 规划求解中"演化求解"采用的算法是遗传算法。遗传算法是由美国密歇根大学计算机科学教授 John Holland 发明的，他借鉴生物进化理论中遗传和变异方法来寻求可行解。遗传算法首先选择 50~200 个可行解，通过变异和遗传产生新的可行解用于计算目标函数，并根据目标函数来选择最优的可行解用于下一次迭代计算和选择，直到目标函数值变化小于指定阈值，那些选择的满足目标函数的可行解即演化规划的最优集合。使用演化求解需要遵循以下规则。

- 为决策变量设置上、下边界值。因为这种边界设置有利于遗传算法选择可行解，减少搜索范围。若优化问题没有对决策变量进行约束，当求解达到某一个决策变量边界时，需要放宽边界；否则约束值即决策变量的边界。
- 由于遗传算法属于慢速收敛算法，所以应当将执行时间尽量设置长一些，或者不进行任何设置。

1）修改电子表格模型

为每种产品"单位价格"单元格增加整数约束。在【添加约束】对话框的"单元格引用"文本框中输入需要约束的单元格，在中间符号下拉列表中选择"int"选项，右边"约束"文本框自动填充"整数"，如图 6-17 所示，单击【添加】按钮保存此约束，再添加其他产品单位价格整数约束。

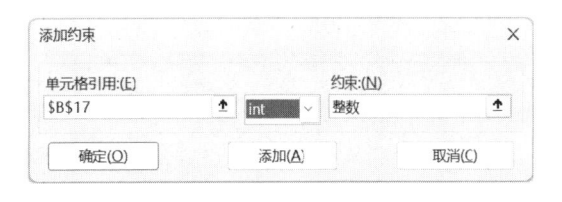

图 6-17 添加整数约束

由于规划求解不能为非决策变量单元格添加整数约束，所以手动为产品日产量添加整数约束如下。

$$B18=ROUND(B11*B17\hat{}(-B12),0)$$
$$C18=ROUND(C11*C17\hat{}(-C12),0)$$

$$D18=ROUND(D11*D17\wedge(-D12),0)$$
$$E18=ROUND(E11*E17\wedge(-E12),0)$$
$$F18=ROUND(F11*F17\wedge(-F12),0)$$

2）求解模型

首先设置演化求解的参数。在【规划求解参数】对话框中，单击【选项】按钮，打开如图 6-18 所示的【选项】对话框。其中，"收敛"表示目标函数变化的最小阈值，即当目标函数变化小于此值时，认为目标函数不再变化。"收敛"值的设定主要参考目标函数最小区别精度。"突变速率"表示可行解的变异速度，变异速度越快，产生最优解的可能性越大，但并不能保证产生最优解的速度越快。该值的设定通常参考同类问题求解速度进行调整。"总体大小"即种群大小，表示参与求解的可行解的个数，增大该值会加快求解速度。"随机种子"表示为算法产生伪随机数的初始化值，该值是为提高随机数真实性而设置的，一般用户不需要进行设置。"无改进的最大时间"表示目标函数达到收敛阈值后保持不变的时间长度，该值越大，求解所得到的可行解越接近优化问题的最优解。也就是说，该值越大，每次执行的结果就越接近最优解，当时间长度达到一定时，则求解得到优化问题的最优解。

本例不更改默认的选项设置。在【规划求解参数】对话框中单击【求解】按钮可得到如图 6-19 所示的求解结果。该结果与非线性 GRG 求解结果很相近，仅是日产量变成了整数。

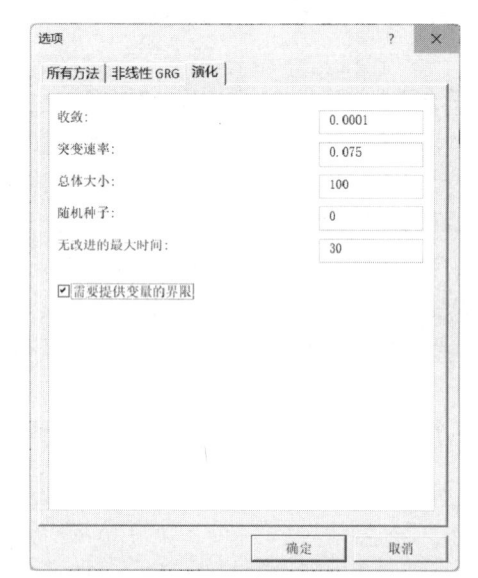

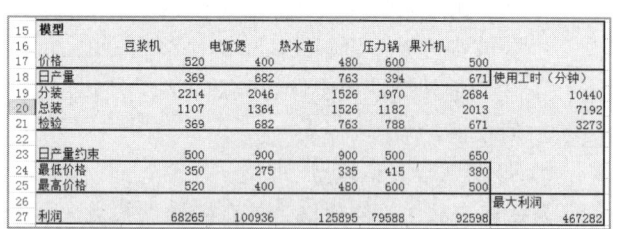

图 6-18　演化求解选项参数

图 6-19　演化求解结果

3）结果分析

在【规划求解结果】对话框报告列表中选择"运算结果报告"和"总体"选项，如图 6-20 所示，生成的运算结果报告和总体分别如图 6-21 和图 6-22 所示。图 6-21 给出了演化"求解时间"、"迭代次数"和"最大子问题数目"，以及求解选项参数设置。其他内容与非线性 GRG 求解无区别。

图 6-22 所示的总体即"种群报告"，向用户提供演化求解结束后整个种群的基本信息，使用户可以洞察演化算法的性能和所建模型的特点，决定是否再次运行求解过程以获得更加理想的解。种群报告给出了遗传算法在整个求解过程中所发现的每个决策变量和约束的最优值、均

值、标准差、最大值和最小值。对种群报告合理的解释很大程度上依赖于对问题的理解和过去的求解经验。如果多次求解最优值非常相似，且标准差比较小，就有理由相信可行解接近全局最优；但是，如果多次求解最优值相差很大，小标准差则表示种群缺少多样性，应当提高突变速率并再次进行求解。

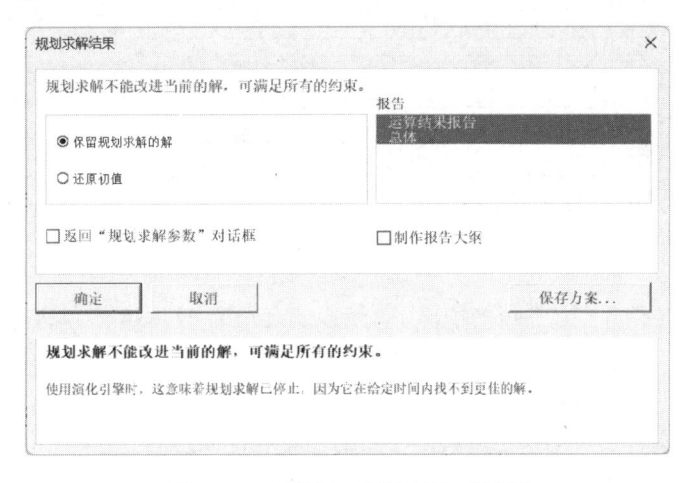

图 6-20 【规划求解结果】对话框

图 6-21 演化求解运算结果报告

图 6-22 演化求解总体

结合运算结果报告和总体可以看出，产品单位价格已经达到了最大值。经多次求解，都得到了相同的单位价格，可以认定，这些价格和相应的日产量就是所求最优解。

145

4）展限分析

上面求解结果中决策变量已经达到了边界限制，为了验证演化求解，将决策变量上界拓展，经多次求解得到如图 6-23 所示的展限求解结果。

```
15  模型
16           豆浆机    电饭煲    热水壶    压力锅    果汁机
17  价格      661      752      713     1598      688
18  日产量     229      265      375      122      344    使用工时（分钟）
19  分装     1374      795      750      610     1376     4905
20  总装      687      530      750      366     1032     3365
21  检验      229      265      375      244      344     1457
22
23  日产量约束  500      900      900      500      650
24  最低价格   350      275      335      415      380
25  最高价格  1520     1400     1480     1600     1500              最大利润
26
27  利润    74654   132500   149250   146400   112144             614948
```

图 6-23　展限求解结果

可以看出，在仅参考需求曲线的情况下，可以实现最高 614948 元利润，是有价格限制时的 1.31 倍。但是，这个结果仅是从求解角度做出的，因为它已经突破了价格限制。而实际优化中除了考虑需求曲线的适用范围，还要考虑长期市场占有率，因此，不能取消价格的限制。拓展决策变量限制进行求解的目的不是求解一个新的优化解，而是通过范围拓展确定先前所求优化结果是否合理。

6.4　拓展实训

实训 1：为汽车零部件制造公司求解最优生产计划

某汽车零部件制造公司以薄钢板为原材料，为两种型号的汽车生产引擎盖。每种型号引擎盖的生产都包括 5 个步骤：冲压、钻孔、组装、喷漆，以及最后的包装发货，然后将引擎盖发到其最终的组装厂。每个步骤由独立车间执行，每个车间单位生产率（以小时计）及可用工时数量如表 6-4 所示。

表 6-4　工时表

车间	A 引擎盖单位生产率	B 引擎盖单位生产率	可用工时（小时）
冲压	0.03	0.07	200
钻孔	0.09	0.06	300
组装	0.05	0.10	300
喷漆	0.04	0.06	220
包装	0.02	0.04	100

此外，制造一个 A 引擎盖需要 $3.2m^2$ 的薄钢板，制造一个 B 引擎盖需要 $3.5m^2$ 的薄钢板，而总共有 $5000m^2$ 的原材料可供使用。公司想在下一个生产计划期间实现引擎盖生产总数最大化。使用规划求解来构建一个优化模型并求解，提出你的生产计划建议，并提交敏感性报告。参考计算模型及结果如图 6-24 所示，敏感性报告如图 6-25 所示。

数据			
车间	A引擎盖	B引擎盖	可用工时（小时）
冲压	0.03	0.07	200
钻孔	0.09	0.06	300
组装	0.05	0.1	300
喷漆	0.04	0.06	220
包装	0.02	0.04	100
			可用原料（平方米）
用料	3.2	3.5	5000

模型			
	A引擎盖	B引擎盖	总产量
生产计划	2500	1250	3750
		使用工时	
冲压	75	87.5	162.5
钻孔	225	75	300
组装	125	125	250
喷漆	100	75	175
包装	50	50	100

图 6-24　生产计划优化电子表格模型

6	可变单元格						
7			终	递减	目标式	允许的	允许的
8	单元格	名称	值	成本	系数	增量	减量
9	$B$14	生产计划 A引擎盖	2500	0	1	0.5	0.5
10	$C$14	生产计划 B引擎盖	1250	0	1	1	0.333333333
11							
12	约束						
13			终	阴影	约束	允许的	允许的
14	单元格	名称	值	价格	限制值	增量	减量
15	$D$14	生产计划 总产量	3750	0	5000	1E+30	1250
16	$D$16	冲压 总产量	162.5	0	200	1E+30	37.5
17	$D$17	钻孔 总产量	300	8.333333333	300	150	150
18	$D$18	组装 总产量	250	0	300	1E+30	50
19	$D$19	喷漆 总产量	175	0	220	1E+30	45
20	$D$20	包装 总产量	100	12.5	100	20	33.3333333

图 6-25　生产计划优化敏感性报告

问题探索：

（1）将要创建的优化模型是否为线性规划模型？

（2）建立数学规划模型，分析现有约束是否有可行解存在？

（3）所创建的优化模型，求解结果是最优解吗？

（4）敏感性报告中递减成本是否为零，为什么？

（5）阴影价格对生产计划有什么样的作用？

实训 2：为便民超市寻找最佳地址 1

某连锁便民超市拟在某个城区建设一个便民超市，为了方便附近居民购物，需要选取一个理想地址，使得附近各小区总购物距离最短。该城区各小区位置由 *X* 坐标和 *Y* 坐标确定。表 6-5 为各个小区的位置坐标和估计人口数量。

为了简便运算，该便民超市将用直线距离代替实际距离进行计算，小区总购物距离等于该小区人口数量乘以到超市的直线距离。请采用优化求解方法帮助该便民超市选择一个最佳位置，使得总购物距离最短。参考计算模型及结果如图 6-26 所示，敏感性报告如图 6-27 所示。

问题探索：

（1）该优化问题是否必须应用非线性规划？

（2）非线性规划与线性规划在建模和求解中有什么主要的不同？

表 6-5　小区位置坐标和人口数量

小区代号	*X* 坐标	*Y* 坐标	小区人口数量
1	0	0	1000
2	200	180	900
3	160	130	1500
4	200	300	1200
5	270	210	2100

图 6-26　选址优化模型和优化结果　　　　　图 6-27　选址优化敏感性报告

实训 3：为便民超市寻找最佳地址 2

利用直角距离代替直线距离重新考虑实训 2 的建模和求解过程。

问题探索：

1. 非平滑问题是如何产生的？如何处理非平滑问题？
2. Excel 中演化求解需要设置哪些参数？这些参数是如何影响计算过程的？

6.5　综合实践

选取一个公司产品的价格作为研究对象，根据产品需求曲线为产品定价。要求：采用数学规划方式建模，运用 Excel 规划求解工具进行求解，要求最优解可信、合理、实用。

扫描二维码查看更多综合应用实训案例。

综合应用实训案例 6

任务 7　汽车公司产品与企业宣传（上）

PowerPoint（也称作 PPT、演示文稿、幻灯片）作为一种信息时代进行展示和沟通的工具，被广泛应用于广告宣传、商务沟通、产品演示、项目报告、培训课件等工作场合，以及动画演示、休闲娱乐等多媒体领域。从 PowerPoint 1.0 到 PowerPoint 2021，PPT 走过了十数年的光辉岁月，具有越来越强大的文字、图形、图像和动画的处理功能，以及丰富的展现力。

本任务为制作"汽车公司产品与企业宣传"演示文稿，分上、下两部分：上部分主要介绍内容的视觉化、文字表达与呈现方法、文字创意与特效制作、图片处理与美化、创意图表制作，以及灵活运用功能强大的形状布尔运算等内容；下部分主要介绍 PPT 中的动画制作、音视频编辑等内容。

"汽车公司产品与企业宣传"演示文稿如图 7-1 所示。

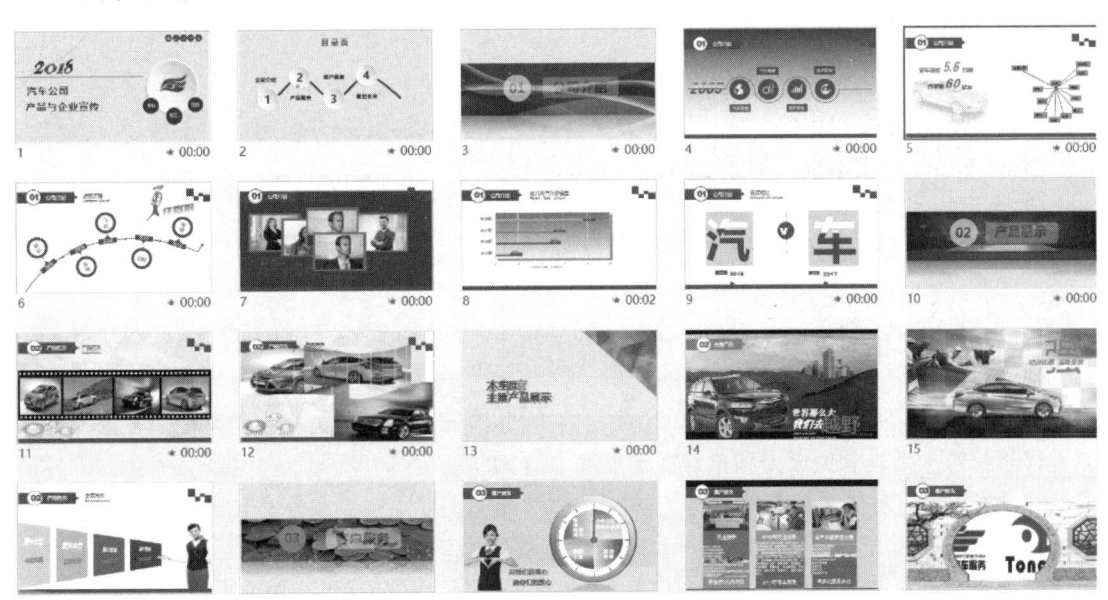

图 7-1　"汽车公司产品与企业宣传"演示文稿

7.1　任务情境

随着市场经济的飞速发展，市场竞争越来越激烈，企业宣传工作对企业的经营发展发挥着越来越重要的作用。可是，有部分企业在面对日益激烈的竞争时，只一味地追求利益最大化，而忽视了企业的宣传工作，导致企业未能树立良好的企业形象，企业和员工之间缺乏有效的沟通，更不能调动员工的工作积极性和提升其对企业的归属感。姜凌所在企业则非常重视企业宣传工作，每季度都会根据企业发展和产品情况制作相关宣传片。宣传片有多种形式，其中，以幻灯片的形式进行宣传不失为一种低投入、高效率、信息量大的宣传方式。为迎接公司周年庆，姜凌接到制作公司产品与企业宣传幻灯片的任务，目标是制作出表意新颖、构思独特、图文并茂、具有表现力的幻灯片。

知识目标

- 了解演示文稿制作的一般步骤；
- 掌握文稿内容视觉化的步骤和方法；
- 了解衬线和非衬线字体，掌握演示文稿中字体的运用；
- 了解文字表达与呈现的作用，掌握几种常用文字表达与呈现的方法；
- 理解演示文稿中文字的创意，掌握几种文字创意的方法；
- 掌握图片处理与美化的方法（艺术效果处理、分割图片、图片多层处理、图片矢量化、图片遮罩效果、抠图、图片样式设置、图片裁剪、版式设置等）；
- 深入了解文本框，掌握文本框的更多应用；
- 了解形状布尔运算的概念，灵活使用布尔运算的联合、组合、拆分、相交、剪除功能制作各种图形；
- 掌握图表的创意与制作方法。

能力目标

- 能够对文稿内容进行视觉化表达；
- 能够对演示文稿中的文字、图片等素材进行处理与美化；
- 会灵活使用文本框，制作炫幻文本框效果；
- 会灵活使用形状的布尔运算功能制作所需图形；
- 能够根据需要设计制作出创意图表，以助于图表的表达。

7.2 任务分析

PPT 是视觉化+结构化的表达，一个成功的 PPT 应该具有说服力和视觉呈现艺术。那么如何设计与制作一个具有说服力和良好视觉呈现力的 PPT 呢？

1. 做好整个 PPT 的谋篇布局

从整体结构而言，一个 PPT 的谋篇布局是提高演示文稿说服力的基础。要打好这个基础，应该遵循以下几点：内容不在多，贵在精当；色彩不在多，贵在和谐；动画不在多，贵在需要。同时还要做到：目标明确、形式合理、配色美观、逻辑清晰。

2. 让 PPT 更具表达力和呈现力

随着 PPT 版本的不断升级，其功能也越来越强大，这就为保证 PPT 更具有表达力和呈现力奠定了基础。制作一个具有良好视觉呈现力的演示文稿，应该考虑以下几个问题。

- 大段文字如何提炼简化？
- 逻辑结构如何提升？
- 图片如何能出效果？
- 是否需要使用表格，如何表达？

- 图表如何做才具说服力？
- 动画特效为什么不出彩？

针对以上问题，本任务将着重介绍"如何进行内容视觉化""文字表达与呈现方法""文字的创意与特效""图片的处理美化""创意图表""形状布尔运算的神奇运用"等内容。

7.3 任务实施

7.3.1 演示文稿制作一般步骤

演示文稿的制作大致可以分为：设计、排版与美化、动画设定、计时排练等步骤，如图7-2所示。其中，如何对文稿内容进行结构化和视觉化是决定PPT质量和效果的关键环节，下面将通过实例对比说明文稿内容视觉化的重要性，讲解进行演示文稿内容视觉化的过程。

图 7-2　演示文稿制作一般步骤

7.3.2 内容视觉化

视觉化就是通过具体形象展现主观意图、思想，努力激活受众的形象思维，使其头脑里呈现出视觉化的图像，多感官参与接收信息，从而达到提升传播效果的目的。幻灯片中的视觉化主要是指将需要展示的文字提炼成图形、图片、图表等图示形式，使得幻灯片内容更好地呈现和表达，以便于受众理解、接受和记忆演示文稿。

1. **文稿内容常见错误——文字搬家**

我们经常见到由大量文字罗列而成的演示文稿，如图7-3所示。这类演示文稿无重点、无层次，很难达到展现目的。如何将文字内容更好地表达和呈现是制作幻灯片的必备技能。视觉化优化呈现后的幻灯片如图7-4所示。

2. **文稿内容视觉化的一般步骤**

如何将文稿内容视觉化，可以按照如图7-5所示的步骤实现。

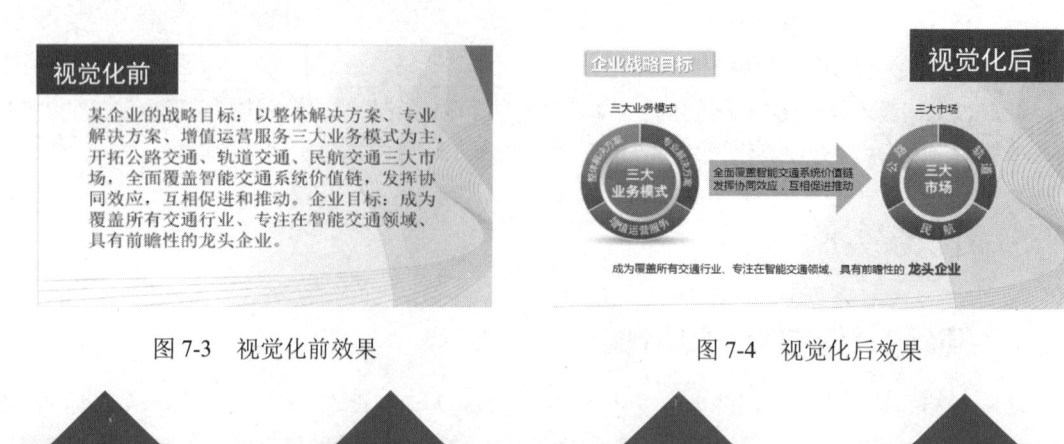

图 7-3 视觉化前效果　　　　　　　　　图 7-4 视觉化后效果

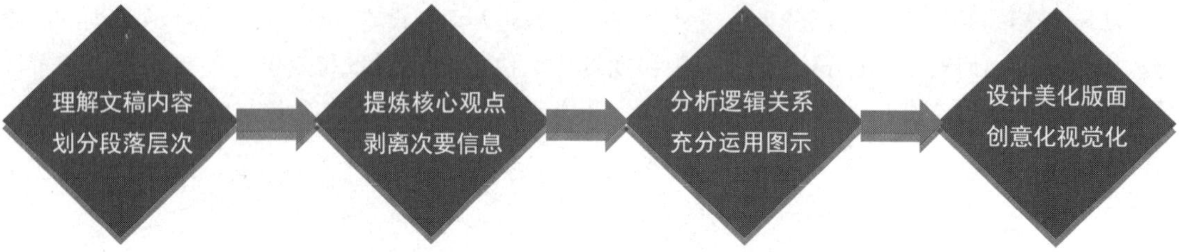

图 7-5 文稿内容视觉化步骤

以"某企业战略目标"文稿内容的视觉化为例，具体实现步骤如图 7-6 至图 7-9 所示。

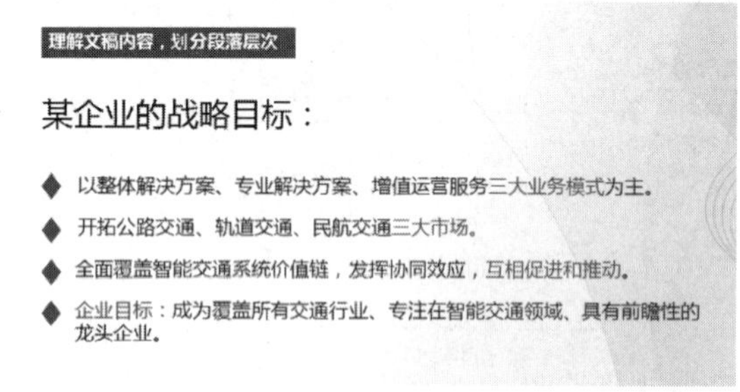

图 7-6 第 1 步：理解文稿内容，划分段落层次 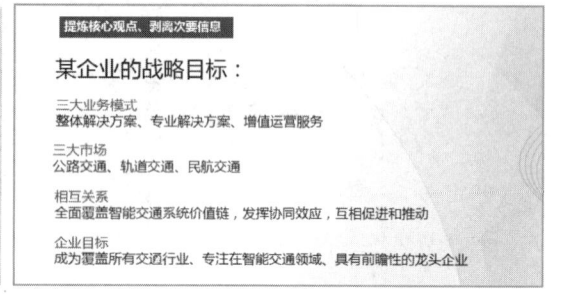　　　图 7-7 第 2 步：提炼核心观点，剥离次要信息

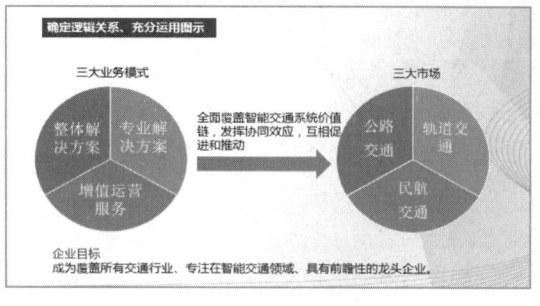

图 7-8 第 3 步：确定逻辑关系，充分运用图示 　　　图 7-9 第 4 步：设计美化版面，创意化视觉化

3. 视觉化之字体选择

在幻灯片中，文字、图、表是三个主要构成元素。文字不只能够传达信息，还可以通过精心的排版设计来传递情感，文字的字体、大小、排列都直接影响着幻灯片版面构成。如今形形色色的字体日增月盛，不同的字体表达着不同的性格和气质，在选择字体时，除了考虑易读性，

也要考虑这款字体是否具有准确表达当前语境的气质和性格。

1）衬线字体和非衬线字体

衬线字体是指有些偏艺术设计的字体，在每笔的起点和终点有很多修饰效果。衬线字体一般会很漂亮，但因为装饰过多，文字稍小就不容易辨认。所以只适合用大字号来做大标题。

非衬线字体是指粗细相等、没有修饰的字体。非衬线字体一般笔画简洁，不花哨，但很有冲击力，容易辨认。非衬线字体和衬线字体举例如图7-10所示。

在幻灯片中，一般建议多用非衬线字体。标题可用衬线字体，正文用非衬线字体。

非衬线字体	衬线字体
微软雅黑	宋体
黑体	华文仿宋
华文细黑	华文楷体
幼圆	华文隶书
方正大黑简体	华文新魏
方正粗圆简体	华文行楷
方正综艺简体	华文中宋

图7-10　非衬线字体与衬线字体举例

2）字体选择举例——选择符合主题气质的字体、字形

案例1　使用宋体表达清新文艺气质

如图7-11所示，案例1图片是电影《匆匆那年》宣传海报。《匆匆那年》是一部文艺爱情片，海报中运用了宋体进行排版，既清新又文艺。宋体的衍生有很多，有长有扁，有胖有瘦，一般用于书籍印刷。

案例2　女性&时尚气质

表达女性气质就要突出女性细致优雅、苗条细长的特点。案例2中采用了细致、圆润的细线体、衬线字体，如图7-12所示，此类字体常被用作化妆品、女性杂志、艺术等女性主题领域。

图7-11　使用宋体表达具文艺气质的电影海报　　图7-12　使用细线体、衬线字体制作的时尚杂志封面

案例3　男性气质

作为强现代感的无衬线字体——黑体，给人感觉粗壮紧凑，颇有力量感，可塑性很强。此类字体能够表现阳刚有力的男性气质，如图7-13所示。

案例4　历史文化气质

书法字体具有很强的设计感与艺术表现力。各式各样的书法字体有着自己独特的细腻的特点，把握好这一点，可为海报增加文化内涵，如图7-14所示。

3）常用中西文字体

推荐几款常用的中西文字体，如图7-15和图7-16所示。

图 7-13　使用黑体表现男性气质　　　　图 7-14　使用书法字体表现具有历史文化气质的电影海报

图 7-15　常用中文字体　　　　　　　　图 7-16　常用西文字体

4．本任务"公司介绍"文字视觉化（见图 7-17）

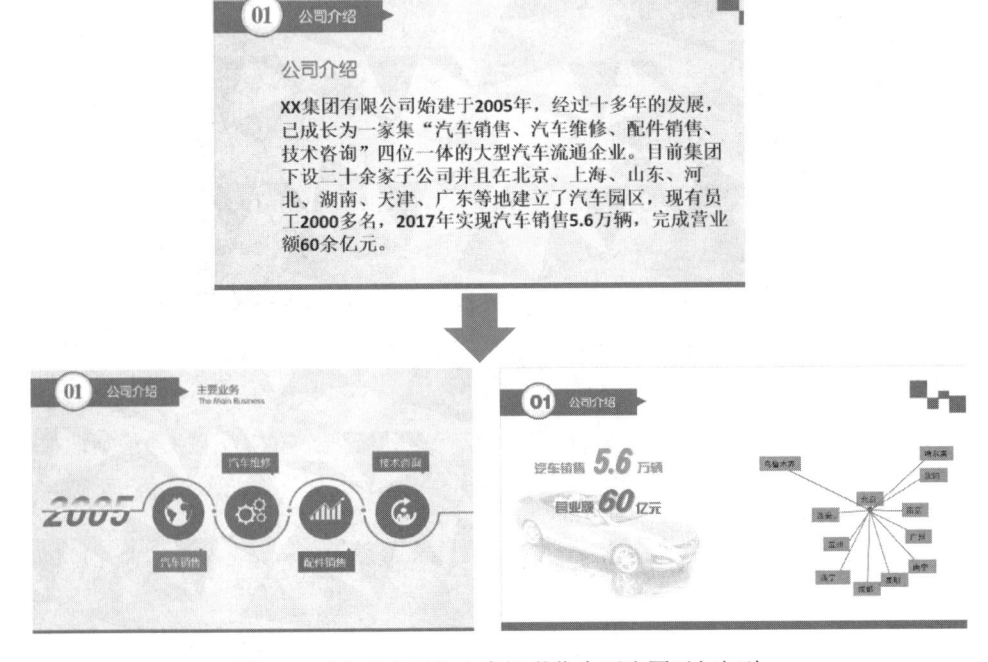

图 7-17　"公司介绍"文字视觉化为两张图示幻灯片

> **注 意**
>
> 下面将要介绍的"文字表达与呈现""文字创意与特效""图片处理与美化""炫幻文本框""形状布尔运算""创意图表"也都属于视觉化范畴。

7.3.3 文字表达与呈现

文字是构成幻灯片的主要元素之一,如何准确地表达出文字所要表达的意境、情感及层次,是幻灯片中文字的表达与呈现问题。文字的表达与呈现一般是通过文字大小、颜色、文字粗细等的对比来表现的。下面通过对本任务中"主推产品"描述文字的排版设计,介绍文字表达、排版与呈现的几种常用方法。

1. 字体大小和色彩对比法

大小对比就是在同一画面里利用大小两种字体,以小衬大,或者以大衬小,突出主体,使意境得到表达。如图 7-18 所示,通过不同字体、字的大小、字的颜色突出核心词"越野"二字,强调显示主推产品越野车,同时也增强了画面排版的视觉冲击感和层次感。

2. 辅助图形装饰法

在文字表达中添加适当的辅助图形,有助于增加受众对文字意义的直观识别性、增加设计要素的适应性及提高视觉美感等。辅助图形设计比较灵活,设计表现富有弹性,可根据设计主题需要进行图形选择,具有广阔的表现空间。辅助图形的设计不应该只是一种纯粹的装饰符号,而应当具有一定的意念内涵,以丰富整个基本设计要素的文化底蕴与美学价值。如图 7-19 所示,添加绿色地球图形,增加了文字表现(世界那么大)的直观识别性,增强了画面平衡感,同时也提高了设计感和视觉美感。

图 7-18 字体大小和色彩对比法

图 7-19 辅助图形装饰法

3. 文字艺术化设计法

打破中规中矩汉字常规,设计使用艺术化文字表现文字内容。优点是:画面更加活泼,增加画面平衡感和装饰效果,为页面添加一定的艺术感染力,如图 7-20 所示。

4. 首字夸张强调法

首字夸张强调法的主要思想就是视觉引导,引导观众关注相关信息,同时也可以增加画面美感和层次感,使得画面的呈现比较丰满,如图 7-21 所示。

5. 前后对比法

前后对比法就是利用文字的明暗度对比、大小对比、层次对比、颜色对比等,增加画面层次感,强调相应文字信息,如图 7-22 所示。

图 7-20　文字艺术化设计法　　　　　　　　图 7-21　首字夸张强调法

6. 色块衬托法

色块衬托法能更好地展现文字信息，降低背景等因素的干扰，突出文字，对比强烈，可以增加画面的层次感。这种方法一般适用于背景图像较复杂，或者需要特别强调某些文字的情况，如图 7-23 所示。

图 7-22　文字前后对比法　　　　　　　　图 7-23　色块衬托法

文字的表达与呈现没有固定的方法，要靠设计者用心去发现和创新，平时在浏览时多关注、观察、发现、总结和应用，才能有自己的创新和创意。

7.3.4　文字创意与特效

幻灯片中的文字除排版处理之外，还有各种创意和特效，缤纷多彩的特效文字可以为幻灯片增色不少。常见的文字特效有填充文字、分割文字、镂空文字、文字形象化、矢量变形文字等。

1. 填充文字

文本填充可以填充纯色、渐变色、图片、纹理、图案等，不同的填充可以展现不同的效果，如图 7-24 和图 7-25 所示。

微课

图 7-24　图片填充效果

图 7-25　质感和纹理填充效果

本任务第 1 张幻灯片中的文字"2018"使用了图片填充效果,如图 7-26 所示。下面以它为例介绍文字的图片填充效果制作。

(1)插入文本框,输入文字"2018",设置字体为"Colonna MT",字号为"96 磅",设置加粗、倾斜、阴影。

(2)选中该文本框,右击,在弹出的快捷菜单中选择【设置形状格式】命令,窗口右侧显示【设置形状格式】窗格,如图 7-27 所示,在【文本选项】选项卡下,选择"文本填充"→"图片或纹理填充"选项,单击【插入】按钮,选择需要填充的图片文件。

图 7-26 "2018"文字图片填充效果

图 7-27 文本选项相关设置

(3)选中该文本框,按"Ctrl+D"组合键复制一个文本框,设置其文本颜色为浅灰色,置于底层,拖至适当位置。

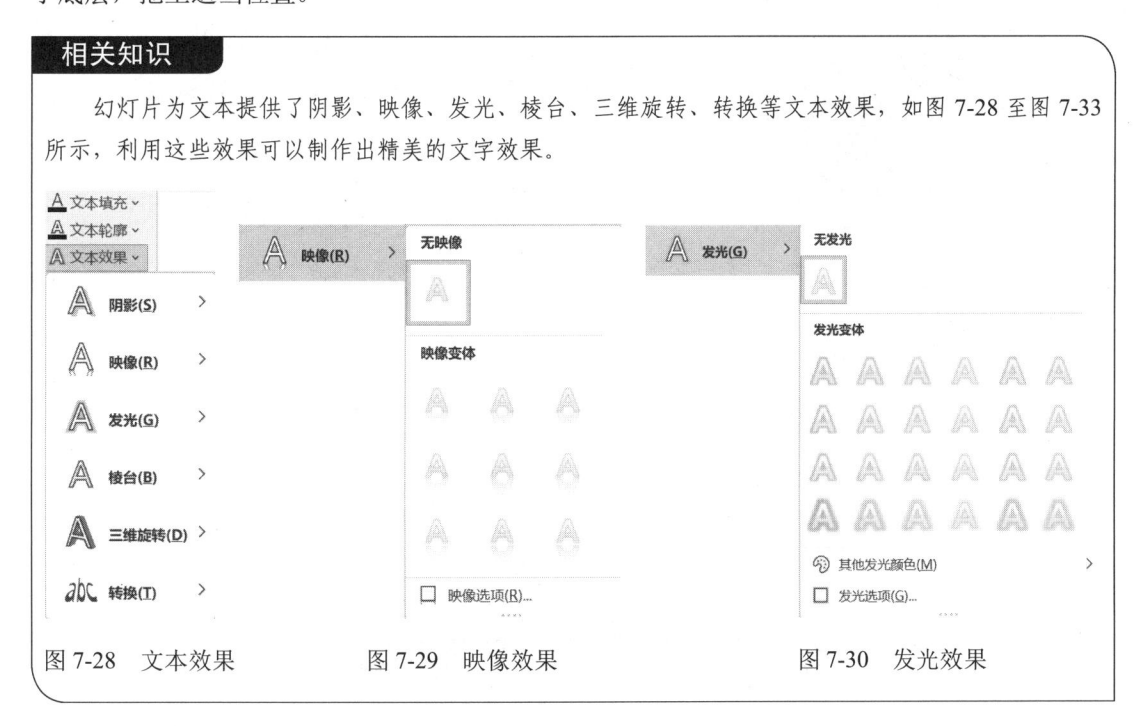

相关知识

幻灯片为文本提供了阴影、映像、发光、棱台、三维旋转、转换等文本效果,如图 7-28 至图 7-33 所示,利用这些效果可以制作出精美的文字效果。

图 7-28 文本效果　　图 7-29 映像效果　　图 7-30 发光效果

157

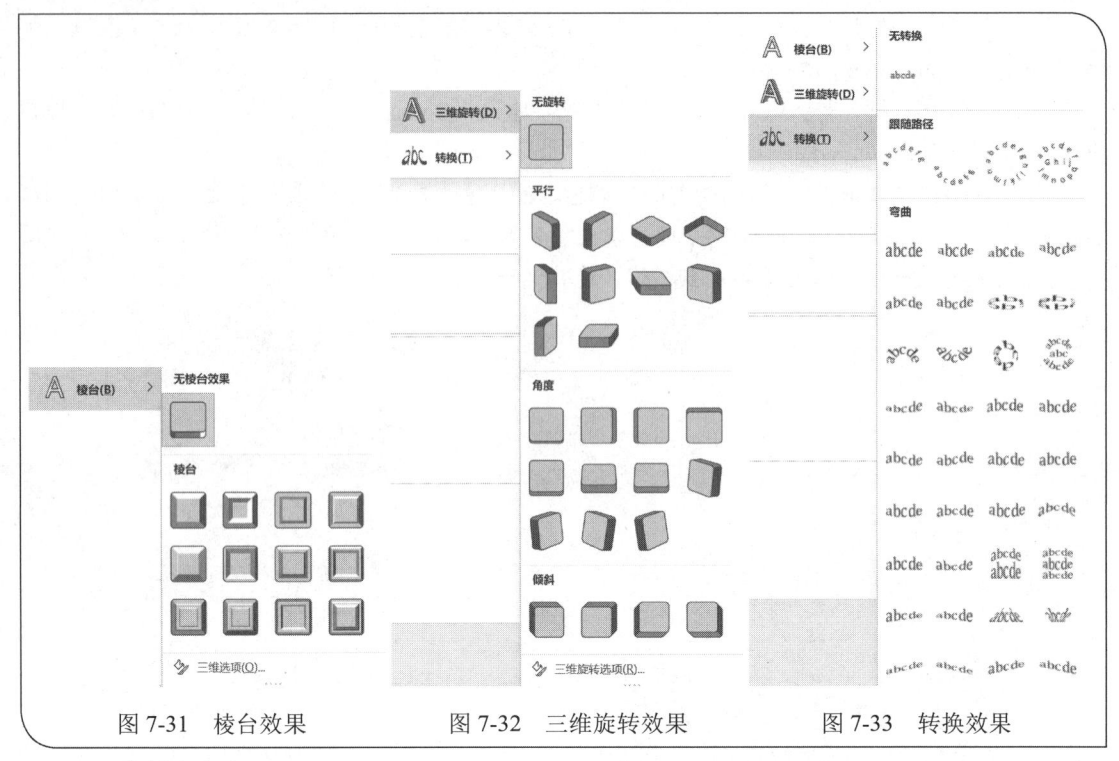

图 7-31　棱台效果　　　　图 7-32　三维旋转效果　　　　图 7-33　转换效果

2. 分割文字

字中字、文字劈裂、文字分块填充等都是文字分割效果，如图 7-34 所示，可以直观地表达文字的意境。

图 7-34　文字分割效果

微课

1）字中字效果

本任务第 15 张幻灯片中使用了字中字效果，如图 7-35 所示。

图 7-35　字中字效果

（1）插入两个文本框，分别输入文字"强"和"特别优惠 强势来袭"，设置文字格式如图 7-36 和图 7-37 所示。

图 7-36 "强"文字格式

图 7-37 "特别优惠 强势来袭"文字格式

（2）将"特别优惠 强势来袭"文本框拖至"强"文本框中适当的位置，如图 7-38 所示。

（3）选中"特别优惠 强势来袭"文本框，在【设置形状格式】窗格中，选择【形状选项】→"填充"→"幻灯片背景填充"选项，如图 7-39 所示，即可实现字中字效果。

图 7-38 移动文本框位置

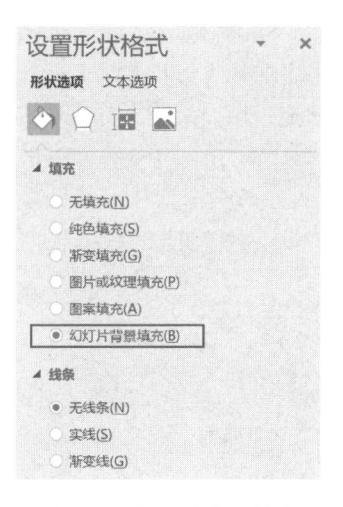

图 7-39 幻灯片背景填充

> **注意**
> 灵活使用形状格式的幻灯片背景填充功能，可以实现很多幻灯片特效。下面还会讲到其应用。

2）分割文字，实现文字分块填充

本任务第 4 张幻灯片中使用了文字分割效果，如图 7-40 所示。

（1）插入一个文本框，输入文字"2005"，设置合适的字体、字号，颜色随意。

（2）使用【插入】→【插图】→【形状】→【任意多边形：自由曲线】绘图工具，在文本框上绘制一段曲线，如图 7-41 所示。

图 7-40 文字分割效果

图 7-41 绘制自由曲线

（3）按住"Shift"键的同时单击文本框，同时选中曲线和文本框。选择【形状格式】→【插

159

入形状】→【合并形状】→【拆分】命令，如图 7-42 所示，将上面所选两个形状拆分，拆分后效果如图 7-43 所示。

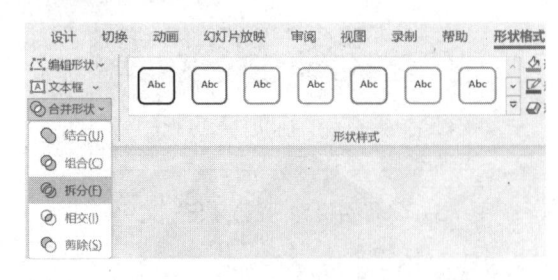

图 7-42　合并形状之拆分 　　　　　　　　图 7-43　拆分后效果

（4）选择多余线段，按"Delete"键依次删去，如图 7-44 所示。

（5）按住"Shift"键依次单击，同时选中文字上半部分形状，如图 7-45 所示。在【设置形状格式】窗格中选择【形状选项】→"填充"→"渐变填充"选项，如图 7-46 所示，设置由红至白的渐变填充，填充后效果如图 7-47 所示。

图 7-44　删去多余线段

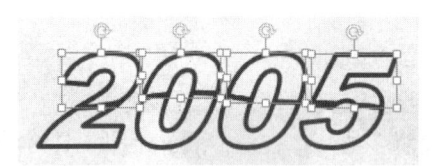

图 7-45　同时选中上半部分形状 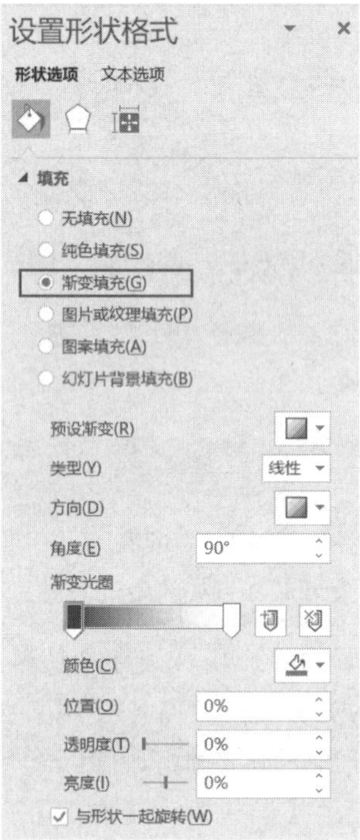　　　　　图 7-46　设置渐变填充

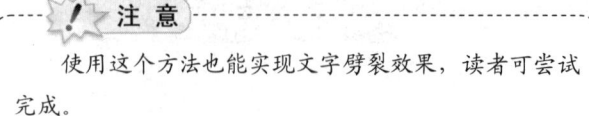

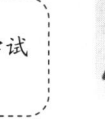

（7）使用同样的方法设置下半部分填充为红色。

! 注 意

使用这个方法也能实现文字劈裂效果，读者可尝试完成。

图 7-47　填充后效果

3. 镂空文字

文字的镂空效果可以使文字与背景意境相融、浑然一体，如图 7-48 所示。

图 7-48　文字镂空效果

本任务在小标题幻灯片中使用了镂空效果，如图 7-49 所示。

图 7-49　幻灯片中文字镂空效果

（1）新建"产品展示"文本框，在其上绘制一个能覆盖它的圆角矩形，设置圆角矩形无轮廓，填充白色，如图 7-50 所示。

（2）为方便选择，需要将背景图片隐藏。方法：选择【开始】→【编辑】→【选择】→【选择窗格】命令，右侧出现【选择】窗格，单击"图片 1"对应的 ◉，关闭其显示，如图 7-51 所示。

图 7-50　绘制圆角矩形　　　　　　　　图 7-51　隐藏图片 1

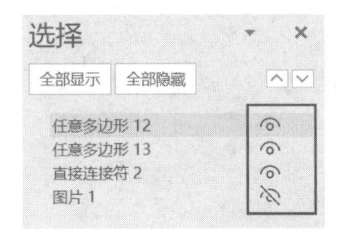

（3）拖动鼠标同时选中文本框和圆角矩形，在图 7-42 中选择【合并形状】→【组合】命令，得到镂空效果，如图 7-52 所示。

（4）增加圆角矩形的透明度，如图 7-53 所示，即可得到最终效果。

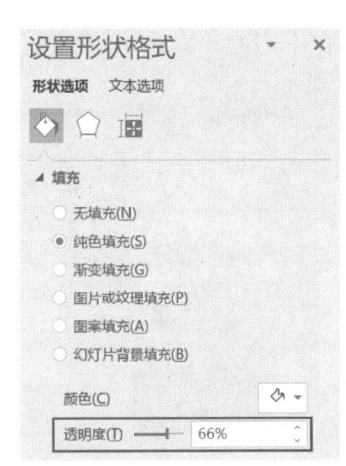

图 7-52　镂空效果　　　　　　　　　　图 7-53　增加圆角矩形的透明度

161

4. 文字形象化

文字形象化设计效果如图 7-54 和图 7-55 所示。

图 7-54　文字形象化设计效果 1

图 7-55　文字形象化设计效果 2

图 7-56　"勇往直前"文字形象化设计效果

本任务在第 6 张幻灯片中对"勇往直前"文字设计了文字形象化效果，如图 7-56 所示。

1）"勇"文字处理

① 插入两个文本框，分别输入文字"勇"和"往直前"。设置文字"勇"字体为"晨光大字"，颜色随意，大小适中。设置文字"往直前"字体为"方正综艺简体"，灰色，大小适中。

② 插入一个矩形使其覆盖"勇"字的下半部分（可适当调整矩形的方向），如图 7-57 所示。按住"Shift"键的同时选中文本框和矩形，使用【合并形状】→【剪除】功能剪除矩形覆盖部分，剪除后效果如图 7-58 所示。

③ 插入图片，放置到勇字的下半部分，调整勇字上半部分的宽度、图片大小及位置，效果如图 7-59 所示。

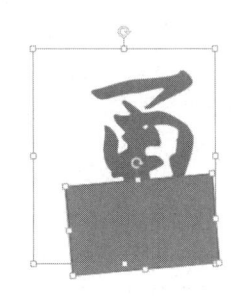

图 7-57　用矩形覆盖"勇"字下半部分 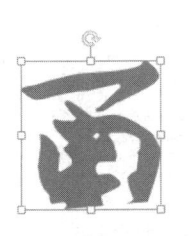　　图 7-58　剪除后效果 　　图 7-59　放置图片后效果

2)"往直前"文本处理

（1）文字矢量化。

① 插入一个能完全覆盖住"往直前"文本框的矩形，在【选择】窗格中关闭其他对象。

② 拖动鼠标同时选中文本框和矩形，如图 7-60 所示。使用【合并形状】→【相交】功能得到两个形状相交后的可编辑的图形，如图 7-61 所示。

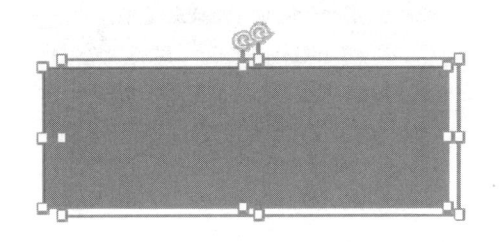

图 7-60　同时选中矩形和文本框　　　　　图 7-61　两个形状相交后效果

③ 选中相交后得到的图形，选择【形状格式】→【插入形状】→【编辑形状】→【编辑顶点】命令，如图 7-62 所示。

相关知识

以上过程为文字矢量化过程。

什么是文字矢量化？文字矢量化也可以理解为文字形状化，即将文字转化为形状，使其具备形状的属性，可以任意对其进行编辑顶点、填充颜色、设置阴影及三维格式等。文字矢量化能够赋予文字无限可能，增加其设计感。

④ 拖动顶点设计想要的效果（此处设计为手拉手—往直前的效果），效果如图 7-63 所示。

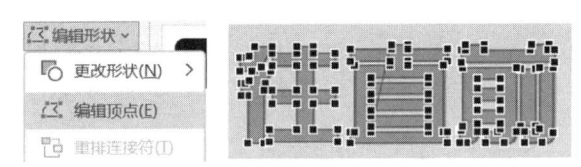

图 7-62　编辑顶点　　　　　图 7-63　编辑顶点后效果

⑤ 将形状颜色设置为灰色至白色渐色填充，无线条，效果如图 7-64 所示。

（2）将形状转为图片。选中"往直前"图形并按"Ctrl+X"组合键剪切，选择【开始】→【剪贴板】→【粘贴】→【选择性粘贴】命令，在弹出的【选择性粘贴】对话框中选择"图片（Windows 元文件）"选项，如图 7-65 所示。确定后，即可将图形转换成图片，然后就可以进行图片相关属性的设置了。

本任务中，此处进行了以下设置：【图片格式】→【图片样式】→【图片效果】→【三维旋转】效果，选择一种三维效果。最终效果如图 7-66 所示。

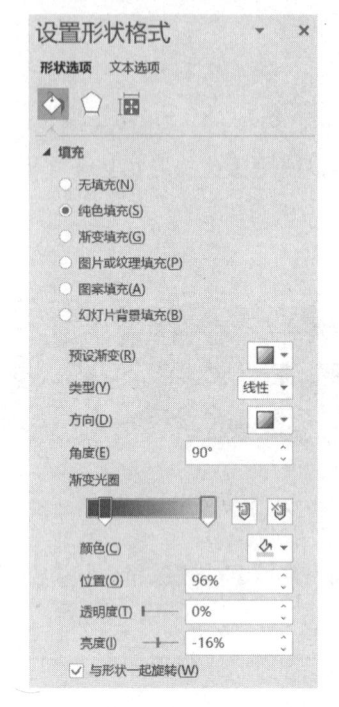

图 7-64 "往直前"设计效果

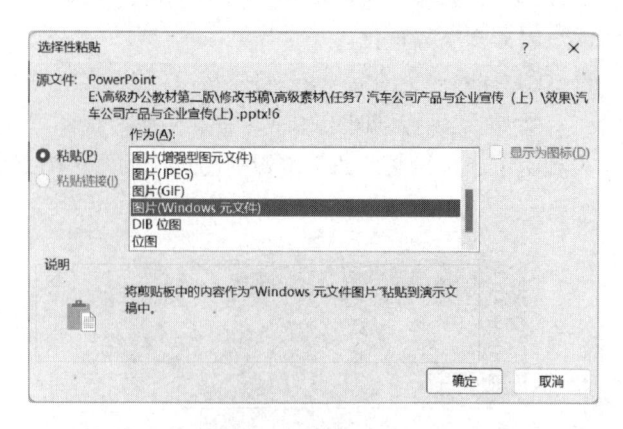

图 7-65 选择性粘贴

图 7-66 最终效果

7.3.5 图片处理与美化

图片处理与美化主要内容包括：图片对齐与美化、分割图片、图片多图层处理和图片遮罩效果。

1. 图片对齐与美化

先看三种图片对齐与美化的对比效果，如图 7-67 至图 7-69 所示。通过对比可以看出图片经过对齐与美化后的作用。

图 7-67 对齐的图片

任务 7　汽车公司产品与企业宣传（上）

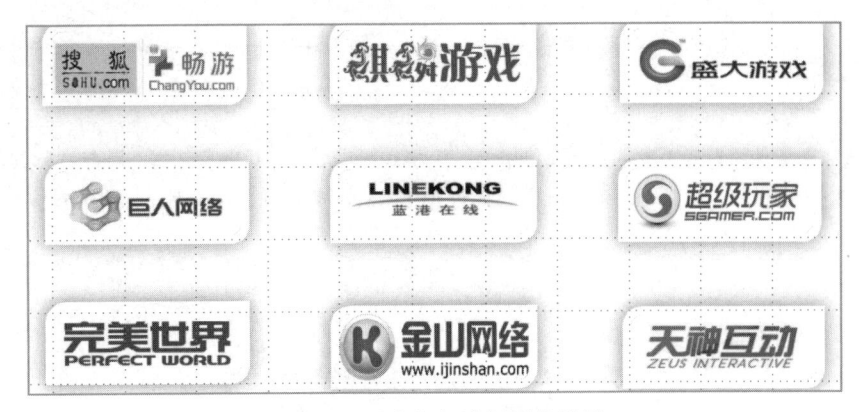

图 7-68　对齐与加边框后的效果

图 7-69　对齐与美化后的效果

1）设置图片统一尺寸

使用"Shift"键或用鼠标拖选等方法选中需要对齐的多张图片，在【设置图片格式】窗格中设置图片统一大小，取消勾选"锁定纵横比"和"相对于图片原始尺寸"复选框，如图 7-70 所示。

2）图片对齐设置

选中需要对齐的图片，在【图片工具/格式】→【排列】→【对齐】列表中选择对齐方式即可，如图 7-71 所示。

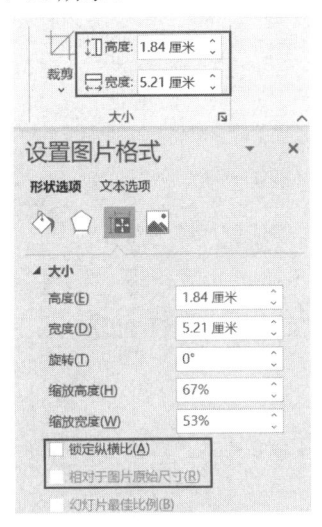

图 7-70　设置图片大小　　　　图 7-71　图片对齐方式

165

相关知识

为方便对齐可以设置网格和参考线。

方法：勾选【视图】→【显示】选项组中的"网格线"或"参考线"复选框。若想进行其参数设置，单击【显示】选项组右下方的对话框启动器 ，打开【网格和参考线】对话框，如图7-72所示，根据需要进行相关设置。

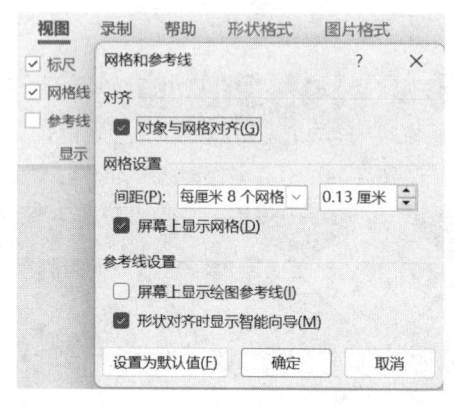

图7-72 网格和参考线设置

3）图片简单美化

图片通常可以进行以下几种美化：统一图片亮度、加背景底纹衬托图片、将图片裁剪为形状、图片艺术效果处理、设置图片样式、图片版式美化等，分别如图7-73至图7-77所示。

图7-73 背景底纹衬托图片效果

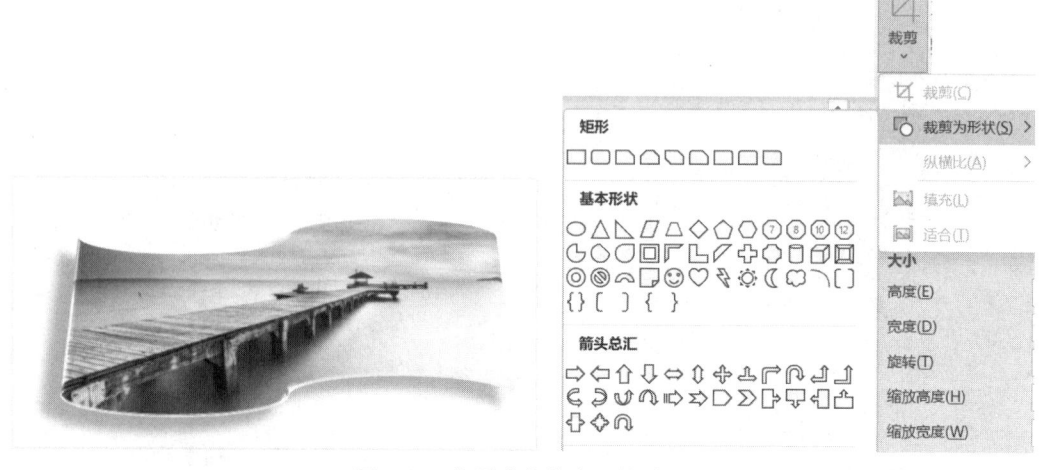

图7-74 将图片裁剪为形状效果

任务 7　汽车公司产品与企业宣传（上）

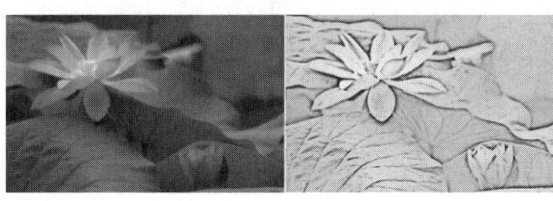

图 7-75　图片艺术效果

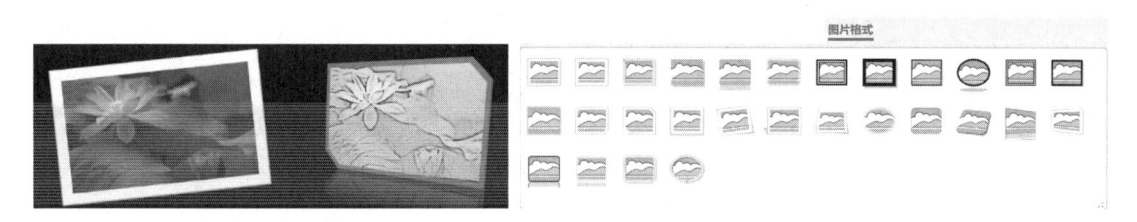

图 7-76　设置图片内置样式效果

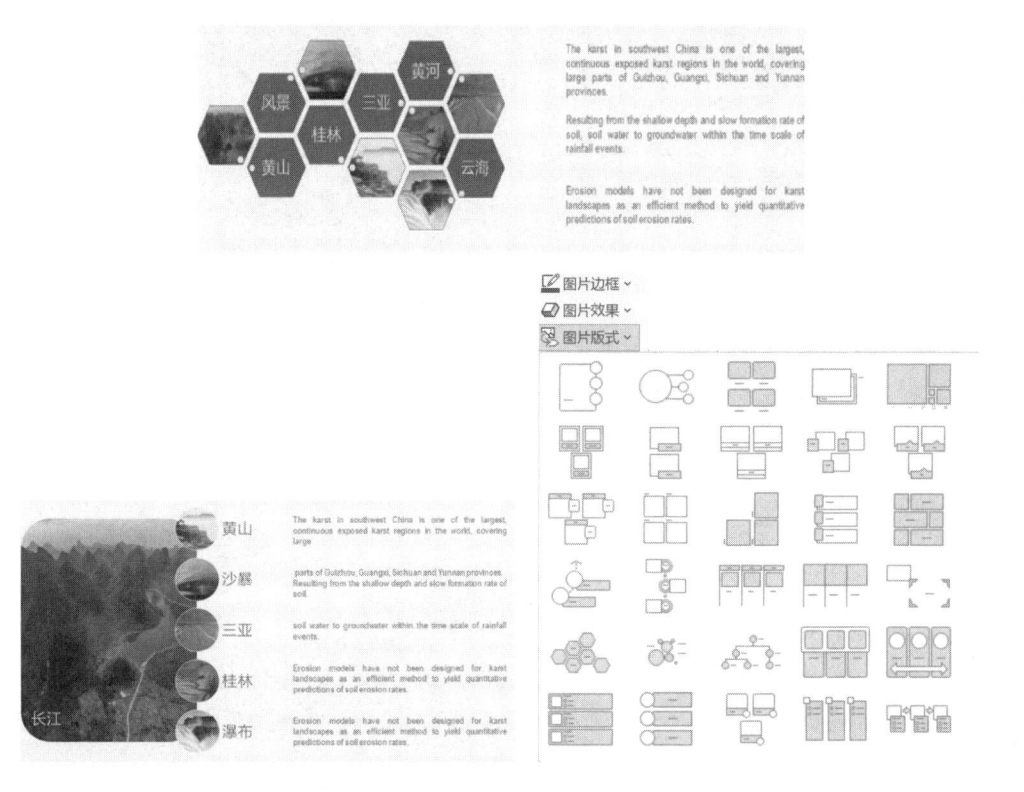

图 7-77　图片版式美化效果

2. 分割图片

在幻灯片中将图片分割成多个部分，不仅可以增加美感，还能做出异彩纷呈的动画效果。图片分割效果如图 7-78 所示。

图 7-78　图片分割效果

本任务在第 14 张幻灯片中对汽车图片进行了分割处理，为后面的动画制作做好准备。

（1）插入汽车图片，按"Ctrl+C"组合键将其复制到剪贴板。

（2）插入一个表格，行、列数根据实际设置，此处插入了一个 3 行 3 列的表格。

（3）拖动表格调整其大小和位置，使其正好覆盖汽车图片，如图 7-79 所示。

（4）选中表格，打开【设置图片格式】窗格，进行如下设置：选择"填充"→"图片或纹理填充"选项；单击【剪贴板】按钮，将之前复制到剪贴板中的汽车图片填充到表格中，勾选"将图片平铺为纹理"复选框，如图 7-80 所示。

图 7-79　使用表格覆盖图片　　　　图 7-80　设置图片格式

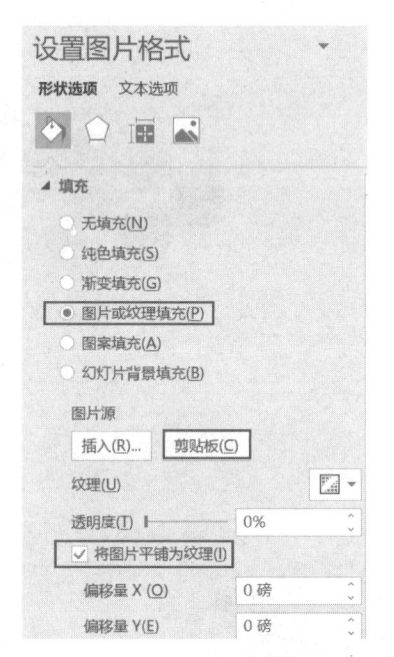

（5）选中表格，按"Ctrl+X"组合键剪切表格，删除原汽车图片，如图 7-81 所示。在【选择性粘贴】对话框中选择"图片（增强型图元文件）"选项，如图 7-82 所示，将表格转换为图片。

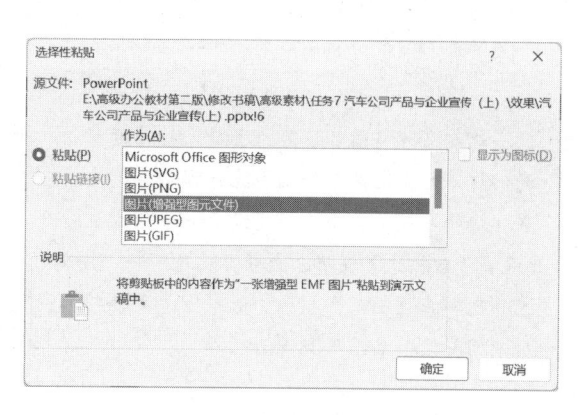

图 7-81 表格中填充图片　　　　图 7-82 将表格选择性粘贴为图片

（6）右击图片，在弹出的快捷菜单中执行两次【组合】→【取消组合】命令，即可将图片分割为表格对应的 9 张图片。这时还可以对所有图片进行边框、图片效果、图片版式等的设置，效果如图 7-83 所示。

3. 图片多图层处理

图层是图像处理软件、动画制作软件，以及 PPT 中一个非常重要的概念，它能实现图像层叠成像、图层内容单独编辑处理等功能。PPT 中灵活运用图层能呈现意想不到的效果，如图 7-84 所示。

图 7-83 分割图片并美化后效果

图 7-84 多图层效果

本任务在第 14 张幻灯片中设置了高楼大厦半隐藏在山峰中的效果，如图 7-85 所示。

图 7-85 图片半隐藏效果

（1）将图片"田野.jpg"设置为幻灯片背景。

169

> **注 意**
>
> 此处必须将图片设置为当前幻灯片的背景，由母版创建的幻灯片背景图片不能实现此功能。在幻灯片空白处右击，在弹出的快捷菜单中选择【设置背景格式】命令，右侧显示【设置背景格式】窗格。选择"填充"→"图片或纹理填充"选项，单击【插入】按钮，选择图片文件将其设置为当前幻灯片的背景，如图7-86所示。

图7-86　将图片设置为幻灯片背景

（2）使用【插入】→【形状】→【自由曲线】工具，沿背景图片中的线条绘制一块封闭区域，如图7-87所示。

图7-87　绘制封闭区域

（3）选中绘制的区域图形，在【设置形状格式】窗格中选择【形状选项】→"填充"→"幻灯片背景填充"选项，将"线条"设置为"无线条"，如图7-88所示。

（4）插入"高楼.png"图片，将其放置在绘制图形下方。若高楼图片在绘制图形上方，则将绘制图形置于顶层即可。

4．图片遮罩效果

遮罩的概念通常出现在 Flash 中，它是 Flash 二维动画制作中一个很重要的动画技术，如水波、百叶窗、放大镜、探照灯等许多效果丰富的动画都是通过遮罩来实现的。在 PPT 中，利用遮罩原理也能实现很多遮罩效果的动画。遮罩动画的制作将在任务9中详细介绍，本任务只实现图片的遮罩效果，为后面制作遮罩动画做好准备。

本任务第20张幻灯片中使用了图片遮罩效果进行客户展示，如图7-89所示。

图7-88　幻灯片背景填充　　　　　　　　图7-89　图片遮罩效果

1）抠图

抠除素材"圆门.jpg"门内的图像内容如图 7-90 所示。

图 7-90　抠除图片部分内容

（1）插入一个圆形，边框线设置为无，覆盖住需要抠除的部分，如图 7-91 所示。可以看到圆形不能完全覆盖需抠除的图像，两边还留有两个三角区域。

（2）插入一个矩形，覆盖住两边的剩余部分，如图 7-92 所示。

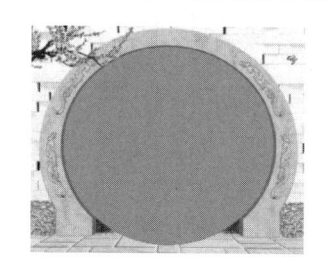

图 7-91　插入圆形覆盖圆形门

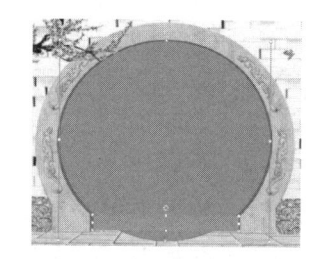

图 7-92　插入矩形覆盖剩余部分

（3）同时选中矩形和圆形，使用【合并形状】→【联合】功能将两个图形联合成一个图形，如图 7-93 所示。

（4）选中联合后的图形，选择【形状格式】→【插入形状】→【编辑形状】→【编辑顶点】命令编辑图形顶点，将下方多出圆弧的部分调整成直线，如图 7-94 所示。

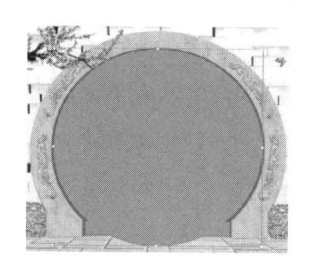

图 7-93　矩形和圆形联合

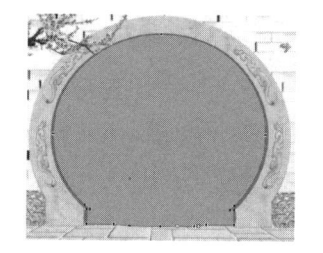

图 7-94　编辑顶点调整下边线

（5）绘制一个跟图片同等大小的矩形，拖动鼠标同时选中两个图形，如图 7-95 所示。使用【合并形状】→【组合】功能将两个图形组合成如图 7-96 所示图形。

（6）选中图 7-96 中的图形，将图片"圆门.jpg"填充到图形中，如图 7-97 所示。最终抠图后效果如图 7-98 所示。

171

图 7-95　选中两个图形

图 7-96　组合后的图形

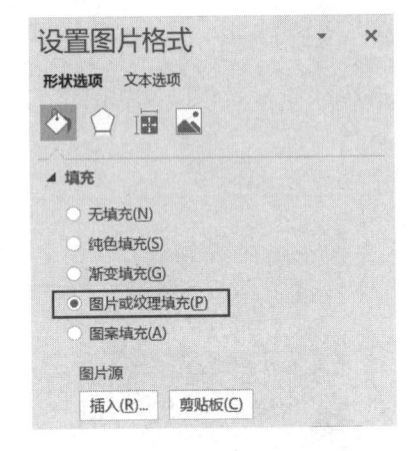

图 7-97　将图片填充到图形中

图 7-98　抠图后效果

2）遮罩

插入素材图片"客户展示.png"，调整图片大小，将其设置为底层，放置在圆门图片的后面，生成两层遮罩效果，最终效果如图 7-89 所示。

本任务第 9 张幻灯片中汽车销量比较也使用了遮罩效果，如图 7-99 所示。请读者根据上面所学内容自行完成。

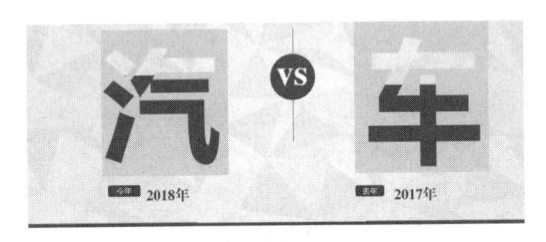

图 7-99　汽车销量比较遮罩效果

7.3.6　炫幻文本框

一说到输入和编辑，我们很自然就会想到文本框，文本框在编辑和排版中的确有着非常重要的作用。文本框的本质是一种可以移动、可以调节大小、可以存放文字、绘制图形、存放图片的容器。在幻灯片中，文本框不仅用来存放文字、图片或图形，若和其他功能相结合，还能够制作出许多意想不到的文本和动画效果。从某些方面来看文本框的使用为幻灯片排版提供了更多的方法。

1. 文本转换效果

在本任务产品展示幻灯片中使用文本框制作了如图 7-100 所示图片效果，这种处理效果不仅增加了图片展示的美感，而且有助于后期对图片进行动画处理。

图 7-100　使用文本框实现的图片效果

（1）插入一个文本框，输入多个减号"-"（减号的多少决定了图片被分割的片数），并适当增大字号，如图 7-101 所示。

（2）选中文本框，在【形状格式】→【艺术字样式】→【文本效果】→【转换】选项下选择一种文本效果，如图 7-102 所示。

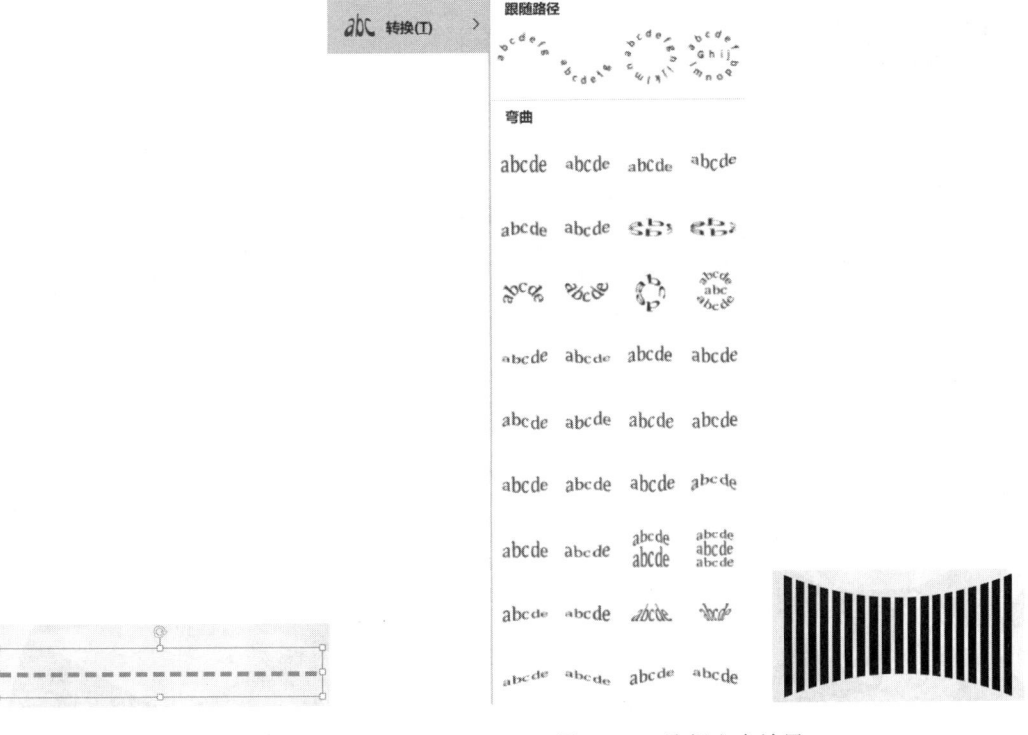

图 7-101　插入文本框　　　　图 7-102　选择文本效果

（3）选中文本框，选择【形状格式】→【艺术字样式】→【文本填充】→【图片】选项，为文本框填充一张图片，如图 7-103 所示。

> **注意**
> 此处一定是文本填充，而不是形状填充。

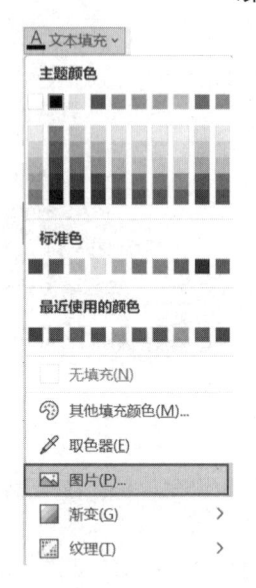

图 7-103　为文本框填充图片

> **相关知识**
>
> （1）增加或减少文本框中的减号数量，就可以改变图片被分割的数量，如图 7-104 所示。 
>
> 图 7-104　增减文本框中减号数量前后效果对比
>
> （2）改变文本框中减号的字体，就可得到不同效果的文本框，如图 7-105 所示。 
>
> 图 7-105　改变文本框中减号字体前后效果对比
>
> （3）改变文本框中减号的字间距，可以调整分割图片之间的缝隙，如图 7-106 所示。
> （4）将文本框中的"–"减号改为其他符号、数字、字母或文字可得到更丰富的效果。

图 7-106　改变文本框中减号字间距前后效果对比

2. 图示效果

除图片填充效果外,利用文本框的文本转换功能还可以制作文本框图示效果,如图 7-107 所示。制作方法与上面基本相同,区别在于不是填充的图片,而是在其上面又设置了文本框并输入文字。

文本框的神奇之处还有许多,有待读者进一步探索和应用。

图 7-107　文本框图示效果

7.3.7　形状的布尔运算

布尔运算是指通过对两个以上的物体进行并集、差集、交集等运算,从而得到新物体形态的一种逻辑运算方法。在图形处理操作中引用这种逻辑运算方法可以使简单的基本图形组合产生新的形体,PPT 中形状的布尔运算主要包括:联合、组合、拆分、相交和剪除。

1. 布尔运算

形状布尔运算的含义如图 7-108 至图 7-113 所示。

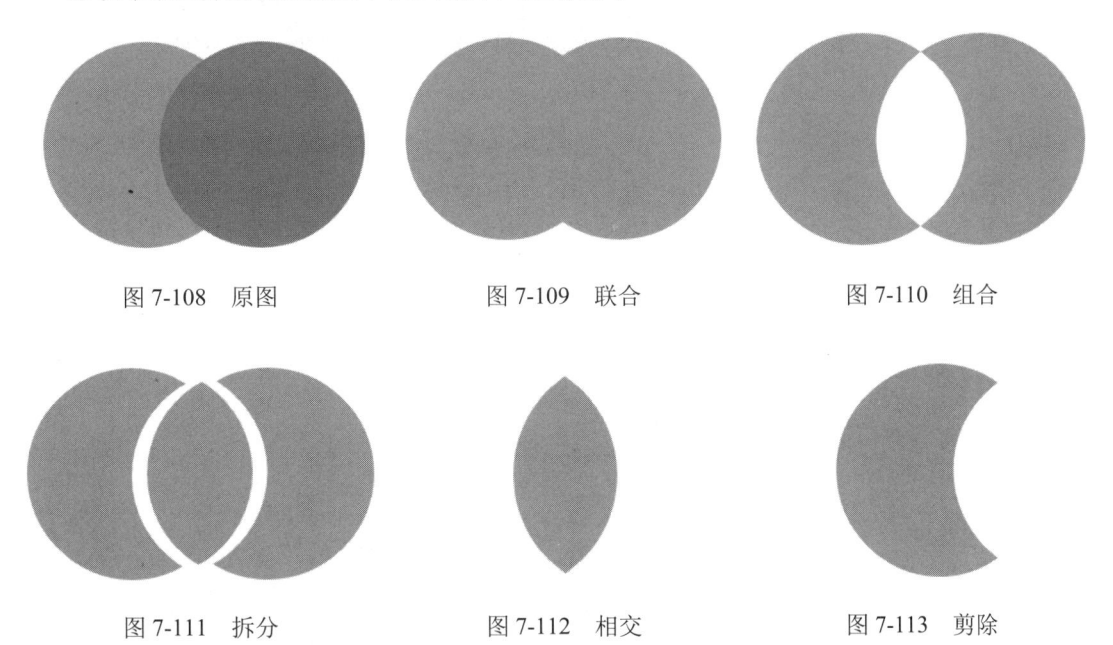

图 7-108　原图

图 7-109　联合

图 7-110　组合

图 7-111　拆分

图 7-112　相交

图 7-113　剪除

175

- 联合：将两个形状所有部分完全合并为一个形状。
- 组合：将两个形状合并，并且将重叠部分删除得到一个组合后的形状。
- 拆分：将两个形状与其合并部分都拆分开，运算后得到三个独立的形状。
- 相交：保留两个形状相交的部分，运算后得到一个重叠部分的形状。
- 剪除：先选取的形状被后选取的形状剪除，运算后得到先选择形状的非重叠部分。

> **注意**
> 运算前的形状选取是有先后顺序的，先选谁后选谁将会影响合并后的颜色、形状等属性。合并后形状的属性均继承先选取的形状。

2. 布尔运算的应用

形状联合、组合、拆分、相交和剪除应用举例分别如图 7-114 至图 7-120 所示。

图 7-114　形状联合举例

图 7-115　形状组合举例

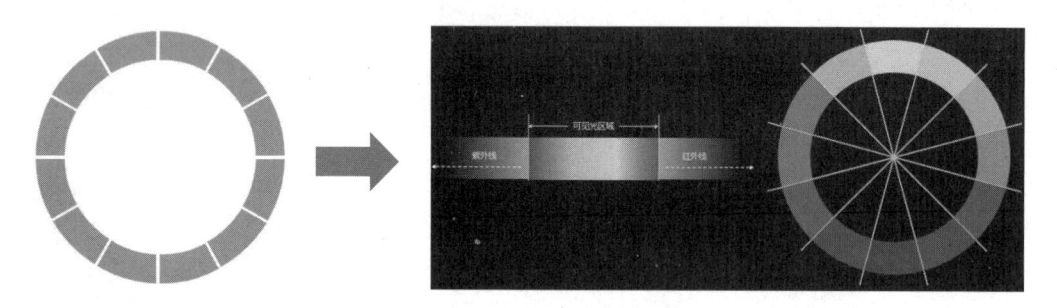

图 7-116　形状拆分举例

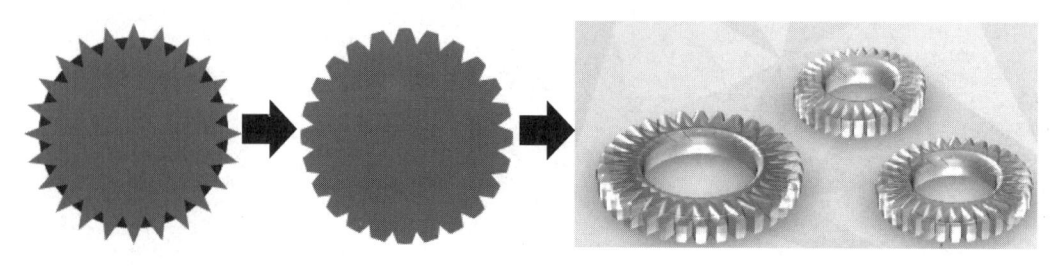

图 7-117　使用形状相交功能制作齿轮

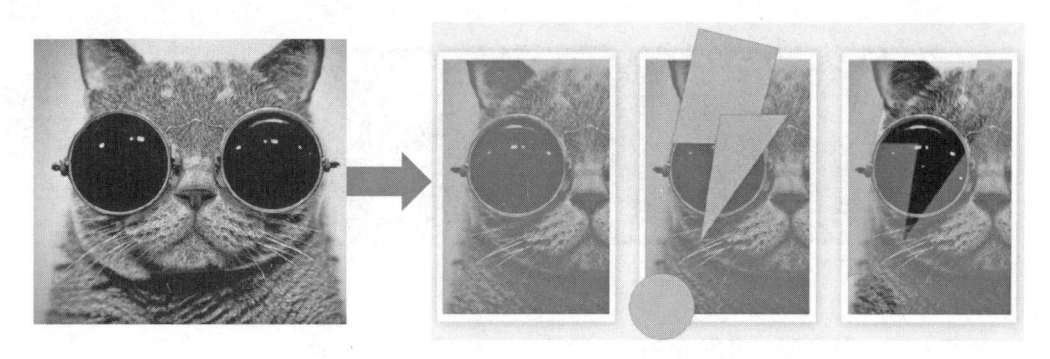

图 7-118 使用形状剪除功能实现图片修饰

图 7-119 图标效果

图 7-120 镂空效果

> **注 意**
>
> 前面讲到的文字分割、镂空文字、文字矢量化、图片多图层处理、图片遮罩效果等都用到了形状的布尔运算，在此不再赘述。表 7-1 为 PowerPoint 2010 版与 2021 版布尔运算功能的比较。
>
> 表 7-1 PowerPoint 2010 版与 2021 版布尔运算功能比较
>
> | 功　能 | 2010 版 | 2021 版 |
> | --- | --- | --- |
> | 形状联合、组合、相交、剪除 | ✓ | ✓ |
> | 形状拆分 | ✗ | ✓ |
> | 带文字形状与形状布尔运算 | ✗ | ✓ |
> | 开放路径形状布尔运算 | ✗ | ✓ |
> | 文字布尔运算 | ✗ | ✓ |
> | 图片布尔运算 | ✗ | ✓ |
> | 形状与文字布尔运算 | ✗ | ✓ |
> | 图片与文字布尔运算 | ✗ | ✓ |
> | 形状与图片布尔运算 | ✗ | ✓ |

3．胶片制作

本任务在产品展示幻灯片中使用了黑白胶片效果对汽车产品进行了展示，如图 7-121 所示。

图 7-121　黑白胶片效果

（1）插入一个无线条、黑色填充的矩形长条，在其上插入一个无线条、白色填充的小正方形，如图 7-122 所示。

图 7-122　绘制胶片长条

（2）选中白色小正方形，按住"Ctrl+Shift"组合键的同时拖动鼠标复制一个小正方形，这样复制出来的图形能够保证顶部对齐。按"F4"功能键重复上面的动作，直到填满长条为止，如图 7-123 所示。

图 7-123　绘制白色小正方形

（3）拖动鼠标选中黑色长条和所有白色小正方形，选择【合并形状】→【剪除】命令将白色小正方形部分剪除，生成镂空效果，如图 7-124 所示。按"Ctrl+D"键再复制一个放在汽车产品照片的下方即可。

图 7-124　剪除后效果

4．齿轮制作

在产品展示幻灯片中使用图形的布尔运算功能制作了齿轮图形，效果如图 7-125 所示。

图 7-125　齿轮效果

（1）通过图形相交和剪除得到平面齿轮图形，如图 7-126 所示。

（2）通过"形状效果"对齿轮进行美化，如图 7-127 所示。

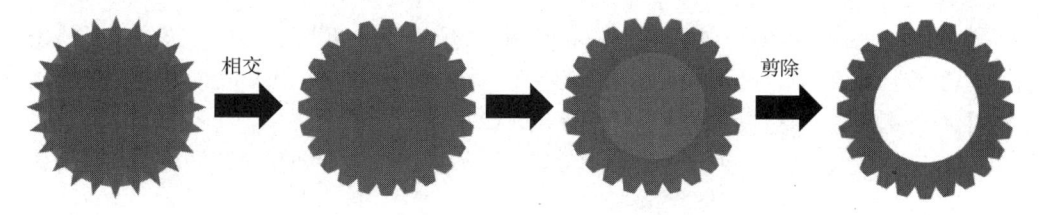

图 7-126　制作平面齿轮图形

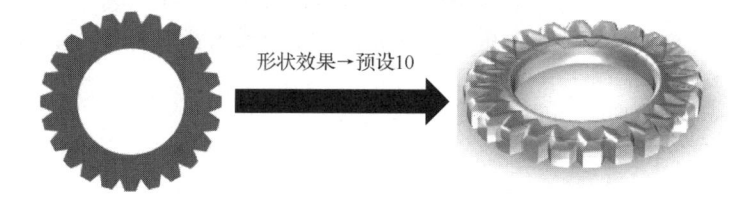

图 7-127　美化齿轮

5. 表盘制作

在客户服务幻灯片中使用表盘实现公司客户服务的介绍，效果如图 7-128 所示。

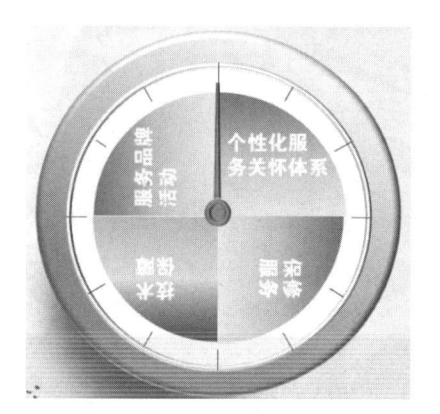

图 7-128　使用表盘实现公司客户服务介绍

微课

（1）表盘制作过程（见图 7-129）。

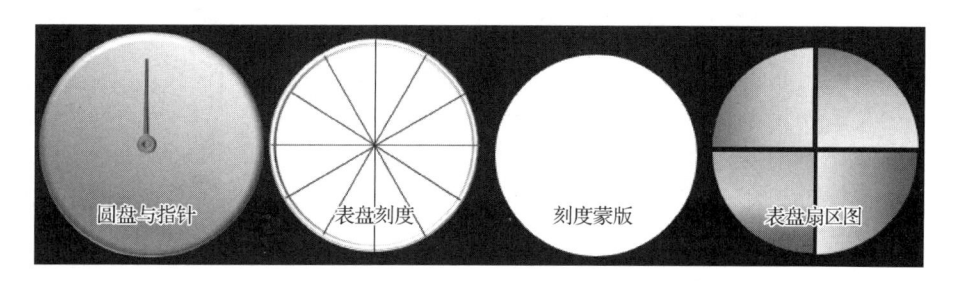

图 7-129　表盘制作过程

（2）圆盘制作。插入一个圆形，设置灰白渐变填充，在【形状效果】→【棱台】列表中设置一种棱台效果，再设置一种阴影效果。形状效果可根据读者的设计自由选择。

（3）指针制作。

① 指针补位。因为后面要为指针制作陀螺旋转动画，需要围绕中心点旋转，所以要增加一

个对称的补位，如图7-130所示。图中左、右两图的区别是右侧图下方指针设置了无线条、无填充，即虽有指针但隐藏显示了。这样，旋转时仿佛只有上面指针在旋转，实际是整个上下指针围绕中心一起旋转，这样就实现了表盘指针旋转效果。

② 指针制作。插入一个细长梯形，填充颜色，设置图形棱台效果（此处设置了斜面棱台效果），如图7-131所示。

插入一个圆形，填充颜色，跟上面步骤一样也设置斜面棱台效果。

选中制作好的梯形（指针），按"Ctrl+D"组合键另外复制一个，使用【形状格式】→【排列】→【旋转】→【垂直翻转】命令进行垂直翻转，并将其放置到下方对称位置，设置为无线条、无填充即可。

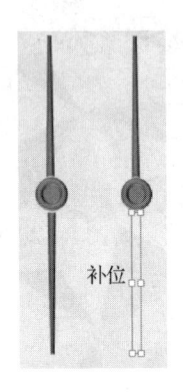

图7-130 指针补位

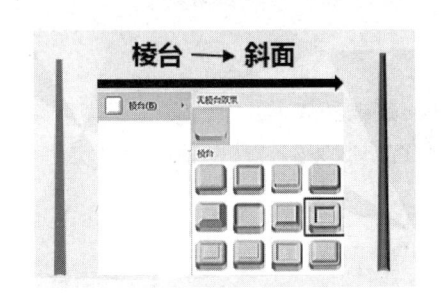

图7-131 斜面棱台效果

（4）表盘刻度制作。绘制一个圆盘和两条横竖垂直的线段，将竖直线段再复制一条并与其重合，如图7-132所示。

选中复制的竖直线段，在【设置形状格式】窗格中，在"大小"→"旋转"选项中设置旋转度数"30°"，得到一条旋转30°的线段，如图7-133所示。使用同样方法依次复制和旋转线段（旋转度数依次为60°、90°、120°、150°），得到表盘原始刻度图形，如图7-134所示。

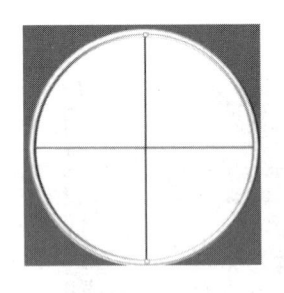

图7-132 表盘

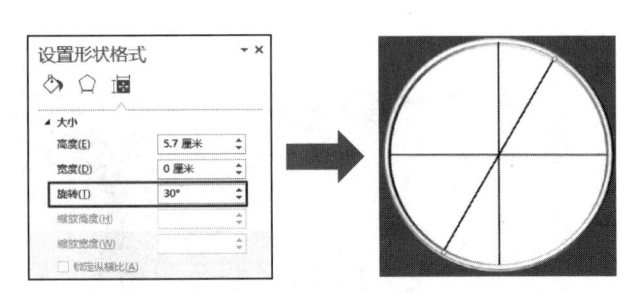

图7-133 通过旋转设置刻度线

绘制一个白色填充、无线条、比表盘稍小的圆形，保证其在顶层，将其拖至表盘之上合适位置，如图7-135所示。表盘刻度效果制作完成。

（5）表盘扇区制作。如图7-136所示，使用剪除功能制作出一个扇形。

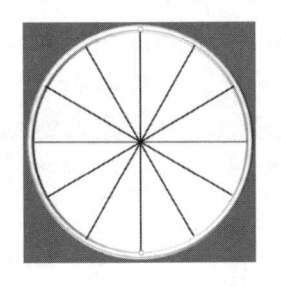

图 7-134　表盘原始刻度图形　　　　　图 7-135　表盘刻度效果

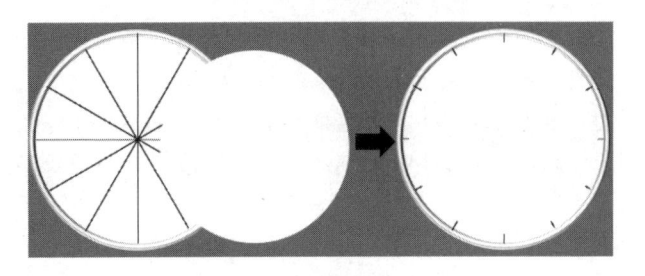

图 7-136　制作一个扇形

复制并旋转扇形得到如图 7-137 所示图形，对每个扇形设置不同颜色的渐变填充。表盘最终效果如图 7-138 所示。

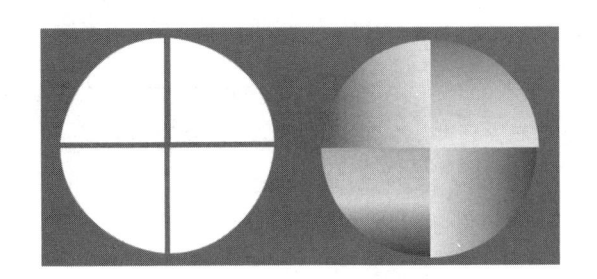

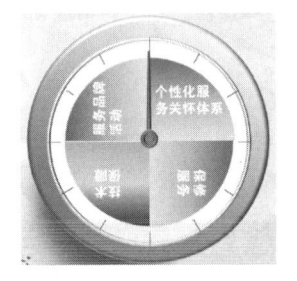

图 7-137　扇形美化　　　　　　　图 7-138　表盘最终效果

> **注意**
> 制作过程中注意使用"Ctrl+G"组合键进行图形组合，以方便整体操作。

7.3.8　创意图表

图表就是将数据转化为直观、形象的可视化的图像、图形。用图表表达各种数据信息，能让用户更清晰、更有效率地处理烦琐的数据，从而帮助用户快速且直观地得到想要表现的内容。

如图 7-139 所示是公司近几年汽车销售数量情况，分别使用文本、表格、图表表示。不难看出，图表表示更加直观、清晰。

（1）堆积条形图。单击【插入】→【插图】→【图

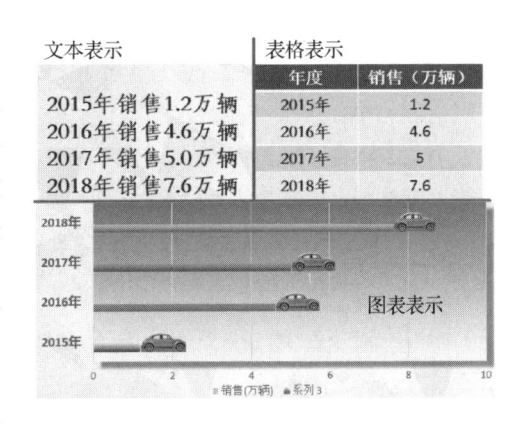

图 7-139　三种表示方式比较

表】按钮,弹出【插入图表】对话框,选择"条形图"→"堆积条形图"选项,如图 7-140 所示。生成的图表与对应的表格如图 7-141 所示。

(2)单击图 7-141 下方表格中的【在 Microsoft Excel 中编辑数据】按钮 ,进入 Excel 编辑图表数据,如图 7-142 所示。设置数据后得到的图表如图 7-143 所示。

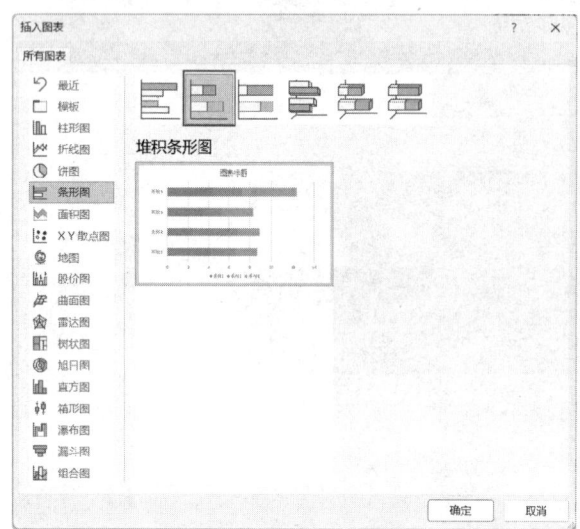

图 7-140　堆积条形图 　　　　　　　　　图 7-141　生成的图表与对应的表格

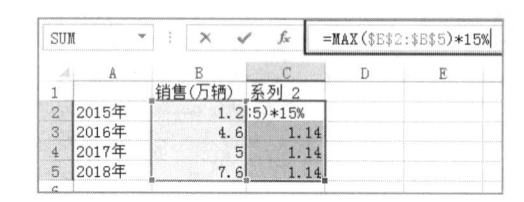

图 7-142　在 Excel 中编辑图表数据 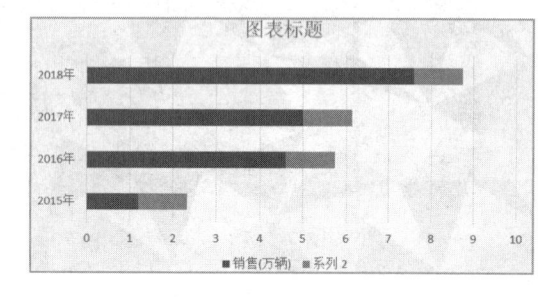　　　　图 7-143　设置数据后的图表

> **说明**
>
> 图 7-142 所示 Excel 工作表中有三列:
> A 列为年份。
> B 列为年销售值,对应生成图表(见图 7-143)中的深蓝色数据线段长度。
> C 列对应生成图表中绿色数据线段长度,它的值此处设置为 =MAX($B$2:$B$5)*15%,此公式的意义是"B2 到 B5 单元格中数据的最大值*15%",也就是绿色数据线段长度是深蓝色数据线段长度的 15%。这个 15% 也可以改为其他比例值,请读者自行尝试设置。

(3)绘制具有不同颜色的四个矩形,插入一个汽车图片素材,如图 7-144 所示。按"Ctrl+C"组合键复制一个矩形。

(4)在图 7-143 中,选中一个深蓝色数据段————,按"Ctrl+V"组合键用上一步骤中复制的矩形替换深蓝色数据段。使用同样方法,将深蓝色数据段后面的蓝绿色数据段替换成汽车图片。

依次替换,最终效果如图 7-145 所示。与之前图表对应情况如图 7-146 所示。

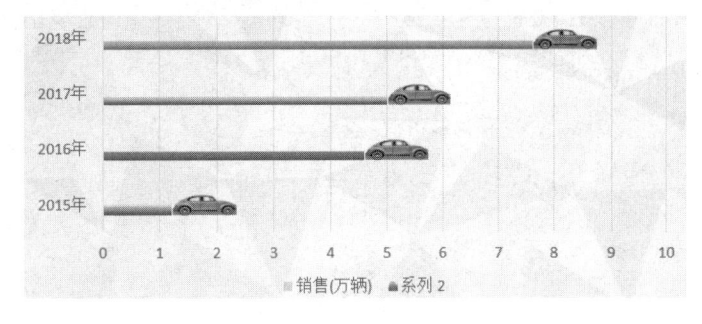

图 7-144　矩形与汽车

图 7-145　创意图表效果

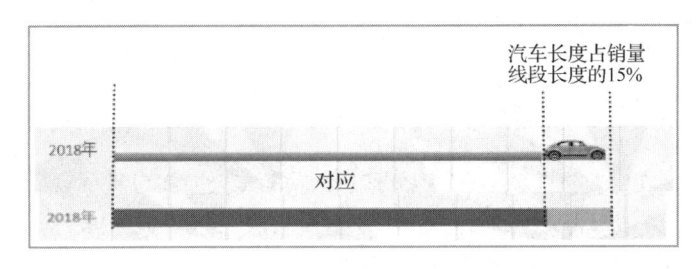

图 7-146　图表图示化前后对应情况

7.4　拓展实训

实训 1：文档的 PPT 处理

实训要求:
- 将 Word 文档(企业的五面镜子.docx)转换为 PPT 文件。
- 将 PPT 中所有文字的字体统一替换为"微软雅黑"字体。
- 在 PPT 中插入 Flash 动画"放大镜.swf"。
- 为 PPT 插入背景音乐。
- 提取出 PPT 中的图片、视频、声音等素材。

操作提示

1. Word 转 PPT

(1) 打开 Word 文档"企业的五面镜子.docx"。

(2) 单击【视图】→【视图】→【大纲视图】按钮,如图 7-147 所示,文档切换到大纲视图。

(3) 设置文档中各文字的大纲级别,如图 7-148 所示。设置为 1 级时,则在转换的 PPT 中将另起一张幻灯片,即设置几个 1 级就生成几张幻灯片。设置好后保存 Word 文档。

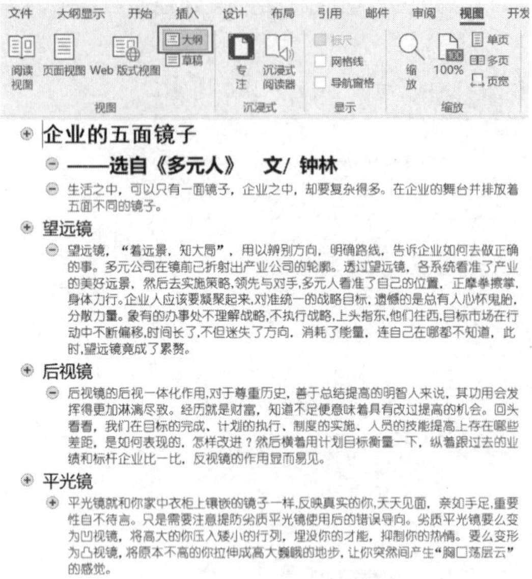

图 7-147 切换到大纲视图 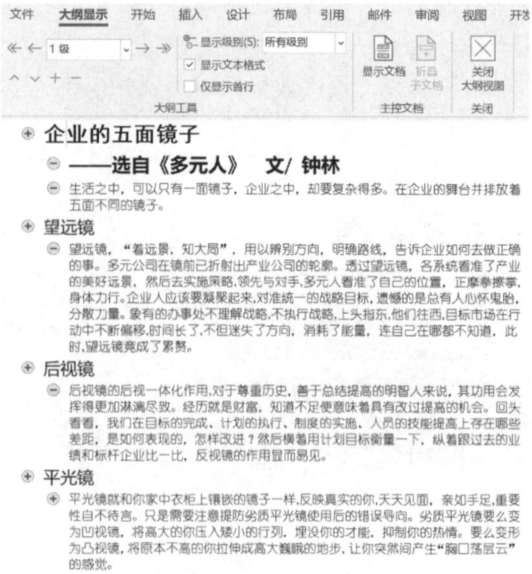　　　　　　　　　图 7-148 设置大纲级别

（4）启动 PPT，在【打开】对话框中找到上面保存文档所在位置（注意文档类型应设置为"所有文件"，否则系统默认只显示 PPT 文件），打开已设置好级别的 Word 文档，如图 7-149 所示。打开文档后可以看到转换为 PPT 后的初始状态，如图 7-150 所示。

图 7-149 打开设置好级别的 Word 文档

2. PPT 中文字格式设置

单击【视图】→【演示文稿视图】→【大纲视图】按钮切换到大纲视图，如图 7-151 所示。按"Ctrl+A"组合键全选内容，即可以对内容进行格式设置，如取消下画线、设置字体字号等。

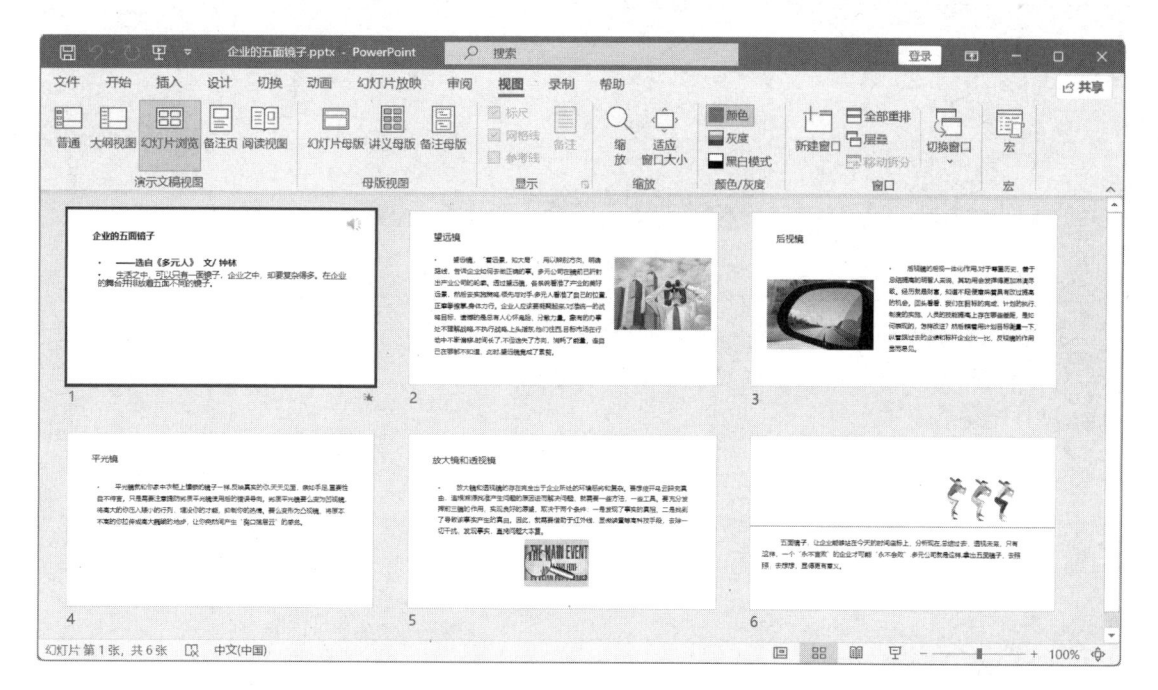

任务 7 汽车公司产品与企业宣传（上）

图 7-150　转换为 PPT 后的初始状态

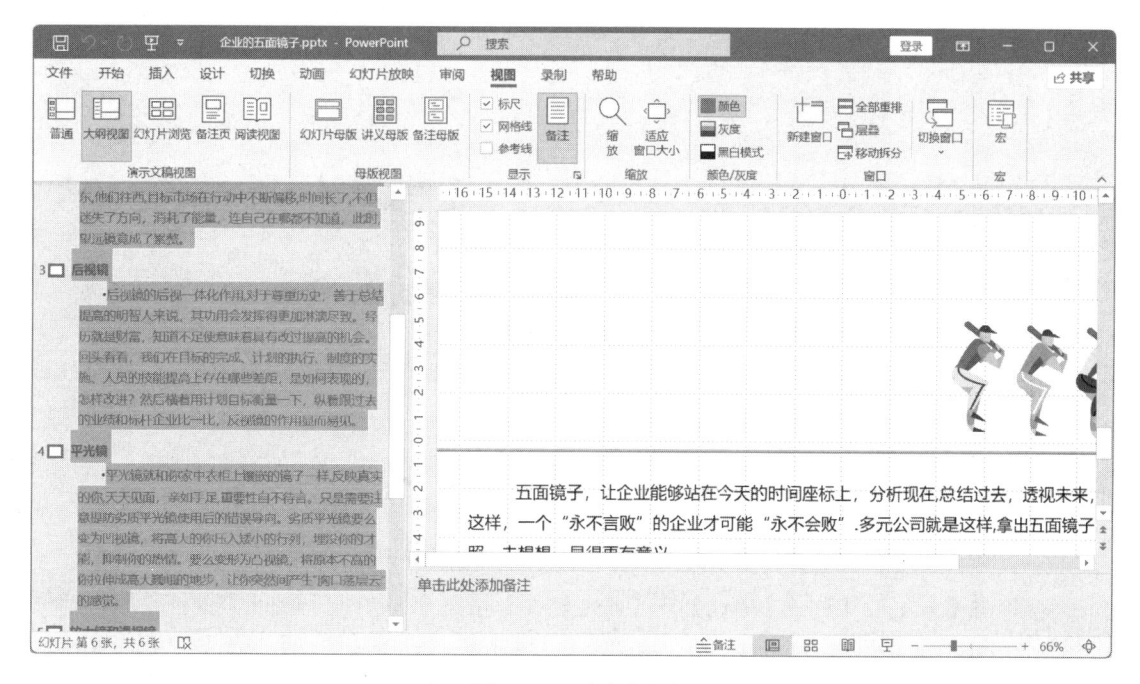

图 7-151　大纲视图

相关知识

还可以使用"替换字体"功能对 PPT 中的文字进行字体更改。方法：单击【开始】→【编辑】→【替换】→【替换字体】按钮，在打开的【替换字体】对话框中进行字体替换，如图 7-152 所示。

图 7-152 替换字体

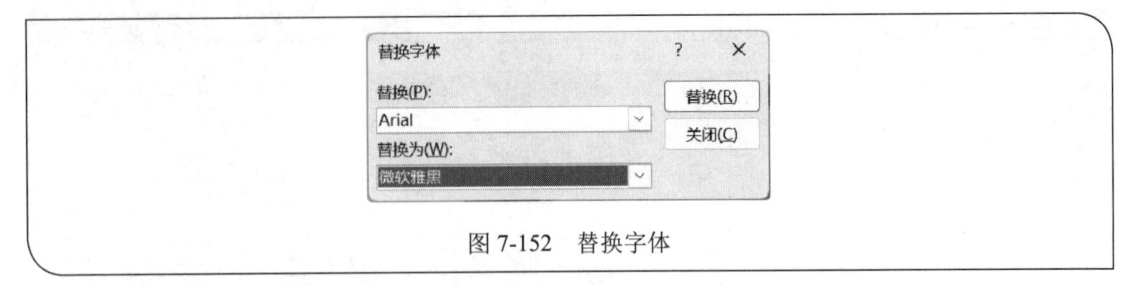

3. 插入 Flash 动画

（1）首先将需要插入的 Flash 文件和 PPT 演示文稿放在同一路径下，这是为了方便之后给 Flash 文件定位。

（2）在【PowerPoint 选项】对话框中勾选"开发工具"复选框，如图 7-153 所示。

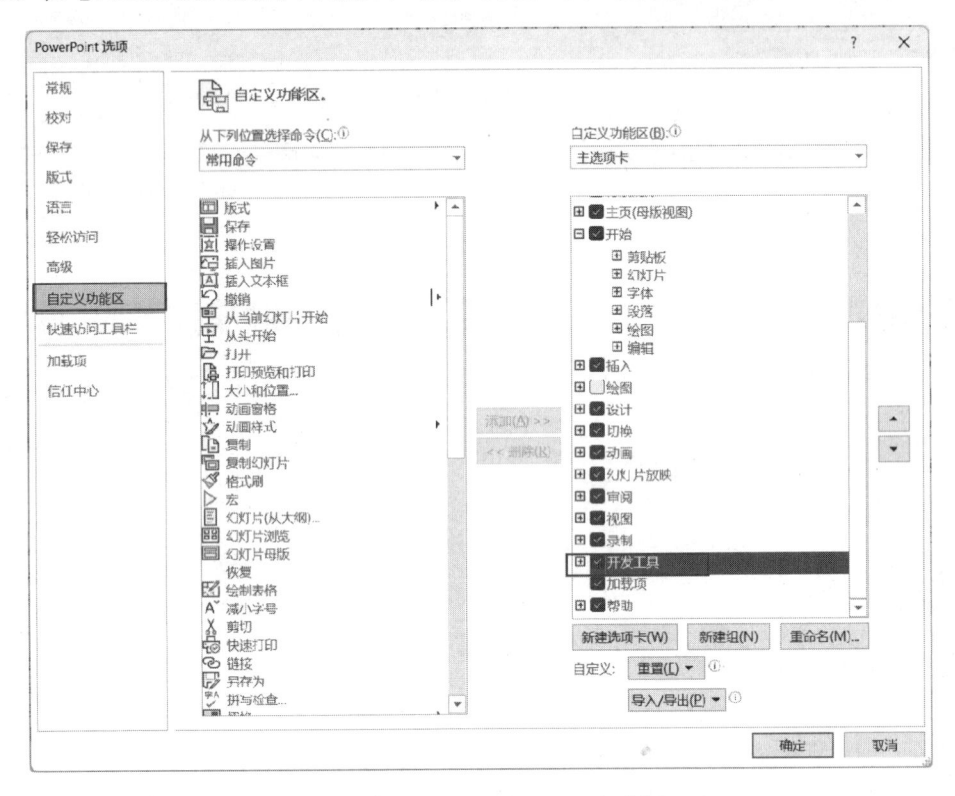

图 7-153 选择"开发工具"复选框

③ 单击【开发工具】→【控件】→【其他控件】按钮，在打开的【其他控件】对话框中找到"Shockwave Flash Object"控件，如图 7-154 所示。单击【确定】按钮后，在需要插入 Flash 的位置拖动鼠标画一个 Flash 控件，右击该控件，在弹出的快捷菜单中选择【属性】命令，打开【属性】对话框，设置"Movie"属性为"放大镜.swf"，如图 7-155 所示，这样放映幻灯片时即可播放动画效果。

4. 插入背景音乐

（1）选择【插入】→【媒体】→【音频】→【PC 上的音频】命令，插入音频文件"Lyphard Melody.mp3"。

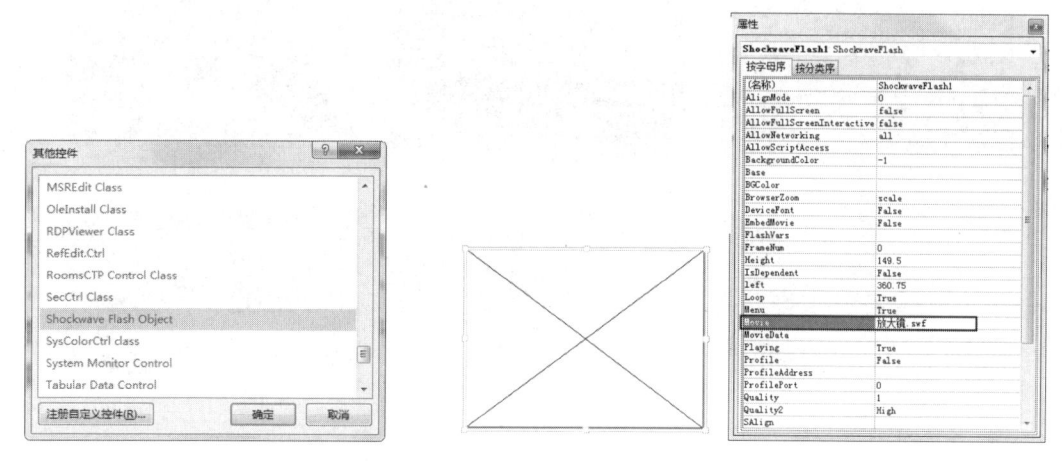

任务7 汽车公司产品与企业宣传（上）

图 7-154 "Shockwave Flash Object" 控件　　图 7-155 设置"Movie"属性

（2）设置"在后台播放"音频样式，如图 7-156 所示。

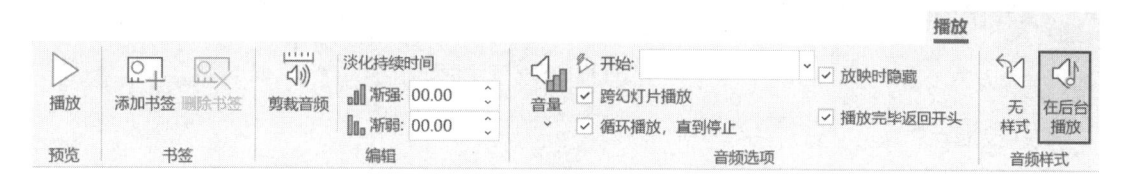

图 7-156 设置在后台播放音频

5. 提取 PPT 中素材

保存处理好的 PPT 文件并复制一份，将其文件后缀名改为".rar"，即可提取 PPT 中的素材，如图 7-157 所示。

图 7-157 将 PPT 改为 RAR 文件后提取素材

实训 2：青春毕业相册设计（上）

又到了栀子花开的季节，离别的盛夏，我们用相机为这即将逝去的浪漫青春留下了许多回忆，一张张照片记录了几许芳华正茂的年少、激扬文字的岁月，将这些照片配上动听的毕业季歌曲，加上注释文字、转场特效，装裱制作成毕业电子相册，成为毕业季流行的纪念方式。本实训任务就以青春毕业相册为例，制作一个精美的毕业相册视频，效果如图 7-158 所示。

187

图 7-158　青春毕业相册效果图

实训技能点：

- 文字特效化——文字矢量化图形，文字变形。
- 文字特效化——创意形象文字。
- 文字特效化——文字入草堆效果。
- 图片处理——邮票齿效果图片。
- 图片处理——图片样式与美化。
- 电影胶片效果制作。
- 抠图。
- 人物剪影。
- 网格化纹理背景。

操作提示

1. "致青春"文字特效制作

文字变形特效制作过程如图 7-159 所示。

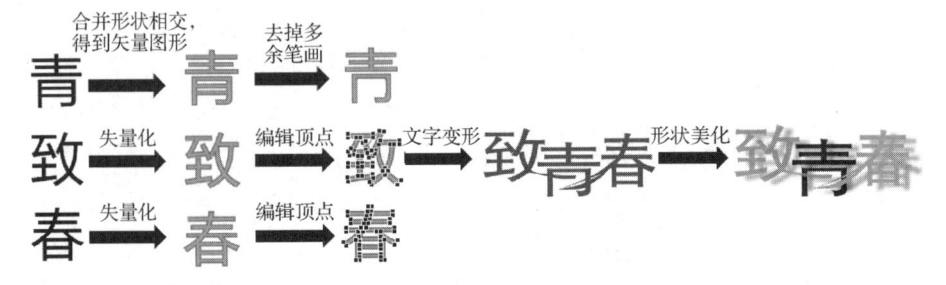

图 7-159　文字变形特效制作过程

2. 创意文字制作

创意形象文字制作过程如图 7-160 所示。（注意制作过程中要适时使用组合功能，按"Ctrl+G"组合键进行形状组合，以方便整体操作。）

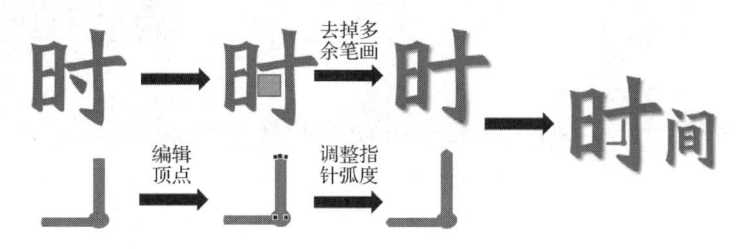

图 7-160　创意形象文字制作过程

3. 文字入草堆效果制作

文字入草堆效果如图 7-161 所示。

（1）将草丛图片设置为该幻灯片的背景，然后插入一个矩形，如图 7-162 所示。

图 7-161　文字入草堆效果　　　　图 7-162　将草丛图片设置为幻灯片背景

（2）将矩形设置为"幻灯片背景填充"形状格式，如图 7-163 所示。

（3）设置矩形形状效果为"柔化边缘25磅"，如图 7-164 所示。

（4）将"岁月无痕"文本放置于矩形中适当位置，效果如图 7-165 所示。

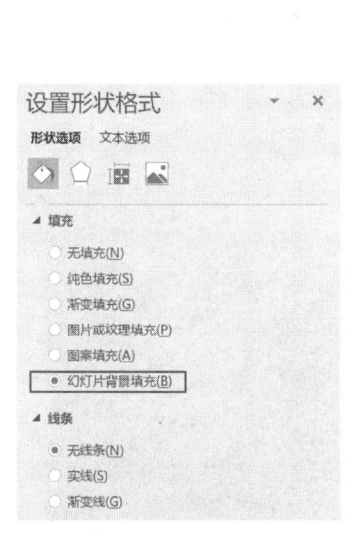

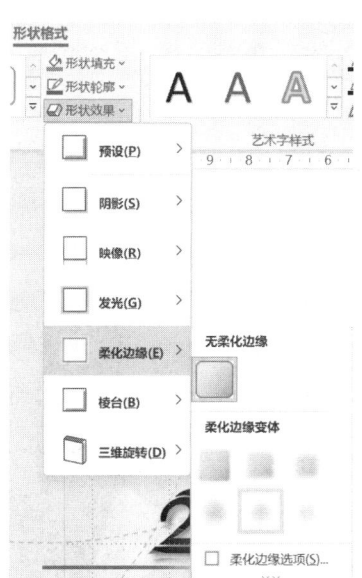

图 7-163　幻灯片背景填充　　　图 7-164　柔化边缘　　　图 7-165　文本效果图

4. 邮票齿效果制作

邮票齿效果制作过程如图 7-166 所示。

图 7-166　邮票齿效果制作过程

5. 抠图

以抠出图 7-167 中人物图像为例介绍 Office 自带抠图方法，抠图后效果如图 7-168 所示。

图 7-167　原图　　　　　　　　　　图 7-168　抠图后效果

（1）选中原图，在【图片格式】选项卡中单击【删除背景】按钮，如图 7-169 所示。

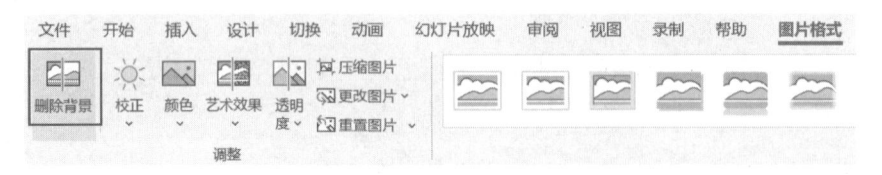

图 7-169　删除背景

（2）图片上会出现如图 7-170 所示调整框，拖动 8 个白色方块进行调节以括住要抠出的图像，这时图片有两种类型颜色，紫色部分是被抠出的，还有一些部分未显示抠出状态，如图 7-171 所示。

图 7-170　调整框　　　　　　　　　　图 7-171　抠出与未抠出部分

（3）单击【标记要保留的区域】按钮，如图7-172所示，鼠标变为铅笔形状，在要保留区域处单击或者画直线；单击【标记要删除的区域】按钮标记要删除的区域，直到图像被抠出为止，如图7-173所示。

（4）单击【保留更改】按钮即可抠出图像。

图7-172 标记选项

图7-173 标记要保留区域图示

6. 人物剪影

人物剪影效果如图7-174所示。

图7-174 人物剪影效果

（1）选中被抠出的人物图像。在【设置图片格式】窗格中将"图片校正"→"亮度"设置为"-100%"，得到黑色剪影，如图7-175所示。

（2）设置"亮度"为"100%"，可得到白色剪影，如图7-176所示。

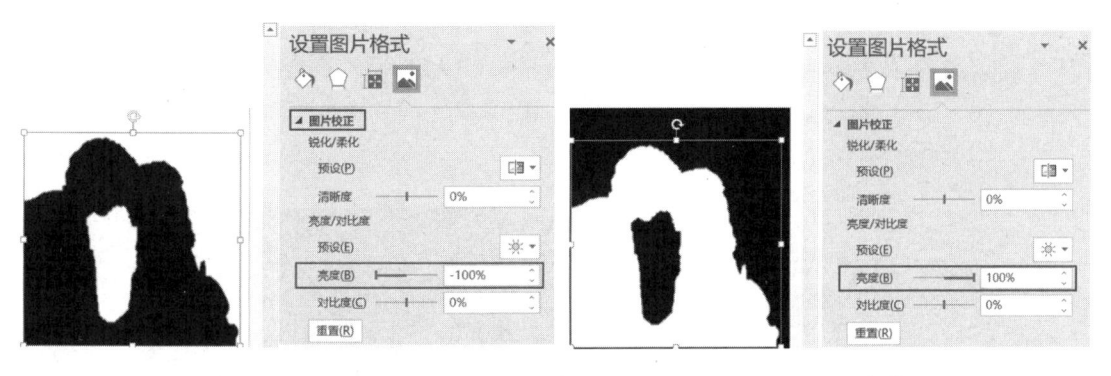

图7-175 黑色剪影

图7-176 白色剪影

7. 网格化纹理背景

加纹理可使图片更有质感，网格化纹理背景前后效果对比如图7-177所示。

191

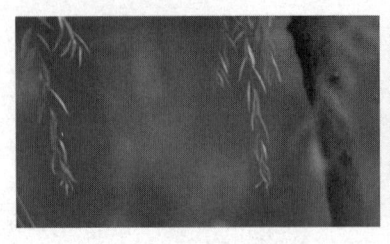

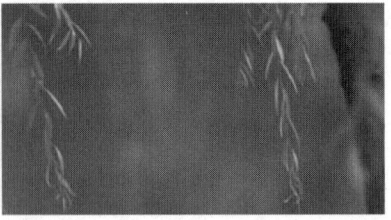

图 7-177　网格化纹理背景前后效果对比

（1）将一幅图片设置为当前幻灯片的背景图片。

（2）插入一个同样大小的矩形，设置灰色填充，无边线，设置一定的透明度，如图 7-178 所示。

图 7-178　在背景图片之上设置一个灰色透明矩形

（3）在工作区外绘制一条竖线，并为其设置一种较浅的颜色（如白色或灰色等）和较细的粗度。选中直线，按住"Ctrl+Shift"组合键水平拖动鼠标复制一条同样的竖线，两条竖线有较近距离。

（4）选中并复制两条竖线。

（5）选中透明矩形，在图 7-179 中设置"图片或纹理填充"，用复制在剪贴板中的两条直线填充，然后勾选"将图片平铺为纹理"复选框，再设置适当的透明度值。填充后效果如图 7-180 所示。

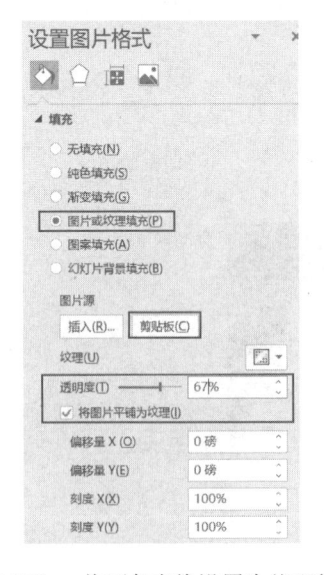

图 7-179　将两条直线设置为纹理填充　　　　图 7-180　填充后效果

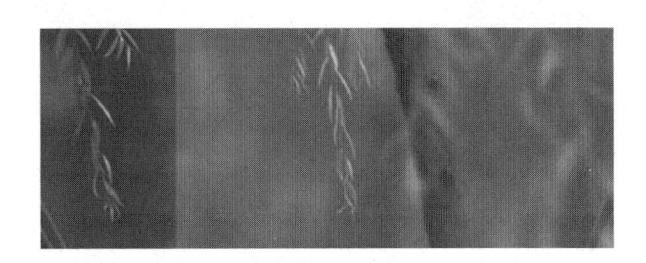

实训 3：扁平化设计及案例

近年来扁平化设计趋势风生水起，软件和应用界面设计从 3D 及拟物化风格向扁平化和极简风格快速转变，很多 App 界面设计都完成了这样的转变，包括苹果的 iOS 系统等，都体现了扁平化设计思路。那么，什么是扁平化设计？扁平化设计（Flat Design）是一种设计风格术语，它抛弃任何能使得作品突显 3D 效果的特性，通俗地说，就是在设计中不使用透视、纹理、阴影等效果。

现如今的扁平化设计并不是单纯的一种风格，而是涵盖了诸多常见风格、具备多种不同目标或任务的一个设计集合体，还被广泛应用于数字设计领域，并且常常同简约或者极简的视觉表达方式结合起来运用。由于移动端设计风格的演变历程的原因，扁平化设计常常被视作拟物化设计的对立面。

扁平化设计最基本、最突出的特征包括：
- 简单的元素和形状；
- 极简风格；
- 强功能性；
- 大胆而易读的排版；
- 清晰而严谨的视觉层次；
- 关注细节；
- 明亮的色彩和对比度，明显的视觉感知；
- 避免使用纹理、渐变和复杂的样式。

扁平化设计风格如图 7-181 所示。

图 7-181　扁平化设计风格

1. 扁平化设计的特点

扁平化设计风格干净利索、简洁高效、现代气息浓郁，善于用最少的元素表达最多的意境。下面从五个角度进一步了解扁平化设计的特点。

（1）拒绝特效。扁平化最核心的一点就是放弃一切装饰效果，如阴影、透视、纹理、渐变等能做出 3D 效果的元素一概不用。所有元素的边界都干净利落，没有任何羽化、渐变或者阴影，如图 7-182 所示。

图 7-182　拒绝特效

（2）界面元素。扁平化设计通常采用许多简单的用户界面元素，如按钮或图标等。设计者通常坚持使用简单的外形（如矩形或圆形），并且尽量突出外形，如图 7-183 所示。

图 7-183　扁平化设计中的界面元素

（3）优化排版。因为扁平化设计要求元素更简单，排版的重要性就更为突出了。字体的大小应该匹配整体设计，高度美化的字体会与极简设计原则相冲突。在字体选择上可以使用简单的非衬线字体，通过字体大小和比重来区分元素，同时也可以使用新奇的字体作为点缀。字形上应该使用粗体。文案要求精简、干练，最终保证产品在视觉上和措辞上的一致性，如图 7-184 所示。

图 7-184　扁平化排版

（4）关注色彩。在任何设计中，配色都是非常重要的，扁平化设计也不例外。扁平化设计通常采用比其他风格更明亮、绚丽的色彩。同时，扁平化设计中的配色还意味着更多的色调。比如，其他设计最多包含两三种主要颜色，但是扁平化设计中会平均使用六到八种。而且在扁平化设计中，往往倾向于使用单色调，尤其是纯色，并且不做任何淡化或柔化处理（最受欢迎的颜色是纯色和二次色）。另外还有一些颜色也较受欢迎，如复古色（浅橙色、紫色、绿色、蓝色等）。扁平化设计中色彩的运用如图 7-185 所示。

图 7-185　扁平化设计色彩的运用

（5）极简主义。扁平化设计生而简单，整体上趋近极简主义设计理念。在设计中应该去除任何无关元素，尽可能地仅使用简单的颜色与文本。如果一定需要视觉元素，可以添加简单的图形。扁平化设计尤其对一些做零售的网站帮助巨大，它能把商品有效地组织起来，以简单但合理的方式排列。扁平化极简设计举例如图 7-186 所示。

图 7-186　扁平化极简设计

图7-186　扁平化极简设计（续）

2. 扁平化设计实用技巧

（1）关于高光、渐变和投影。上面讲到扁平化设计中应去掉高光、渐变和阴影等特效，其实这个说法有点绝对了，应该是去掉过渡式高光、过渡式渐变和过渡式阴影。一般情况下，扁平化高光、阶梯式渐变及长投影是允许的，其比较如图7-187所示。

（2）使用扁平化图标。使用有明确含义的图标可以让设计不那么单调且耐看，如图7-188所示。

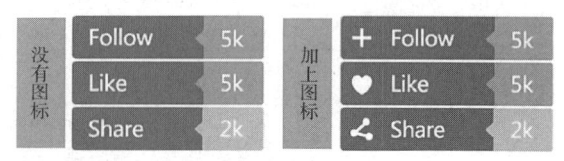

图7-187　传统与扁平化设计中高光、渐变、阴影比较　　　图7-188　在设计中善用扁平化图标

（3）色块的形状、颜色和色块组合。色块在扁平化设计中占据很重要的地位，几乎所有扁平化设计都离不开色块。

① 色块的形状。色块的基础形状包括圆形、三角形、四边形、五边形等，建议不要使用超过六条边的形状。

② 色块的颜色。关于色块的颜色没有特别的要求，有的设计者喜欢使用饱和度不高的、温和的颜色，有的喜欢鲜艳刺眼的颜色，有的善于使用复古色等。在扁平化设计中，三原色是很少见的，即正红、正蓝、正黄。如果想快速配色，应选择相似的色调和饱和度，如图7-189所示。

③ 色块的组合。除基础形状外，还可以由基础形状衍生出更多的组合形状。但是建议不要超过三种不同的基础形状组合，这样会让设计脱离扁平化简约的初衷。色块组合如图7-190所示。

（4）图片的使用。扁平化设计中如果要用到图片，常见的使用方法有三种：普通（图片+文字）、模糊处理、压暗处理，如图7-191所示。

任务 7　汽车公司产品与企业宣传（上）

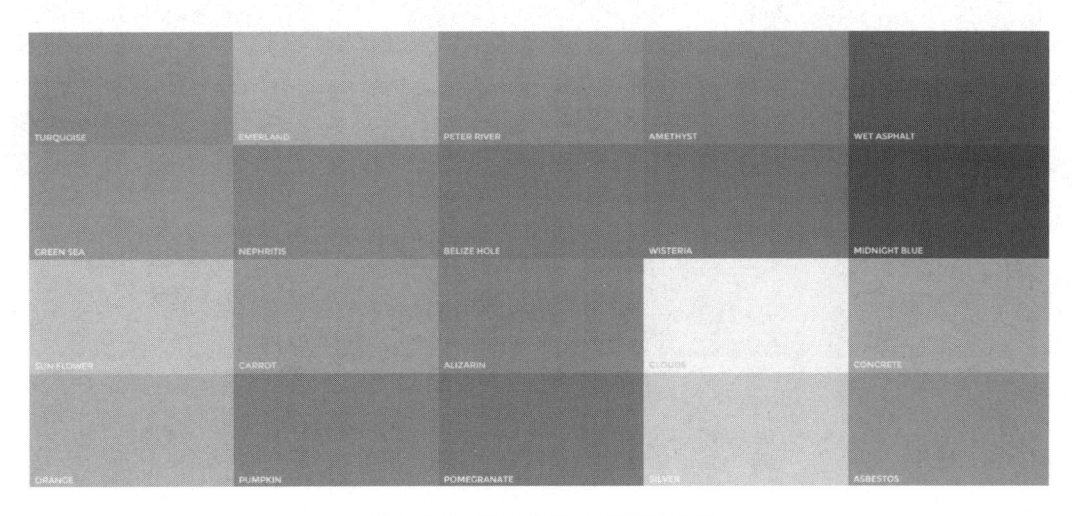

图 7-189　相似色调和饱和度举例

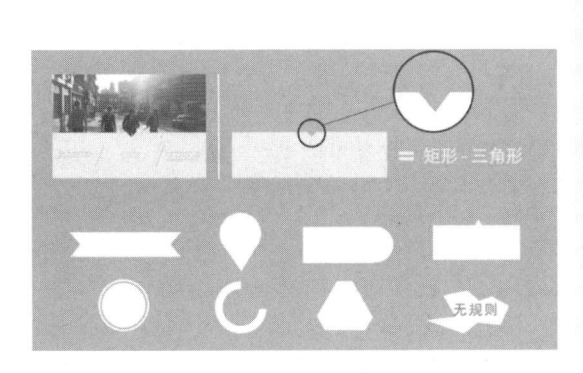

图 7-190　色块组合　　　　　　　　图 7-191　扁平化设计中的图片处理

（5）使用不同色块组合伪立体感。扁平化、拟物化、长阴影、低多边形（LowPoly）是比较流行的设计风格。其中 LowPoly（见图 7-192）和长投影（见图 7-193）属于"似扁平化"设计。实现似扁平化最常见的手段是使用不同饱和度的色块打造伪光影效果，给人立体感。

图 7-192　LowPoly 风格　　　　　　图 7-193　长阴影风格

3. 扁平化设计风格在 PPT 中的应用举例

对扁平化设计进行简要了解之后，下面通过一个 PPT 案例（"大学生职业生涯规划"演示文稿）感受一下扁平化风格在演示文稿中的展现效果，如图 7-194 所示。

197

图 7-194 "大学生职业生涯规划"演示文稿

对于扁平化设计作者只是抛砖引玉、投砾引珠,感兴趣的读者可以继续关注、学习和使用,由于篇幅原因在此不再做详细介绍。

7.5 综合实践

梳理一年来工作任务及完成情况,比对岗位各项计划绩效指标,生成绩效完成情况分析图表;根据完成情况分类综述各类工作总体状况;分析工作不足,制订整改计划;分析下年度工作任务和绩效指标,制订下年度本岗位工作计划,总结形成汇报 PPT。

扫描二维码查看更多综合应用实训案例。

综合应用实训题库 7

任务 8　汽车公司产品与企业宣传（下）

文字、图片、排版、配色、动画是演示文稿制作的五大要素。在任务 7 中介绍了 PPT 中文字表达与呈现的方法、文字创意与特效、图片处理美化及扁平化设计等内容，通过学习与运用这些知识和技能，企业宣传演示文稿已初具规模。但是只有精美的幻灯片内容，演示文稿还略显平淡，在 PPT 中添加恰当的动画效果可以加强幻灯片视觉效果，帮助观众理解内容，起到起承转合、增加亮点、表达态度的作用。本任务在任务 7 的基础上，介绍 PPT 中一些常用动画，包括时间轴动画、跑马灯动画、文本框动画、遮罩动画、触发器动画、补位动画、组合动画、页面切换动画，以及 PPT 中的音视频编辑。

"汽车公司产品与企业宣传"演示文稿如图 8-1 所示。

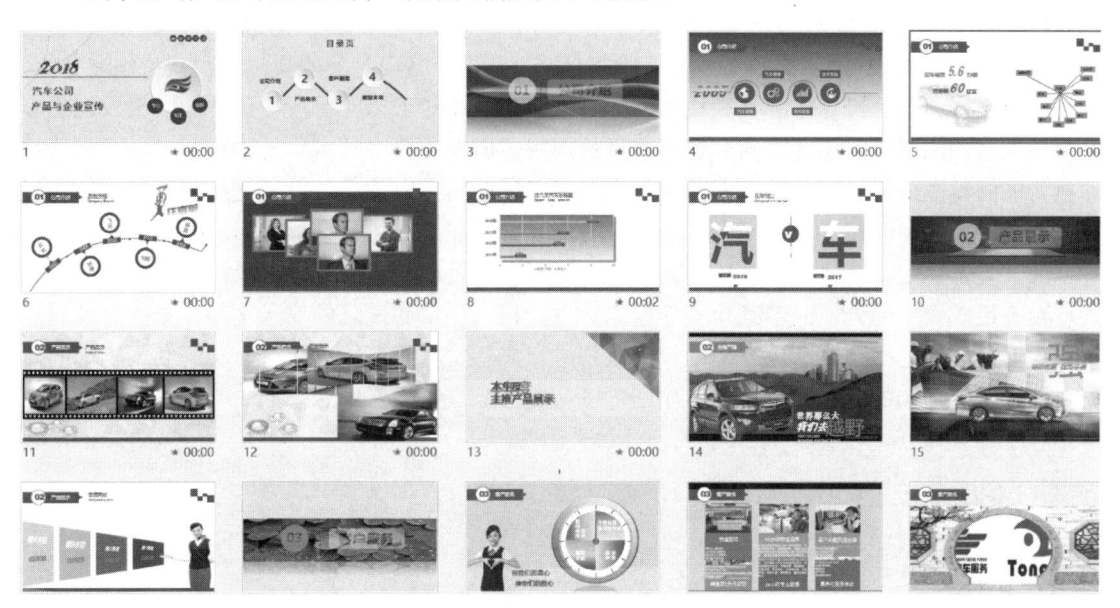

图 8-1　"汽车公司产品与企业宣传"演示文稿

知识目标

❏ 了解动画在幻灯片中的作用；
❏ 了解动画的四种类型，掌握动画的基本设置；
❏ 了解几种常用动画的表现形式，掌握其适合的应用场景；
❏ 掌握时间轴动画、跑马灯动画、文本框动画、遮罩动画、触发器动画、补位动画、组合动画的实现方法；
❏ 掌握页面切换动画的实现方法；
❏ 掌握 PPT 中音频和视频的编辑和使用方法。

能力目标

☐ 会根据实际需要选择合适的动画；
☐ 能够灵活运用所学知识实现各种类型动画制作；
☐ 能够进行幻灯片中音视频对象的插入、编辑与美化。

8.1 PPT 中的动画

8.1.1 解密动画

1. 动画的作用

PPT 中的动画可以吸引受众目光、引发受众思考、加深受众印象、突出演示重点，辅助演示者准确传递信息，让受众更简单直接地接受和理解演示者要传达的信息，使演示内容更具表现力和说服力。动画的作用有很多，大概可归纳为以下三点。

（1）准确表达。制作演示文稿的目的是辅助演示者准确传递和表达信息，PPT 中的文字、图片、图表等内容都是为这一目的服务的，作为 PPT 中的动画也应该起到这样的作用。

（2）突出强调。在演示文稿中包含了很多信息，其中有些内容是需要提醒观众特别注意的，就可以通过字体、色彩、排版等手段加以区别强调，而相对于以上手段，用动画效果表现更容易吸引观众的注意力，实现对内容突出强调的作用。但在应用动画时也要注意适当和适度，并非越绚丽的动画效果越好，也并非动画越多越好，要根据内容的需要合理使用动画，才能实现想要的效果，否则会使 PPT 杂乱无章，画蛇添足。

（3）装饰美化。制作演示文稿是为了有效沟通，能否达到这个效果，取决于多个方面的因素，内容很重要，但外在的形式也不能忽略。设计精美、赏心悦目的演示文稿，更能有效表达精彩的内容。通过排版、配色、插图等手段来进行演示文稿的装饰美化可以起到立竿见影的效果，而搭配上适当的动画效果进行美化则可以起到画龙点睛的作用。小而精的动画效果可以有效增强 PPT 的动感与美感，为 PPT 的设计锦上添花。

> **相关知识**
>
> **动画添加原则**
>
> 合理应用 PPT 动画，可以达到更好的演示效果。但动画的应用要坚持少而精的原则。
>
> "少"是指在 PPT 中动画通常不需要贯穿始终，在需要的地方合理添加，避免滥用导致喧宾夺主。
>
> "精"是指效果运用要合理，炫酷复杂的动画单看效果很好，但放在整个 PPT 中未必合适。动画效果要符合 PPT 整体风格和基调，不显突兀又恰到好处。
>
> 明确动画效果在 PPT 中的作用，在作品中合理运用，可以让动画效果成为 PPT 的点睛之笔。

2. 动画的四种类型

PPT 动画的类型有进入、强调、退出、动作路径。假如把动画看作是人物上台表演，则这一过程可以描述如下。

☐ 进入动画是设置"人物"如何上场的动画，是飞入、弹跳还是空翻……进入动画使用绿色五角星标记。

- 强调动画是设置"人物"上台后做哪些表演,是放大/缩小、陀螺旋还是跷跷板……强调动画使用黄色五角星标记。
- 退出动画是设置"人物"如何退场的动画,是飞出、旋转还是擦除……退出动画使用红色五角星标记。
- 动作路径是为上面三种动画或组合动画设置运动路径的。动作路径动画使用路径形状标记。

可以单独使用一种动画,也可以将多种效果组合在一起使用。例如,可以对一行文本应用"飞入"进入效果及"放大/缩小"强调效果,使它在从左侧飞入的同时逐渐放大。通常只有运用组合动画才能实现更加丰富和精美的动画效果。

四种类型动画包含的动画效果如图 8-2 所示。

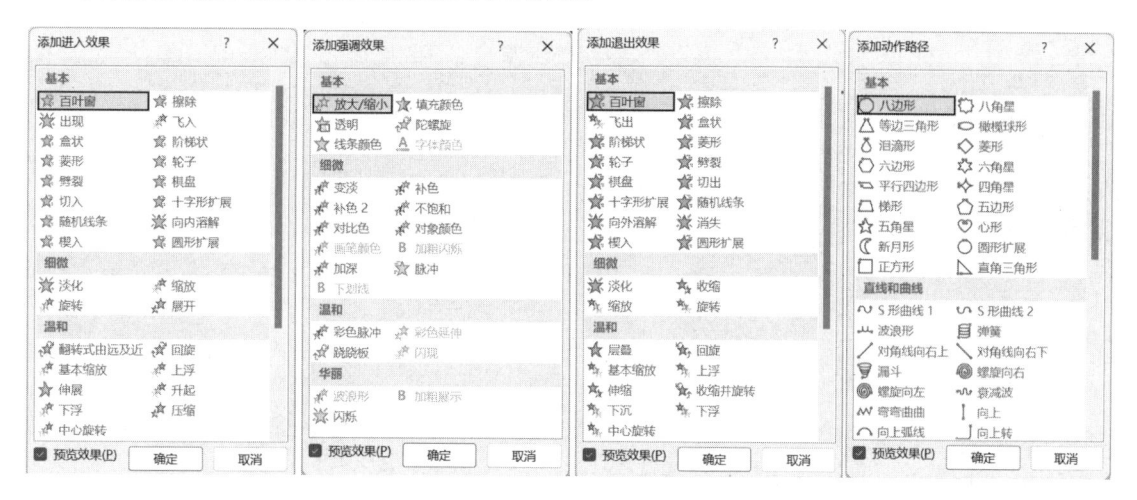

图 8-2　四种类型动画所包含动画效果

3. 动画的基本设置

【动画】选项卡各选项如图 8-3 所示。

图 8-3　【动画】选项卡

1）添加动画

选定需要设置动画的一个或多个对象,在【添加动画】列表中选择某类型下的某动画效果,如图 8-4 所示。注意:此处为添加一个新的动画,不能修改动画。

2）效果选项

【效果选项】列表是对设定动画的补充设置,不同动画的效果选项根据动画的特点其内容也不一样。如图 8-5 左图所示为"飞入"进入动画的效果选项,可以在此设置该动画的方向和序列;右图为"放大/缩小"强调动画的效果选项,可以在此设置该动画的方向、数量、序列等。可见,效果选项可以使动画设置更加灵活,动画效果更加丰富多彩。

图 8-4　添加动画　　　　　　　　图 8-5　效果选项举例

3）动画窗格

【动画窗格】中按照动画的播放顺序列出了当前幻灯片中所有动画效果。使用【动画窗格】能够对幻灯片中对象的动画效果进行设置，包括播放动画、设置动画播放顺序和调整动画播放的时长等，如图 8-6 所示。

图中动画名称前标有绿色五角形 的动画为进入类型动画，黄色五角星 为强调类型动画，红色五角星 为退出类型动画，路径符号 为动作路径类型动画。每个动画后面对应的长方形框 的长度代表了该动画的持续时间，其前后位置代表该动画在哪一时刻播放。

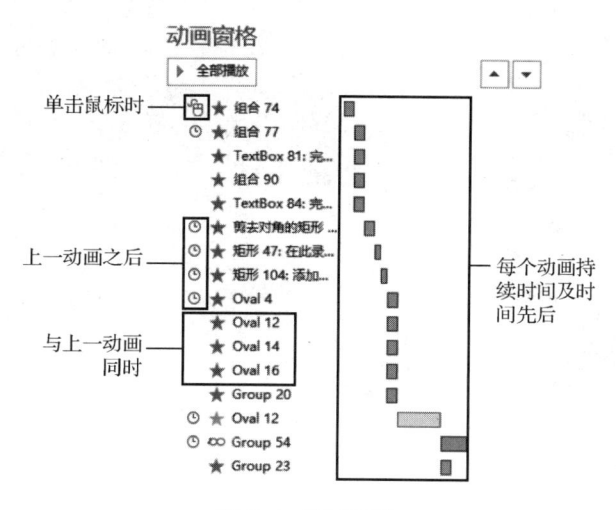

图 8-6 动画窗格

4）动画计时设置

一张幻灯片中通常有多个动画，每个动画什么时候播放、持续播放多长时间、与上一动画之间有无延迟等都需要设置。如图 8-7 所示，在"开始"下拉列表中选择当前动画开始播放的方式，可以是"单击时"、"与上一动画同时"或者"上一动画之后"；在"持续时间"文本框中设置动画持续时间；在"延迟"文本框中设置与上一动画的延迟时间。

5）动画预览

设置好动画后，想快捷地预览动画效果，可单击动画选项卡最左侧的【预览】按钮进行动画预览，如图 8-8 所示。如果勾选"自动预览"选项，则可以在设置某一动画时即时预览这一动画的效果。除此之外，还可以单击图 8-6 所示【动画窗格】中的 全部播放 按钮进行预览。

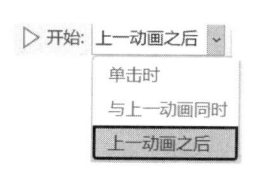

图 8-7 动画计时设置　　　　图 8-8 动画预览

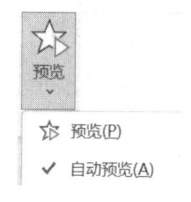

8.1.2 时间轴动画

演示文稿中经常需要展示诸如"发展历程""流程图示""过程描述"等体现时间发展过程的内容，这类内容用动画实现既形象又直观。在此将此类动画称为时间轴动画，时间轴动画一般使用"擦除"动画效果实现。

1. 公司"发展历程"幻灯片时间轴动画

"发展历程"幻灯片的动画设置如图 8-9 和表 8-1 所示。

（1）动画描述。以圆弧形线条为时间线主轴，自左向右擦除显示；随后缩放显示年份图形；然后同时显示虚线线条（擦除动画）和圆环图形（旋转动画）。

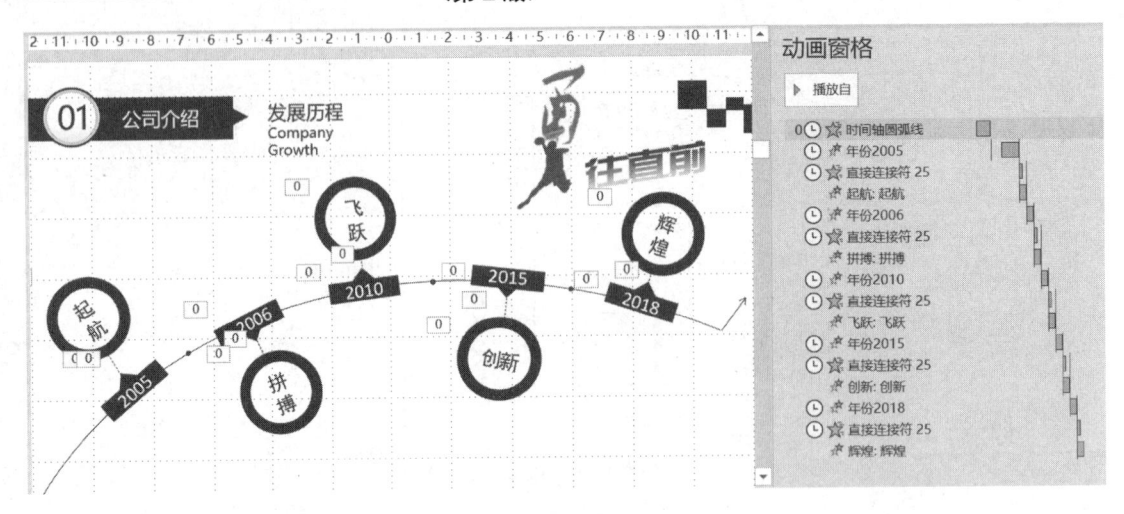

图8-9 "发展历程"幻灯片时间轴动画设置

表8-1 "发展历程"幻灯片时间轴动画设置

动画播放顺序	按照A~P所示顺序播放				
序号A~P	动画效果	效果选项	开始	持续时间	延迟
1（时间轴圆弧线）	进入→擦除	自左侧	上一动画之后	1秒	无
2,5,8,11,14（年份）	进入→缩放	对象中心	上一动画之后	0.5秒	无
3,6,9,12,15（虚线）	进入→擦除	自底部/自顶部	上一动画之后	0.25秒	无
4,7,10,13,16（圆环）	进入→旋转	作为一个对象	与上一动画同时	0.5秒	无

（2）动画实现。时间轴圆弧线动画的实现步骤如下：

选中圆弧线，选择【动画】→【高级动画】→【添加动画】→【进入】→【擦除】选项，即可添加擦除动画。

选择【动画】→【动画】→【效果选项】→【自左侧】选项，设置动画自左侧擦除。

如图8-10所示设置动画时间控制选项。

同样，按照表8-1所示依次为"年份""虚线""圆环"等对象添加动画。动画相同的对象可使用"动画刷"完成动画设置。"动画刷"的使用为初级内容，在此不再赘述。

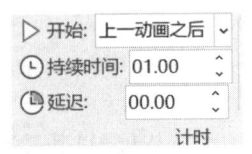

图8-10 时间控制选项

相关知识

通常每张幻灯片中都有多个对象，系统默认的对象名称不便于识别，因此为幻灯片中的对象自定义名称，是做动画之前必须做的一项工作。

方法：选择【开始】→【编辑】→【选择】→【选择窗格】选项，打开【选择】任务窗格。选中需要命名的对象，然后在【选择】任务窗格中单击该对象，输入对象名称即可，如图8-11所示。养成为对象命名的习惯，便于幻灯片的编辑和修改，增加其可读性。

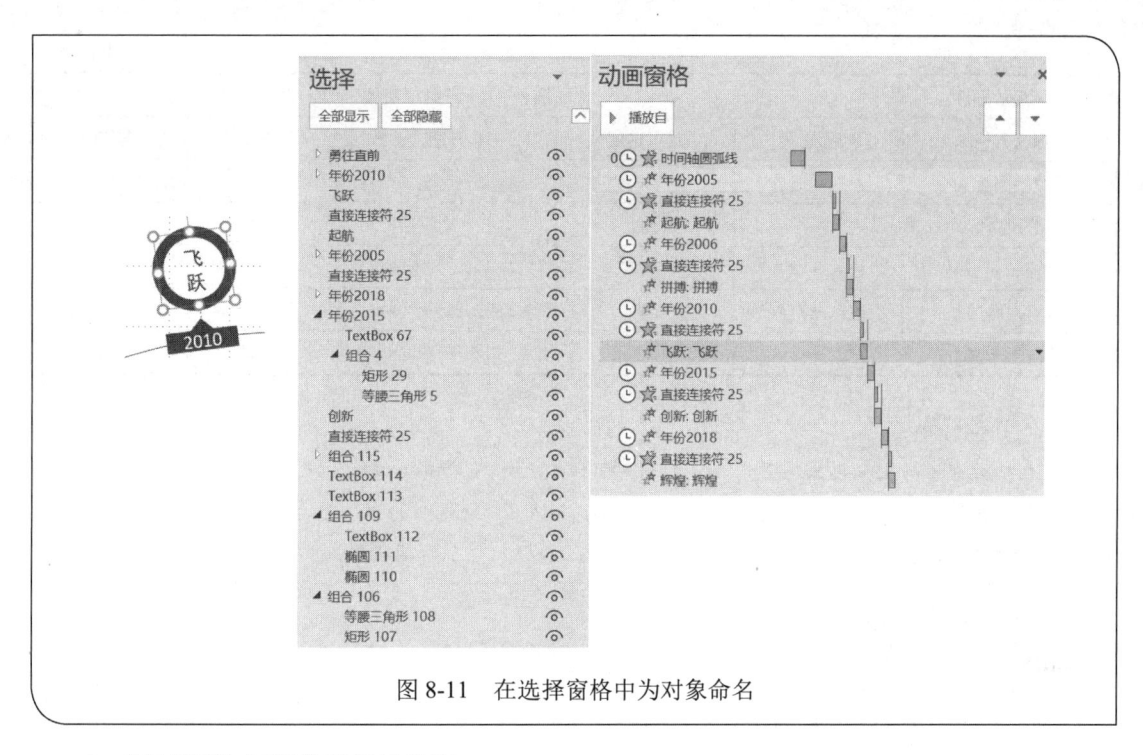

图 8-11 在选择窗格中为对象命名

2. "目录页"幻灯片时间轴动画

"目录页"幻灯片的动画设置如图 8-12 和表 8-2 所示。

动画描述：以红色波浪线为时间线主轴，自左向右擦除显示；显示的同时，数字圆盘和文本说明依次以缩放和浮入动画显示。波浪线完成显示时最后一个文本"展望未来"也正好显示完成。

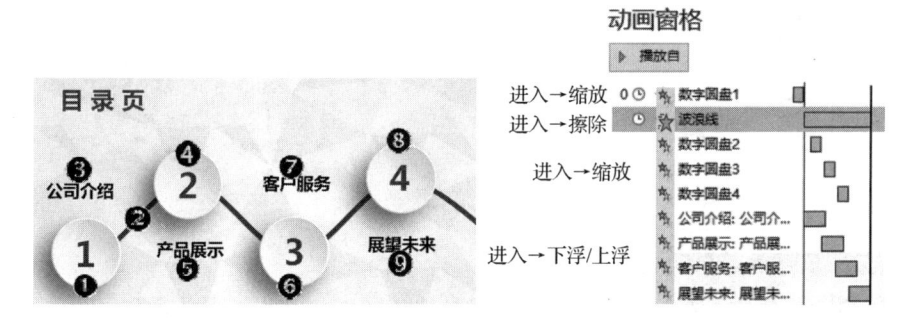

图 8-12 "目录页"幻灯片时间轴动画设置

表 8-2 "目录页"幻灯片时间轴动画设置

动画播放顺序	按照 A～I 所示顺序播放				
序号 A～I	动画效果	效果选项	开始	持续时间	延迟
1（数字圆盘 1）	进入→缩放	对象中心	上一动画之后	0.5 秒	无
2（波浪线）	进入→擦除	自左侧	上一动画之后	3 秒	无
4（数字圆盘 2）	进入→缩放	对象中心	与上一动画同时	0.5 秒	0.3 秒
6（数字圆盘 3）	进入→缩放	对象中心	与上一动画同时	0.5 秒	0.9 秒

续表

| 动画播放顺序 | 按照 A~I 所示顺序播放 |||||
序号 A~I	动画效果	效果选项	开始	持续时间	延迟
8（数字圆盘4）	进入→缩放	对象中心	与上一动画同时	0.5秒	1.5秒
3（公司介绍）	进入→浮入	上浮	与上一动画同时	1秒	无
5（产品展示）	进入→浮入	下浮	与上一动画同时	1秒	0.8秒
7（客户服务）	进入→浮入	上浮	与上一动画同时	1秒	1.4秒
9（展望未来）	进入→浮入	下浮	与上一动画同时	1秒	2.0秒

> **注意**
> 表中所有"与上一动画同时"都是针对"2（波浪线）"动画而言的，此处没有使用"上一动画之后"来表示动画先后，而是使用"与上一动画同时"+"延迟"的方法（请自行体会这两种方法的不同），数字圆盘和文本框各动画之间延迟均相隔 0.6 秒，整个时间轴动画共持续 0.5+3=3.5 秒。

3. 辐射效果动画

辐射效果动画设置如图 8-13 所示。

动画描述：该动画用于展示公司在全国销售及遍布情况。以公司所在地为中心点，使用直线擦除显示的方式展示公司销售业务辐射到的城市。

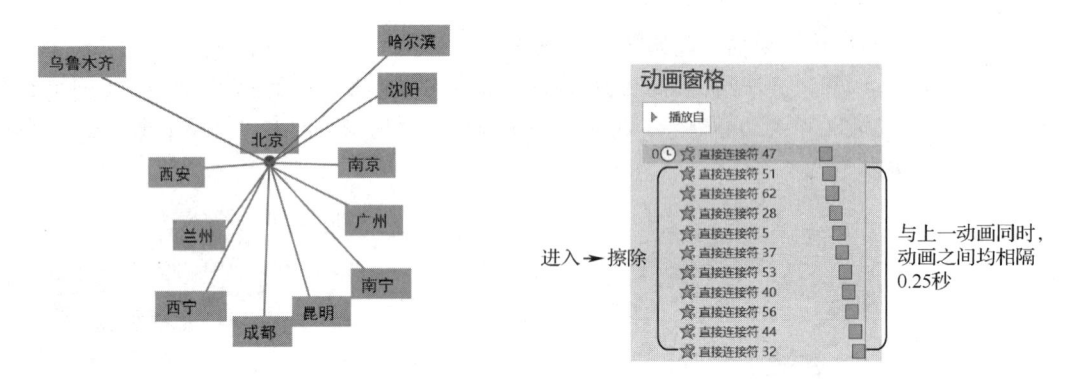

图 8-13 辐射效果动画设置

4. 销量图表擦除效果动画

图表是 PPT 中比较特殊的对象，为了形象直观地演示图表数据的对比和变化，可以为图表添加擦除效果动画。如图 8-14 左图所示，整个图表可分为 9 个对象：图表灰色背景、四个年份（每个年份用两个对象分别表示数据的线条和汽车图片），如图中❶至❾所示。

（1）动画描述。首先是图表背景自左向右擦除显示，然后按照年份先后从底部到顶部依次擦除显示数据线条和汽车图片，动画显示顺序从❶至❾。

（2）动画实现。选中整个图表，添加进入→擦除动画。

在【效果选项】中设置【方向】→【自左侧】选项，和【序列】→【按类别】选项。

若【效果选项】中设置的是【序列】→【按系列】选项，则动画效果是先显示❷❹❻❽，再显示❸❺❼❾。

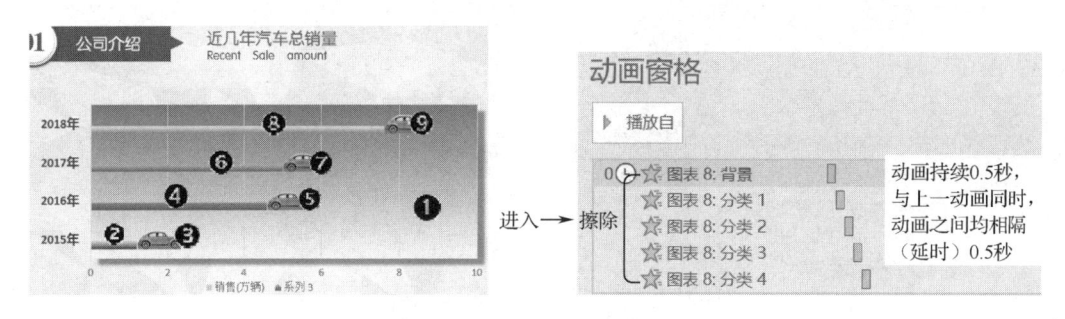

图 8-14　图表擦除效果动画设置

8.1.3　跑马灯动画

跑马灯动画是一种首尾相连并且能循环播放的动画，常用来轮播展示信息，例如，在电视新闻中屏幕下方插播的图文信息、网页信息中的公告信息等都常常使用跑马灯效果。在演示文稿中添加跑马灯动画可以增强视觉流动感，有效地展示多图片内容。跑马灯效果动画有多种，下面介绍其中两种。

1. 用于图片流动展示的跑马灯动画

使用跑马灯动画展示公司管理团队的效果如图 8-15 所示，动画设置如图 8-16 所示。

微课

（1）动画描述。此处共 4 张图片，每张图片都有 4 个动作：飞入（进入）、放大（强调）、飞出（退出）、缩小（强调）。第 1 张图片从左侧飞入的同时放大显示，延时 0.75 秒后，自右侧飞出并缩小图片；第 1 张图片飞出的同时第 2 张图片自左侧飞入，依次类推。4 张图片展示完成后再依次淡出。

图 8-15　公司管理团队图片展示

（2）动画实现。

选中第 1 张图片，依次添加以下 4 个动画：

❶ 进入→飞入→自左侧；

❷ 强调→放大/缩小→放大 140%；

❸ 退出→飞出→自右侧；

❹ 强调→放大/缩小→缩小 70%

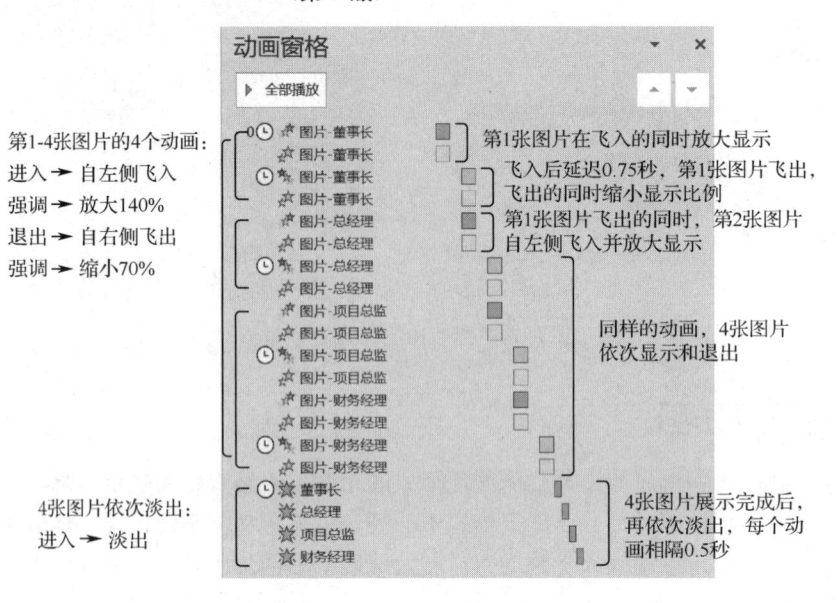

图 8-16 跑马灯动画设置

> **提示**：动画❷中的"放大 140%显示"设置方法：如图 8-17 所示，在【动画窗格】中单击对象"图片-董事长"（即第 1 张图片）后面的下拉按钮 ▼ （或双击 ☆ 图片-董事长），在菜单中选择【效果选项】命令；在打开的【放大/缩小】对话框中设置【效果】→"设置"→"尺寸"为"140%"。缩小比例设置方法同样。

图 8-17 放大/缩小比例设置

同时选中 4 个动画，将其动画持续时间都设置为"1 秒"。

根据动画设定，依照图 8-16 中所示，设置动画的开始播放和延迟时间，如图 8-18 所示。

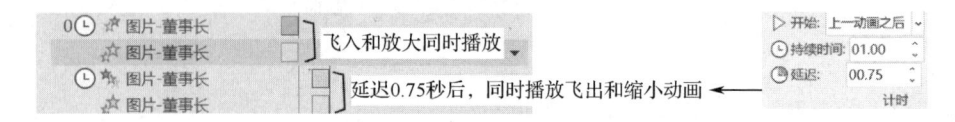

图 8-18 开始播放和延迟时间设置

使用同样方法依照图 8-16 中所示，设置其余图片的动画。

2. 电影胶片效果的跑马灯动画

（1）动画描述。胶片中的图片自右向左匀速滚动播放，如图 8-19 所示。

图 8-19　电影胶片跑马灯动画

（2）动画实现。电影胶片效果跑马灯动画设置如图 8-20 所示。

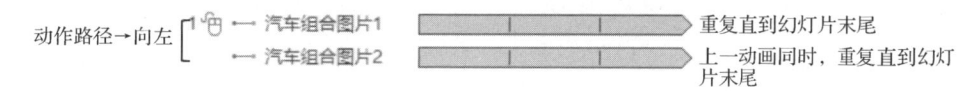

图 8-20　电影胶片效果跑马灯动画设置

将汽车图片进行组合并与幻灯片等宽，因为需展示的图片较多，所以需要生成两张组合图片，如图 8-21 所示。

图 8-21　两张汽车组合图片

选中左侧图片，添加"动作路径→向左"动画，按住"Shift"键拖动动画终点标志，使得整个动画距离等于幻灯片宽度，如图 8-22 所示。按住"Shift"键是为了保证沿水平直线拖动。

图 8-22　动画起点终点图示

使用同样方法为右侧图片添加同样的路径动画，设置路径长度为幻灯片等宽，形成首尾相连的路径动画，如图 8-23 所示。

图 8-23　首尾相连路径动画

为保证动画匀速运动，在图 8-24 中将"平滑开始"和"平滑结束"都设置为"0 秒"，这两项表示动画的加速度和减速度。

将两个动画的"重复"项设置为"直到幻灯片末尾"，"期间"为"慢速（3 秒）"，将右侧图片的"开始"项设置为"上一动画同时"，如图 8-25 所示，这样就可以实现首尾相连循环播放了。

209

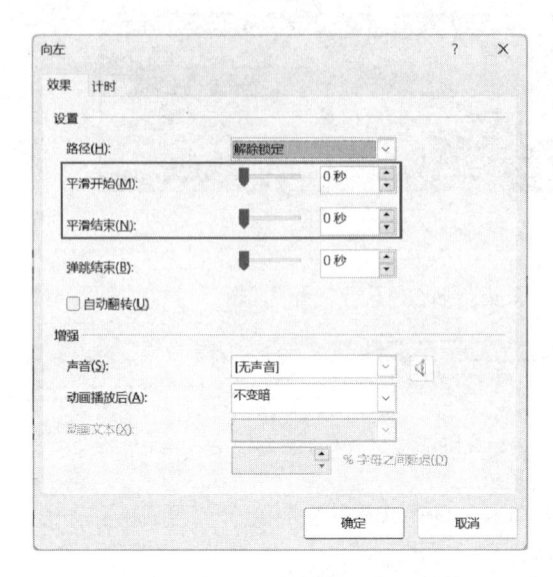

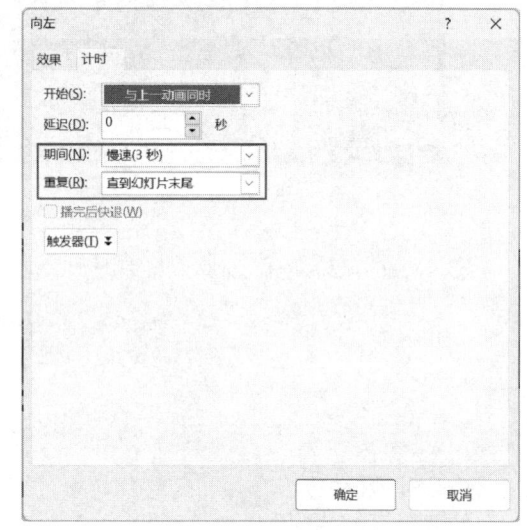

图 8-24　设置为平滑开始和平滑结束　　　　图 8-25　设置为重复直到幻灯片末尾

8.1.4　文本框动画（含逐帧动画）

1. 文本框图表动画

此类动画设置比较简单，下面主要介绍使用文本框制作图表及动画显示方法。文本框图表如图 8-26 所示，动画设置如图 8-27 所示。

图 8-26　文本框图表

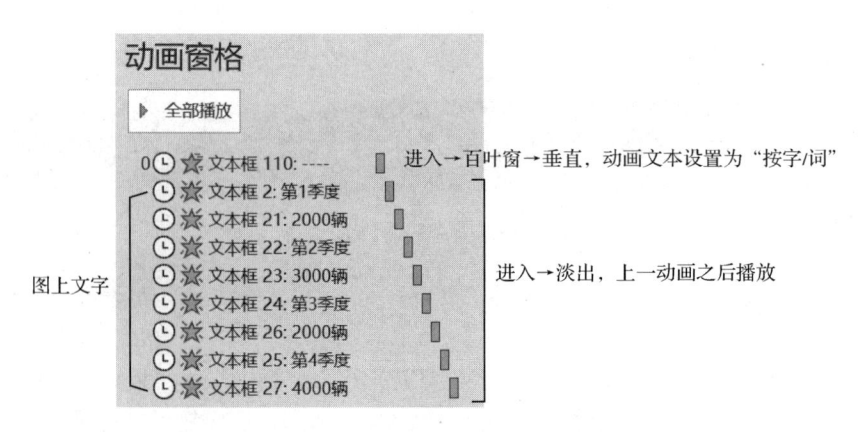

图 8-27　文本框图表动画设置

文本框▨▨▨▨进入时为垂直百叶窗动画效果,"动画文本"设置为"按词顺序"方式,设置方法如图 8-28 所示。

图 8-28 "动画文本"效果设置

> **相关知识**
>
> (1)"动画文本"显示效果有三个:"一次显示全部""按词顺序""按字母顺序",如图 8-29 所示。 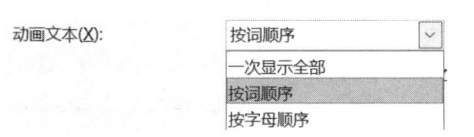
>
> 图 8-29 动画文本显示方式设置
>
> "一次显示全部":全部文本以一个整体播放。
> "按词顺序":按字或词为单位播放,就是一个字一个字或一个词一个词地播放。
> "按字母顺序":按字母为单位播放,就是一个字母一个字母地播放,仿佛打字效果。
> (2)"字词之间延迟百分比"或"字母之间延迟百分比":百分比越大,字出现得越慢。

2. 逐帧动画

使用文本框实现逐帧动画,如图 8-30 所示。大雁飞翔逐帧动画实现步骤如下。

微课

图 8-30 大雁飞翔逐帧动画

(1)插入一个文本框,在西文标点状态下输入三个下画线"_"(因为大雁飞翔动画由三帧画面组成,所以此处插入三个下画线)。
(2)选中文本框,单击【形状格式】→【艺术字样式】→【文本效果】→【转换】→【正

211

方形】选项,将下画线转换为"正方形"文本效果,如图8-31所示。

(3)准备好三张大雁飞翔的分解动作的图片,如图8-32所示。

图8-31 "正方形"文本效果　　　图8-32 大雁飞翔分解动作图片

(4)选中第一个下画线,在图8-33所示【设置形状格式】窗格中,将"文本填充"设置为图8-32中的第一张图片。依次将第二、第三个下画线文本填充为图8-32中第二、第三张图片。填充后效果如图8-34所示。

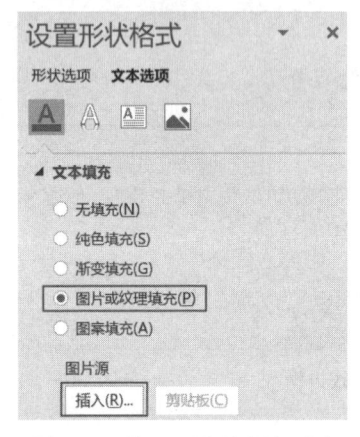

图8-33 将下画线填充为图片　　　图8-34 填充后效果

(5)将三张图片重合。方法:选中文本框中三个已填充为图片的下画线,在【字体】对话框的【字符间距】选项卡中设置"紧缩""10"磅,如图8-35所示。

(6)打开素材"闪烁一次动画效果.ppt"文件,将如图8-36所示矩形复制到当前PPT文件中。

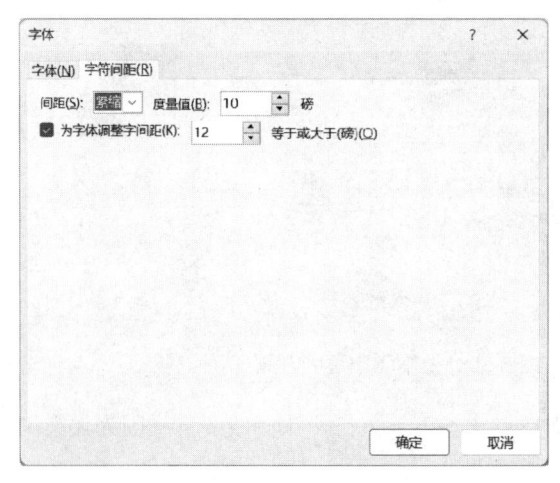

图8-35 设置字符紧缩　　　图8-36 闪烁一次动画

> **说明**
> 因为 PowerPoint 2013 版本中已无"闪烁一次"动画效果，所以需要将其复制过来使用。

（7）选中复制过来的矩形，使用"动画刷"将文本框设置为闪烁一次动画效果。

（8）设置如图 8-37 所示动画文本效果和计时。

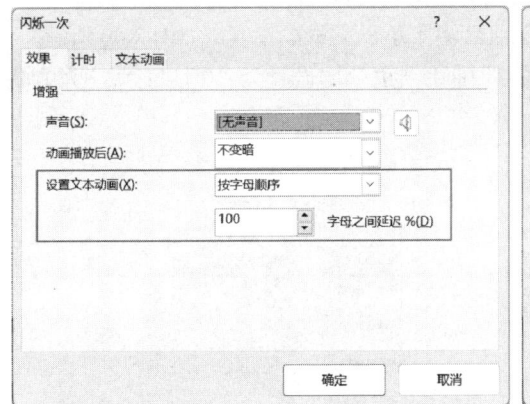

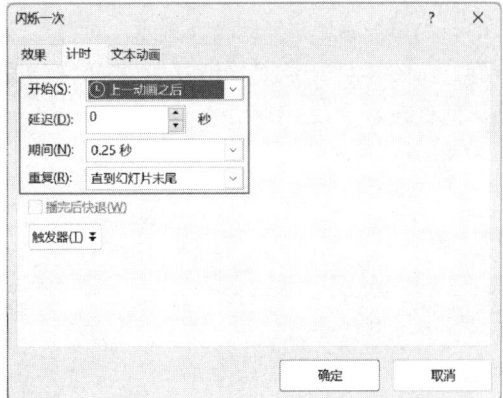

图 8-37　动画文本效果和计时设置

（9）播放动画效果，可以发现大雁是分段显示的。

解决方法： 选中文本框，使用减小字号 A˅ 按钮减小字号，直到图片重合为止，如图 8-38 所示。逐帧动画制作完成。

（10）使用"Ctrl+D"组合键复制多个文本框，排成一定形状即可。

图 8-38　减小文本框字号

> **相关知识**
> 逐帧动画。人眼看物体时，能把物体的影像暂时留在视觉中一小会儿，叫"视觉暂留"。动画片中的连续动作画面一秒钟大约放送 24 帧或 48 帧，画面在视觉中不断地闪烁变化，看上去就像动起来一样。逐帧动画的原理是逐个创建出每帧上的动画内容，然后顺序播放各动画帧上的内容，从而实现连续的动画效果。

8.1.5　遮罩动画

遮罩动画是动画制作（如 Flash）中一个非常重要的动画类型，很多效果丰富的动画都是通过遮罩动画来完成的。遮罩动画中有两个图层：一是遮罩层，二是被遮罩层。可以将遮罩动画比喻为面部所戴的面具，面具是遮罩层，脸是被遮罩层，只有面具有窟窿的部分才能显示下面的脸部。也就是说为了得到特殊的显示效果，可以在遮罩层上创建一个任意形状的"视窗"，遮罩层下方的对象可以通过该"视窗"显示出来，而"视窗"之外的对象将不会显示。

1. 文字逐字显示动画

在"客户服务"幻灯片中，文字"企业客户"逐字显示，如图 8-39 所示。动画实现步骤如下。

图 8-39　逐字显示遮罩动画

（1）插入一个文本框，输入文字"企业客户"。

（2）在文本框之上绘制一个矩形，大小正好能覆盖住文本框。

（3）为矩形添加路径动画（直线，向右），动画距离不小于文本框宽度，如图 8-40 所示。

（4）在图 8-41 中将"平滑开始""平滑结束""弹跳结束"均设置为"0 秒"；设置动画持续时间，此处设置了"3 秒"。

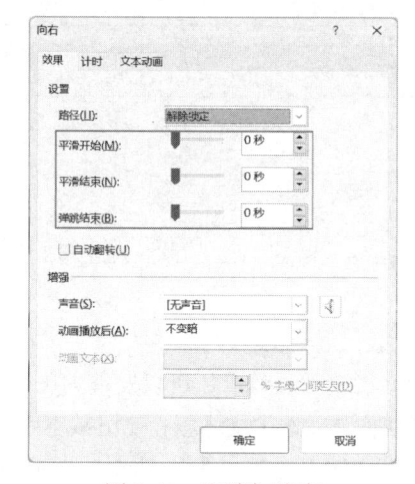

图 8-40　添加直线，向右的路径动画

图 8-41　取消加速度

（5）将矩形填充色设置为当前幻灯片的背景色，制作完成。

2. 图片遮罩显示动画

这类动画比较简单，意在介绍一种遮罩应用。

动画描述：如图 8-42 所示，上层为中间（半圆形门）镂空的花墙图片，下层为企业客户组合图片。下层图片自右向左移动，在镂空的半圆形门中展示。

动画实现：将花墙图片设置为顶层，将企业客户图片设置为底层。为企业客户图片设置路径动画，动画设置参照"电影胶片效果的跑马灯动画"。

3. 图表擦除效果动画

动画描述：使用图表擦除效果动画演示去年和今年企业的汽车销量情况。如图 8-43 所示，模仿注水过程，在"汽"和"车"文字中自底向上擦除显示红色矩形，表现销量增长过程和两年销量对比。动画实现步骤如下。

图 8-42　图片遮罩显示动画

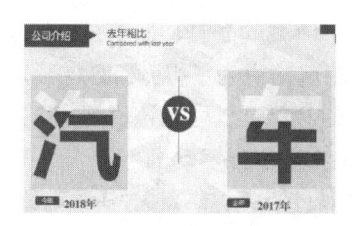

图 8-43　图表擦除效果动画

（1）如图 8-44 所示，有镂空文字的矩形为遮罩层，红色矩形为被遮罩层。

（2）选中红色矩形，设置如图 8-45 所示的动画（自底向上擦除显示，然后加一个跷跷板动画）。

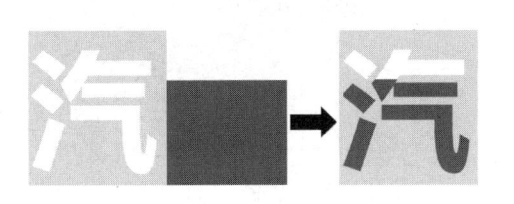

图 8-44　遮罩层与被遮罩层

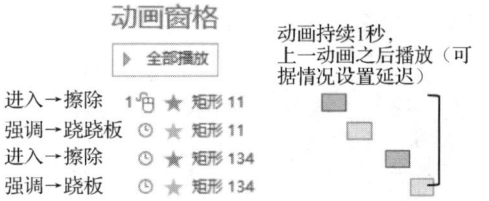

图 8-45　动画设置

8.1.6　触发器动画

1. 触发器

触发器是 PPT 的一项功能，它可以是一个图片、图形、按钮，甚至可以是一个段落或文本框。它相当于是一个按钮，设置好触发器功能后，单击触发器会触发一个操作，该操作可以是播放多媒体音乐、影片、动画等。简单地说，触发器就是通过按钮单击控制 PPT 页面中已设定动画的执行。

2. 触发器应用举例

1）使用触发器控制声音

通过单击按钮，实现对声音的播放、暂停和停止操作。动画实现步骤如下。

（1）绘制如图 8-46 所示的播放、暂停、停止按钮，分别命名为 "Play" "Pause" "Stop"。

（2）插入素材中的声音文件 "一起走过的日子.mp3"。

（3）添加触发动画。选中声音图标，选择【动画】→【高级动画】→【添加动画】→【媒体】→【暂停】选项，添加暂停动画，如图 8-47 所示，然后再添加停止动画。播放动画不用再添加了，因为上一步插入声音文件的过程中就已经插入了播放动画。添加后【动画窗格】如图 8-48 所示。

图 8-46　触发器声音控制

图 8-47　选择媒体控制选项

（4）设置触发对象。选中 一起走过的日子，单击【动画】→【高级动画】→【触发】→【通过单击】→【play】选项，如图 8-49 所示，即可为该动画添加触发对象，单击【播放】按钮即可播放声音文件。

（5）使用同样的方法设置 "暂停" 和 "停止" 触发器动画。设置完成后效果如图 8-50 所示。

215

图 8-48　插入的媒体动画　　图 8-49　设置触发对象　　图 8-50　设置后效果

2）使用触发器弹出窗口

如图 8-51 所示为一个少儿单词识读页面，单击英文单词就会弹出相应图片窗口，再单击图片就会关闭图片窗口。动画实现步骤如下。

（1）按图 8-51 设置单词文本框和图片，并在【选择窗格】中分别为其命名。

（2）选中"图片-猫"图片，为其添加进入→劈裂（中央向左右展开）和退出→劈裂（左右向中央收缩）动画。

（3）在【动画窗格】中选中 1 ☆ 图片-猫，在【动画】→【高级动画】→【触发】→【通过单击】列表中选择"文本框-Cat"对象，如图 8-52 所示。

（4）选中 ☆ 图片-猫 动画项，使用同样方法在图 8-52 所示列表中选择"图片-猫"对象。

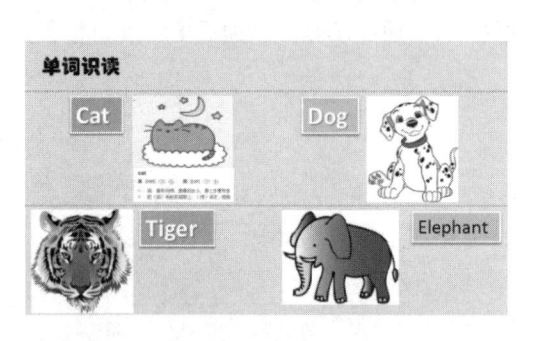

图 8-51　触发器动画在单词识读中的应用　　图 8-52　触发动画设置

提示　上面的动画还可以这样实现，在 Cat 文本框上面设置一个透明矩形，触发对象也设置为"透明矩形"。设置透明矩形的好处是可以将触发效果运用到页面中的任意位置和任何对象上。

3）图片单击放大效果

如图 8-53 所示为景点展示页面，单击左侧景点按钮就会出现对应景点放大的图片。

实现方法与上面的动画类似，请读者自己尝试完成。

图 8-53　景点展示页面

3. 本任务中触发器的使用

动画描述：幻灯片中列有六项客户售后服务，由于版面比较拥挤，所以采用触发方式展开显示。单击图片，显示相应服务内容介绍，再单击图片，收回展示内容。幻灯片布局及触发动画设置如图 8-54 所示。

图 8-54　客户售后服务触发动画

动画制作方法与上面类似，此处不再详细列出。注意，相同动画使用"动画刷"功能更加方便快捷。

8.1.7　补位动画

在 PPT 中做旋转动画时，一般会使用强调动画里的陀螺旋动画，但陀螺旋只能做到自转，无法做到公转，怎样解决这个问题呢？解决方法就是做一个补位，让陀螺旋的旋转轴位置发生变化，从而改变对象的中心位置，实现公转效果。

1. 补位动画应用举例——加载页面动画

通过添加补位实现如图 8-55 所示加载页面动画，使两架飞机围绕屏幕中心点旋转。

首先分析下补位在本动画中的作用：如图 8-56 所示，未添加补位和添加补位后的动画效果对比。陀螺旋动画是绕着形状的中心点进行旋转的，形状的中心点也就是动画中心。只要改变形状的中心点，就可以灵活地运用动画，方法就是添加补位。

补位动画实现步骤如下。

（1）制作飞机图形，并组合成一个图形。

（2）制作补位。插入一个无边框、无填充色的矩形（也可以是一个空的文本框），调整其大小和位置，使其中心点在屏幕中心，如图 8-57 所示。将飞机与矩形组合成一个图形，并复制该图形。将两个组合图形分别命名为"飞机 1"和"飞机 2"，调整飞机 2 的位置使其与飞机 1 对称，如图 8-58 所示。

图 8-55　加载页面动画　　　　　　　图 8-56　未添加补位和添加补位后中心点对比

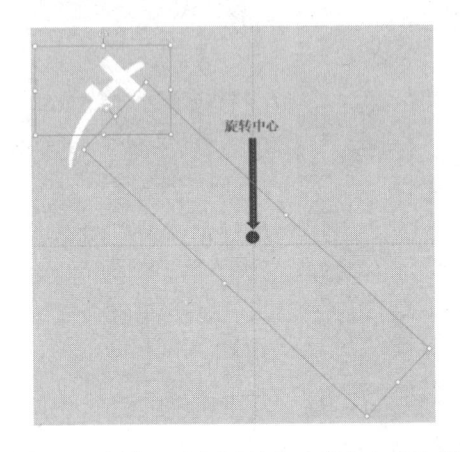

图 8-57　添加一个矩形补位改变中心点位置　　图 8-58　对称的飞机

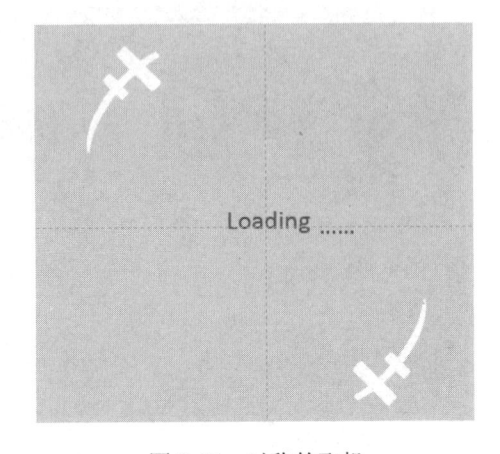

（3）添加动画。为"飞机 1"添加一个强调→陀螺旋动画，设置重复播放直到幻灯片末尾，如图 8-59 所示。使用"动画刷"为"飞机 2"设置同样的动画，并设置"与上一动画同时"播放。

2. 补位动画应用举例——图片缩放动画

为图 8-60 中"好客山东"周围的四幅图片设置缩放效果动画。缩放动画默认以对象中心点为动画中心进行缩放，如图 8-61 所示。若想制作出更多缩放效果，可以通过添加补位的方法改变对象的中心位置，如图 8-62 所示。动画实现步骤如下。

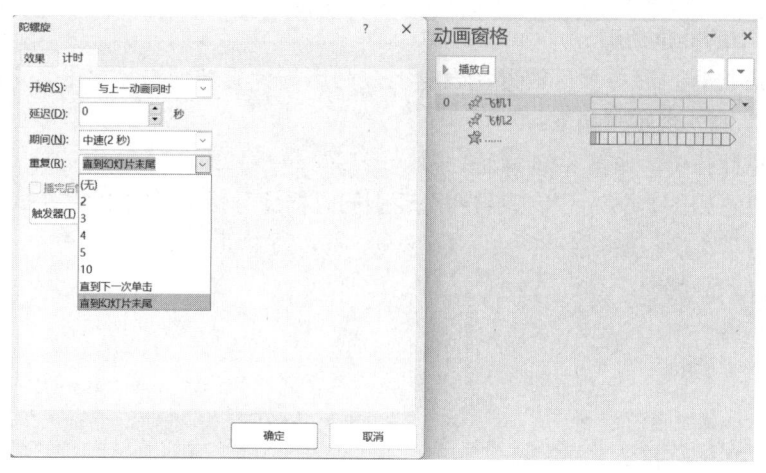

任务 8　汽车公司产品与企业宣传（下）

图 8-59　重复播放直到幻灯片末尾

（1）按图 8-60 插入并处理图片。

（2）依次为"好客山东"周围四张图片设置正方形补位，使得添加补位后的中心点为动画缩放点。补位添加方法同上面。

微课

图 8-60　好客山东图片缩放动画 　　　　图 8-61　没加补位时各图片的中心位置

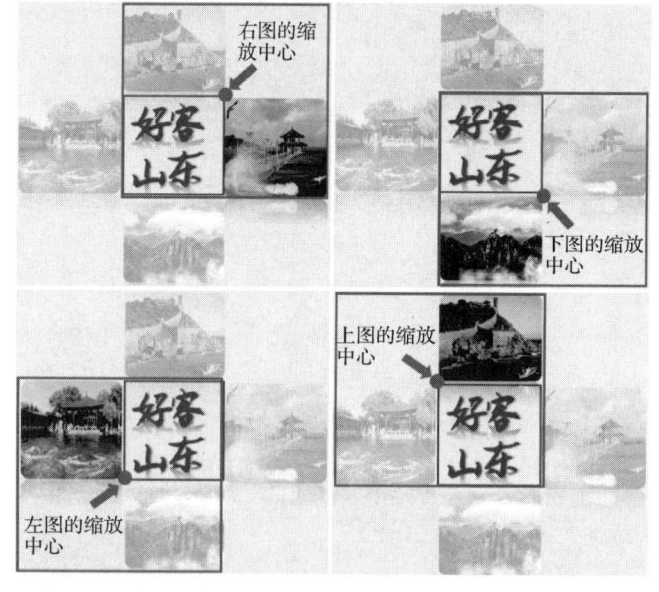

图 8-62　加补位后各图片的中心位置（红色方框为添加的补位） 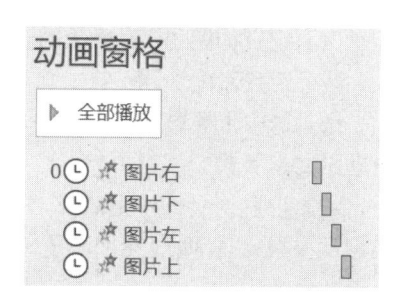　图 8-63　四张图片的进入→缩放动画

219

3. 本任务中的补位动画

动画描述：将客户服务项目放置在表盘上，利用指针旋转动态显示出客户服务项目，如图 8-64 所示。动画实现步骤如下。

（1）制作指针补位，如图 8-65 所示。

（2）动画设置如图 8-66 所示。设置两个动画同时播放且持续时间相同。

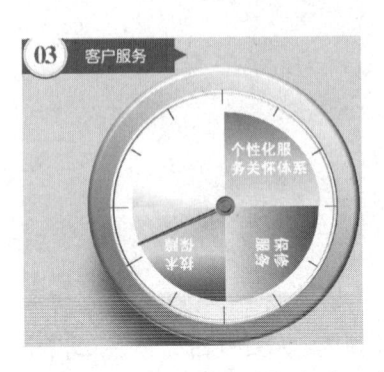

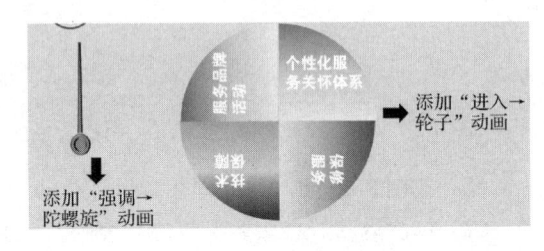

图 8-64　表盘指针补位动画　　图 8-65　指针补位　　图 8-66　动画设置

8.1.8　组合动画

PPT 提供了多种单一动画，但在实际应用中，动画需求千姿百态，使用单一动画往往很难满足需求。要想实现丰富多彩的动画效果，必须使用多种动画组合。本任务中使用到两个组合动画。

1. 突出句子效果的组合动画

动画描述：为了能够引起观众对幻灯片上某句话的重视，通常会为那句话添加动画。动画的逻辑很简单，无非就是加强这一句话的出场方式：从远至近或从近至远出场。此处为了突出显示文字"本年度主推产品展示"，设置了从近至远、从小到大缩放显示，并依次淡出的组合动画。突出句子效果的组合动画实现步骤如下。

图 8-67　突出句子效果的组合动画

（1）设置如图 8-68 所示的两层文字。设置上层文字透明度为"46%"，字号比下层文字略大，字间距为紧缩 3 磅。

（2）选中上层文字，设置进入→基本缩放动画，"缩放"选项为"放大"，如图 8-69 所示设置动画文本效果。

（3）设置退出→淡出动画，与上一动画同时，设置适当的持续时间和延迟时间（请读者自己测试调整）。使两层文字重叠，调试动画效果。

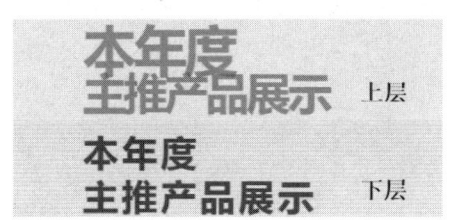

图 8-68　两层文字 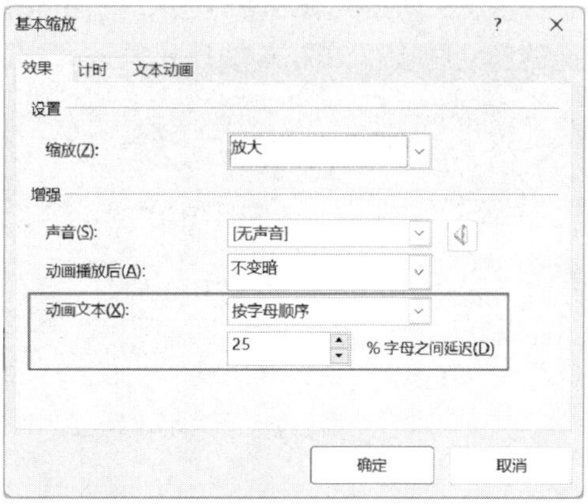　　　　图 8-69　动画文本按字母播放，字母之间延迟百分比为 25

2. 饮水思源、波光涟漪动画

动画描述：水滴从上方滴落，激起层层微波，随后淡出并显示"饮水思源"文字，如图 8-70 所示。动画实现步骤如下。

（1）水滴下落动画实现。该动画有两个动作，一是自上至下滴落，二是消失。滴落使用进入→飞入动画实现，效果选项设置为自顶部，为增加下落的真实感和动感，设置平滑开始时间，如图 8-71 所示。消失使用退出→消失动画实现，与上一动画同时。两个动画设置持续时间为 1.5 秒。

图 8-70　饮水思源、波光涟漪动画 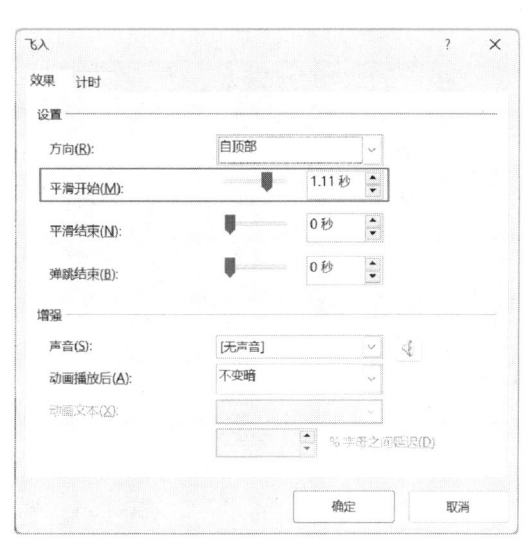　　　　图 8-71　为飞入动画设置平滑开始时间

（2）波光涟漪动画实现。动画原理分析：涟漪一般都是从中心开始，逐渐向四周扩散，慢慢变大、变淡，最后消失的。

第一步是从中心出现，向四周扩散，这种效果使用进入→缩放动画实现。效果选项设置为对象中心，保证从这个波纹的中心开始出现并扩散，持续时间可以设置长一些，此处设置了 2 秒。

第二步是逐渐变淡消失。这里要叠加一个强调→放大动画和退出→淡出动画，这两个动画的持续时间设置为 1 秒，同时叠加在缩放的动画效果之后。

(3)饮水思源动画实现。使用进入→淡出动画实现,动画持续时间为2秒,与上一动画同时。波光涟漪动画设置如图8-72所示。

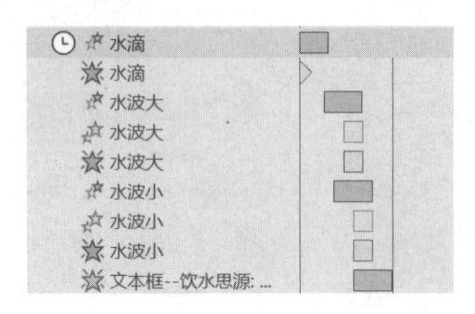

图8-72 动画设置

8.1.9 页面切换动画

严格来说,PPT有两种动画效果。一种是针对元素的动画效果,另一种是针对页面的翻页效果。为幻灯片页面添加切换效果,可以使PPT放映过程中幻灯片之间的过渡衔接更为自然。上面介绍的动画都是针对对象的动画,下面简要介绍页面切换动画。

1. 切换动画基本设置

(1)切换效果。PowerPoint内置的幻灯片切换效果如图8-73所示,可划分为细微、华丽、动态内容三种类型。

图8-73 内置幻灯片切换效果

(2)效果选项。基本上每种切换效果都有其对应的效果选项,设置不同的效果选项可灵活地呈现切换效果,举例如图8-74所示。

(3)计时。页面切换动画的计时设置如图8-75所示,主要进行"声音""持续时间""换片方式"等的设置。

2. 自定义切换动画

幻灯片之间的切换动画有两类:一是内置的切换效果,如图8-73所示;二是自定义的切换效果。例如,要在"第一张幻灯片"和"第二张幻灯片"之间自定义切换动画,实现步骤如下。

图 8-74　切换效果及其对应效果选项　　　　图 8-75　计时设置

（1）复制"第一张幻灯片"至需切换的两张幻灯片之间，如图 8-76 所示。

（2）将复制页的"换片方式"设置为"设置自动换片时间：00:00.00"，如图 8-77 所示。这步为关键步骤。

（3）为该复制页中所有元素添加一个退出动画（此处设置了缩放动画）。注意：一定是退出动画。

（4）将下一张幻灯片（最后一张）中的所有内容复制到复制页中，如图 8-78 所示。

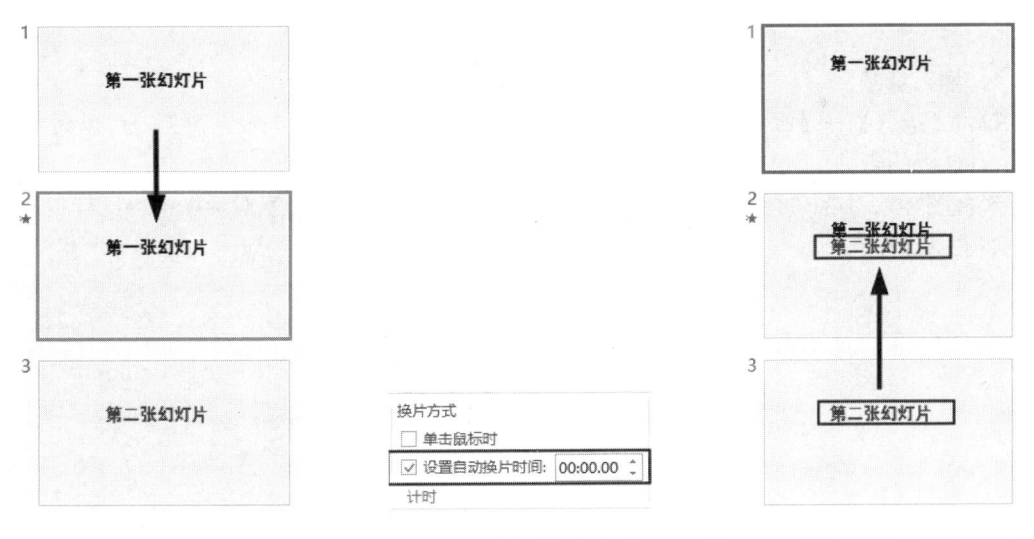

图 8-76　三张幻灯片顺序　　　图 8-77　设置换片方式　　　图 8-78　复制最后一张幻灯片内容至复制页中

（5）为刚复制的元素设置进入动画（此处设置了空翻动画），如图 8-79 所示。这样就形成了以上述新建复制页为基础的页面过渡动画。

图 8-79　中间幻灯片动画设置

8.2 PPT 中的音频与视频

8.2.1 音频编辑

PowerPoint 提供了对音频的编辑功能，用户能够为音频添加淡入/淡出效果、剪辑及添加书签等操作。【播放】选项卡如图 8-80 所示。

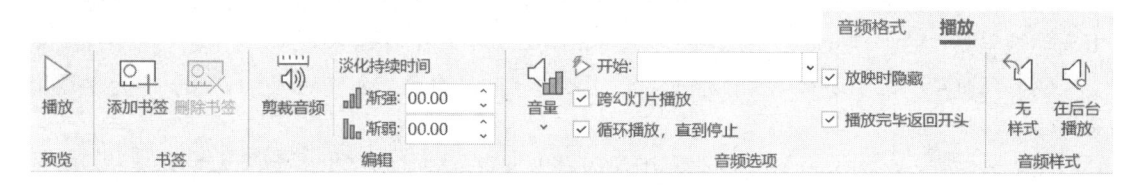

图 8-80　【播放】选项卡

1. 插入音频

单击【插入】→【媒体】→【音频】按钮，弹出如图 8-81 所示列表，可见，可以插入两种音频：PC 上的音频、录制音频。

选择图 8-81 中的"录制音频"选项，可以在打开的【录制声音】对话框中自己录制声音，如图 8-82 所示。

图 8-81　插入音频　　　　　　　　　图 8-82　录制声音

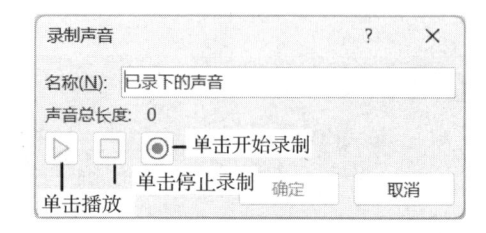

2. 音频剪裁与淡入/淡出设置

背景音乐可以为幻灯片增加情境和气氛，许多用户喜欢用一首歌曲的精彩部分作为背景音乐，但是剪出来的音乐比较生硬，还需要做一个淡入/淡出的效果。

① 剪裁音频。选择音频图标，单击【播放】→【编辑】→【剪裁音频】按钮，打开如图 8-83 所示【剪裁音频】对话框，拖动绿色"起始时间滑块"和"结束时间滑块"设置音频的开始和结束时间，单击【确定】按钮后，滑块之间的音频将被保留，其余音频将被裁剪掉，如图 8-84 所示。

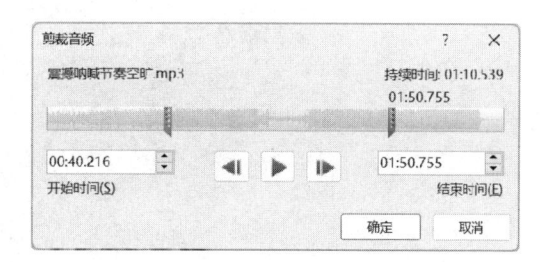

图 8-83　拖动滑块设置开始和结束时间　　　　图 8-84　剪裁音频

② 淡入/淡出。在如图 8-85 中的"渐强""渐弱"微调框中分别输入时间值,在声音开始和结束播放时添加渐强/渐弱效果。此处输入的时间值表示渐强/渐弱效果持续的时间。

3. 音频选项和音频样式

在如图 8-86 所示【音频选项】选项组中,可以进行"音量""跨幻灯片播放""循环播放,直到停止""放映时隐藏"等的设置,然后单击【音频样式】中的【在后台播放】按钮。图 8-86 中的设置表示:跨幻灯片播放+循环播放+放映时隐藏。

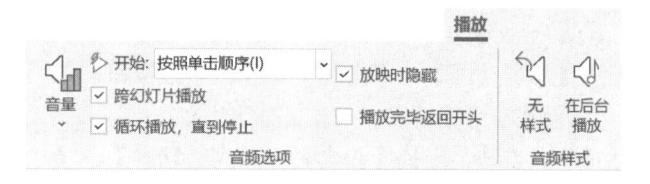

图 8-85　渐强/渐弱时间设置　　　　图 8-86　音频选项和音频样式

4. 音频书签

书签可以帮助用户在音频播放时快速定位播放位置。在音频播放时,单击图 8-80【书签】选项组中的【添加书签】按钮,可在当前播放位置添加一个书签,如图 8-87 所示。在播放进度条上选择书签后,单击【删除书签】按钮将删除选择的书签。

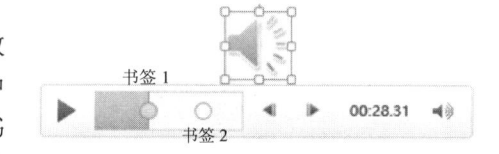

图 8-87　为音频添加书签

> **注 意**
>
> 可同时添加多个书签,按"Alt+Home"组合键,播放进度跳转到下一个书签处;按"Alt+End"组合键,播放进度跳转到上一个书签处。

8.2.2　视频编辑

视频管理和编辑与音频相似,重复部分不再赘述。在此通过制作一个视频点播页面介绍视频在幻灯片中的使用。视频点播页面如图 8-88 所示。

1. 插入视频

单击【插入】→【媒体】→【视频】→【此设备】按钮,插入素材库中的视频文件"邓丽君曲目.mp4"。

2. 设计视频点播页面

设计制作如图 8-88 所示的视频点播页面,并为每个对象命名,如图 8-89 所示。

225

图 8-88　视频点播页面

3. 添加书签，设置触发动画

添加书签的方法与音频书签设置相同。此案例有 3 首歌曲所以设置了 3 个书签，如图 8-90 所示。设置触发动画的步骤如下。

① 将光标置于如图 8-90 所示歌曲"月亮代表我的心"书签处，单击【动画】→【高级动画】→【添加动画】→【媒体】→【搜索】按钮，如图 8-91 所示。

② 设置该书签的触发对象，单击"文本框—月亮代表我的心"文本框对象即可从该书签处开始播放。方法：选择【动画】→【高级动画】→【触发】→【通过单击】选项，在其列表中选择"文本框—月亮代表我的心"对象，如图 8-92 所示。其他书签用同样方法添加。

图 8-89　命名对象　　　　　　图 8-90　为视频添加书签

图 8-91　添加搜寻媒体动画　　　　　　图 8-92　设置触发对象

8.3 拓展实训

实训 1：老唱片音乐播放页面

使用 PPT 制作如图 8-93 所示老唱片音乐播放页面。

实训技能点：
- ❏ 黑胶唱片旋转动画；
- ❏ 唱片头补位陀螺旋动画；
- ❏ 控制音乐播放触发器动画；
- ❏ 进度条路径动画；
- ❏ 歌词动态播放遮罩动画。

操作提示

1. 页面设计与插入音频

页面各对象如图 8-94 所示。注意各个对象的图层次序，图中显示顺序为自顶至底的图层顺序。

图 8-93 老唱片音乐播放页面　　　　图 8-94 页面各对象

2. 黑胶唱片旋转动画制作

（1）对素材进行处理，制作黑胶唱片图片，如图 8-95 所示。

（2）为唱片添加"强调→陀螺旋"动画，设置播放方式为重复直到幻灯片末尾，与上一动画同时。为插入的音频设置"媒体→播放"动画，并设置单击【播放】按钮 时触发该音频播放动画，设置结果如图 8-96 所示。

3. 唱片头补位陀螺旋动画

要想实现唱片头旋转，可通过添加补位设置陀螺旋动画来实现。

（1）添加唱片头补位，如图 8-97 所示。

（2）为添加补位后的唱片头图片添加"强调→陀螺旋"动画，并设置顺时针旋转 30°，与上一动画同时，以及单击【播放】按钮 时触发该动画，如图 8-98 所示。

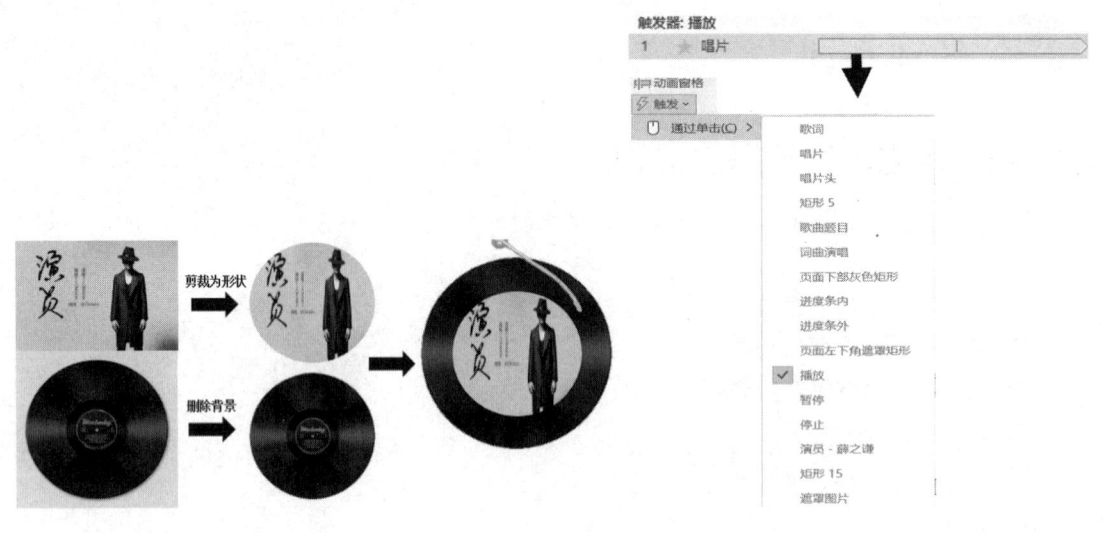

图 8-95　黑胶唱片图片制作

图 8-96　播放触发设置

图 8-97　添加补位

图 8-98　陀螺旋动画设置

4．进度条路径动画

（1）绘制两个长宽相等、一个有填充一个无填充的圆角矩形。

（2）为有填充色的矩形添加直线路径动画，拖动鼠标设置其起点和终点，如图 8-99 所示。

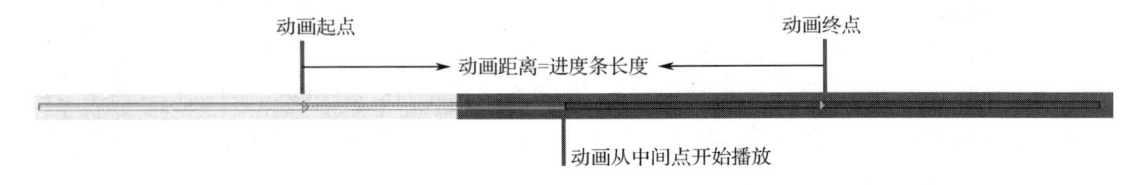

图 8-99　直线路径动画

（3）因为进度条动画持续时间应该等于整个音频播放用时，所以此处关键是设置动画的持续时间。整个音频用时 260 秒，但是正常系统只允许设置动画最大持续时间为 59 秒，如何将该动画的持续时间设置为 260 秒呢？在图 8-100 中"期间"后面输入"04:20 秒"或输入"260 秒"都可以。设置单击【播放】按钮触发该动画。

5. 歌词动态播放遮罩动画

（1）遮罩实现。在需要遮罩动画的部分抓图，如图 8-101 所示，然后使其大小和位置与背景对齐并重合，并使其位于歌词文本框上层。设置歌词文本框位于进度条和灰色矩形下层，如图 8-102 所示。

图 8-100　动画计时设置

图 8-101　抓图

（2）歌词动态播放实现。与进度条动画相似，为歌词文本框添加向上的直线路径动画。此处关键是设置动画持续时间，持续时间应该与音频播放用时差不多，经过多次实际试验，持续时间为 3 分 40 秒，因为该音频有 21 秒钟的前奏，所以设置动画延迟 21 秒播放。同样设置单击【播放】按钮触发该动画。

最后整个动画设置如图 8-103 所示。

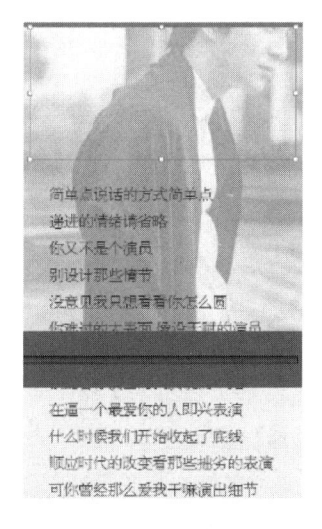

图 8-102　图层前后效果

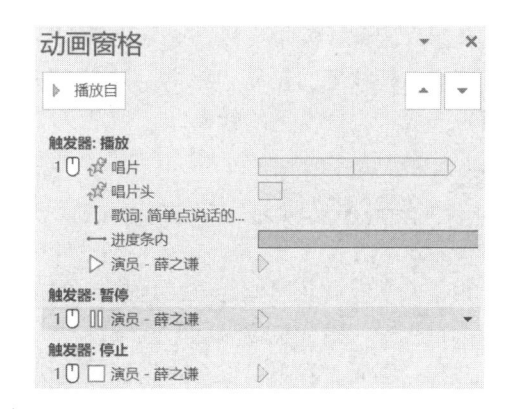

图 8-103　动画设置

实训 2：青春毕业相册设计（下）

为青春毕业相册添加背景音乐、设置动画效果、设置页面切换效果，如图 8-104 所示。

229

图 8-104 青春毕业相册

实训技能点：
- 插入背景音乐，并根据需要做适当剪裁；
- 电影胶片图片展示路径动画；
- 使用文本框制作蝴蝶飞舞逐帧动画；
- 为幻灯片选取适合的动画，并根据需要进行各种参数设置；
- 页面切换动画设置。

演示文稿本身就是一种表达和呈现，我们可以通过文字、图片、图表及动画来表达想法、抒发情感。因此，演示文稿首先是一种创意，而且其重要性应该超过具体制作。本实训另一个任务就是发挥读者的设计和创意，为青春毕业相册演示文稿设计和制作创意动画效果，相信会有百花齐放、异彩纷呈的效果。

8.4 综合实践

根据所学专业及岗位定位，选择一个特定岗位，针对岗位特点编辑个人简历，分析该岗位形成岗位认知，结合单位现状和远景目标制定岗位规划，完成岗位竞聘 PPT。

扫描二维码查看更多综合应用实训案例。

综合应用实训题库 8

任务 9 Visio 图形设计

Microsoft Office Visio 是一款专业的商用矢量绘图软件，能够帮助用户将信息形象化，将晦涩的文本和表格转换为一目了然的图表，能以清晰简明的方式交流信息。Visio 可以用来绘制业务流程图、组织结构图、办公室布局图、网络图、电子线路图、数据库模型图、工艺管道图等。Visio 能将强大的功能和简单的操作完美地结合，因此被广泛应用于电子、机械、建筑、通信、软件设计和企业管理等众多领域。

Visio 不但能够提高工作的效率和质量，而且简单易学，功能强大。使用具有专业外观的 Visio 图表，可以促进用户对系统和流程的了解，使其深入了解复杂信息并利用这些知识做出更好的业务决策。

9.1 任务情境

一幅好图胜过千言万语，在项目管理中经常需要用图表来表达和说明项目的流程、结构、进度、布局等。小刘所在建筑公司正在筹划一个住宅小区的建设项目，在这个过程中需要设计与绘制一些图表，如项目任务思维导图、施工进度图、组织结构图、工程管理跨职能流程图、小区建筑规划图、室内平面布局图、智能小区网络布局图等。Visio 作为一款优秀的办公绘图常用软件，被小刘所在公司指定为图表绘制专用工具。作为项目用图的主要负责人，小刘需要尽快掌握 Visio 的绘图方法与技巧，以便保质保量地完成项目任务。

▌知识目标▐
- 掌握 Visio 基础操作、页面设置、形状使用、文本添加、绘图格式设置、外部数据连接等基础知识和基本操作；
- 掌握流程图、组织结构图、方块图、网络图、工程图、建筑设计图及项目管理图等图表的设计思路和制作方法。

▌能力目标▐

能够利用 Visio 提供的图表类型模板和工具制作实际所需的图表。

本任务讲述了利用 Visio 制作组织结构图、施工任务思维导图、施工甘特图、施工泳道图、小区建筑规划图和室内平面布局图等，让学生比较全面地了解 Visio 的图形设计及编辑功能。通过学习本任务，让学生能够熟悉管理中常用的图形，掌握其绘制方法，掌握其根本内涵，让学生建立起以问题为导向、系统化地解决问题的理念，能够努力学习，团结奋进，不断开阔视野，增强自身素养。

9.2 任务分析

本建设项目用图主要涉及组织结构图、项目任务思维导图、施工进度图、工程管理跨职能流程图、小区建筑规划图、室内平面布局图、智能小区网络布图等专业图表。每种图表不但涉及各领域知识，而且涉及特定的制作规则。作为专业的绘图工具，Visio 已经将大部分特定图表的专业知识及制作规则设计成图表模板来帮助用户完成图表制作，因此，用户只需根据实际需求，依据图表模板快捷地完成图表的制作。

9.2.1 图表类型

Visio 根据图表用途和领域归纳了八种图表类型，分别为商务、地图和平面布置图、工程、常规、日程安排、流程图、网络、软件和数据库。其中每种类型又包含了多种同类型图表，且针对每种图表类型提供了相应的制作模板及大量矢量图形素材，用以辅助用户绘制各种图形。

"商务"类型下的图表类型如图 9-1 所示。

图 9-1 "商务"类型下的图表类型

"地图和平面布置图"类型下的图表类型如图 9-2 所示。

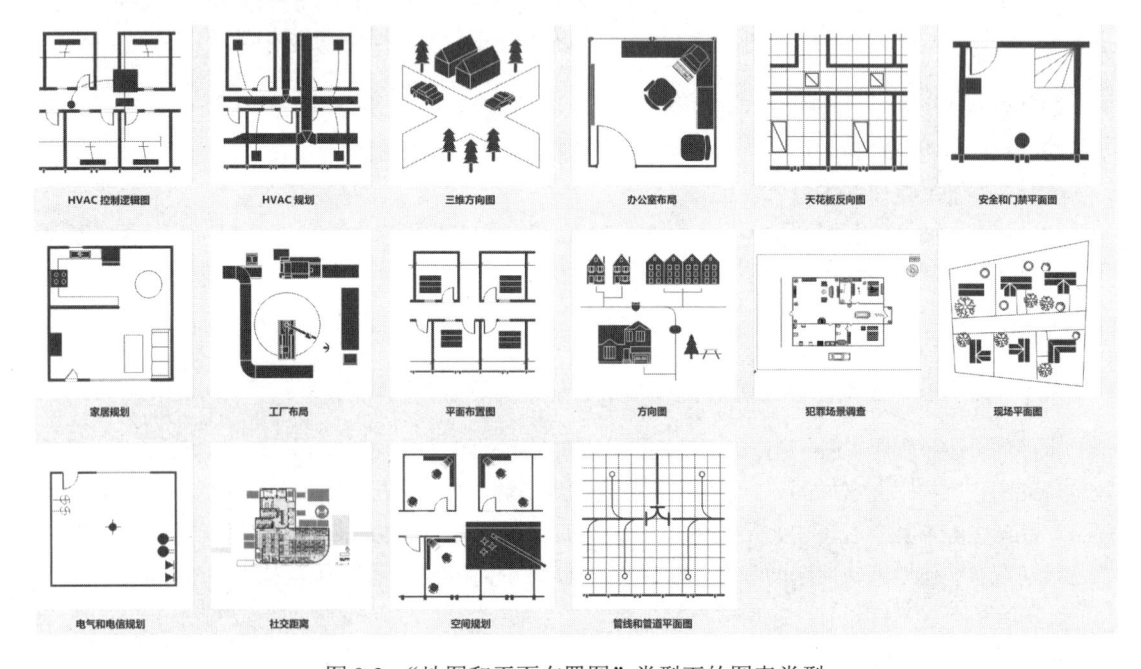

图 9-2 "地图和平面布置图"类型下的图表类型

"工程"类型下的图表类型如图 9-3 所示。

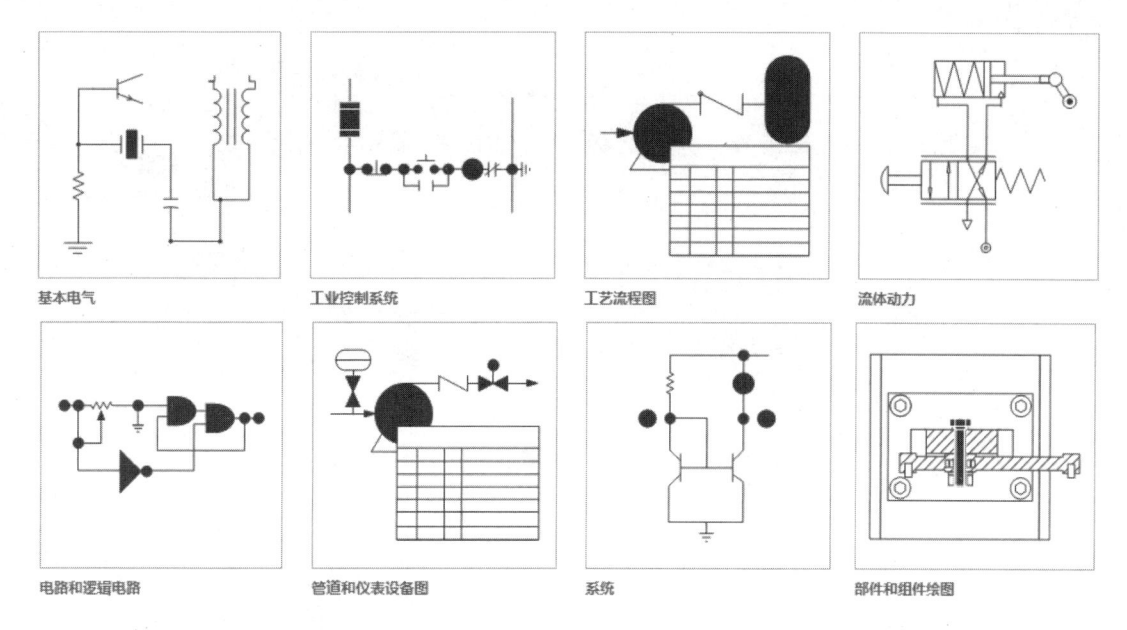

图 9-3 "工程"类型下的图表类型

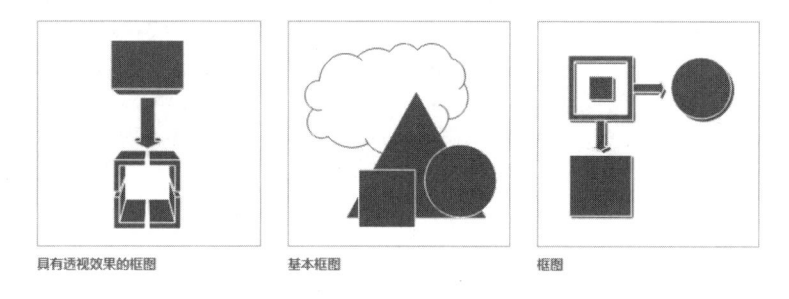

"常规"类型下的图表类型如图 9-4 所示。

图 9-4 "常规"类型下的图表类型

"日程安排"类型下的图表类型如图 9-5 所示。

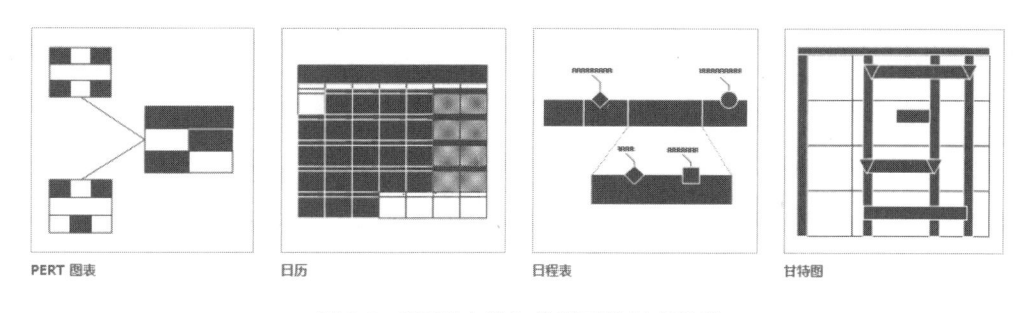

图 9-5 "日程安排"类型下的图表类型

"流程图"类型下的图表类型如图 9-6 所示。
"网络"类型下的图表类型如图 9-7 所示。
"软件和数据库"类型下的图表类型如图 9-8 所示。

233

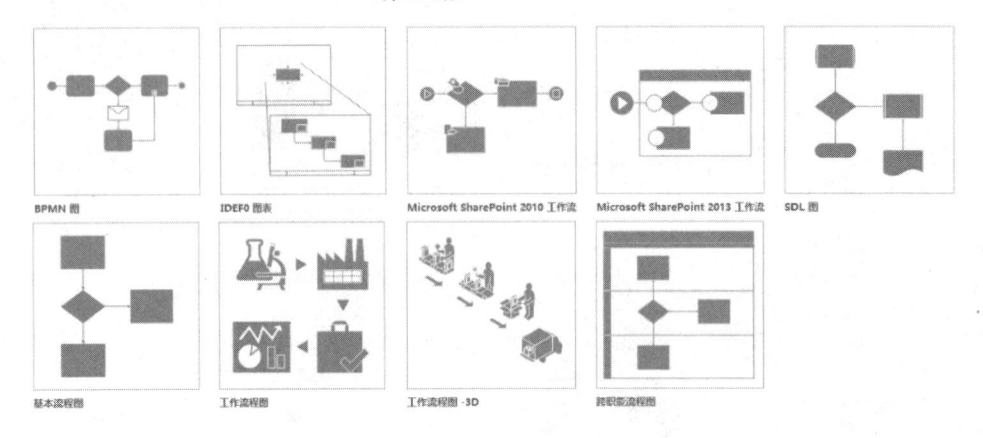

图 9-6 "流程图"类型下的图表类型

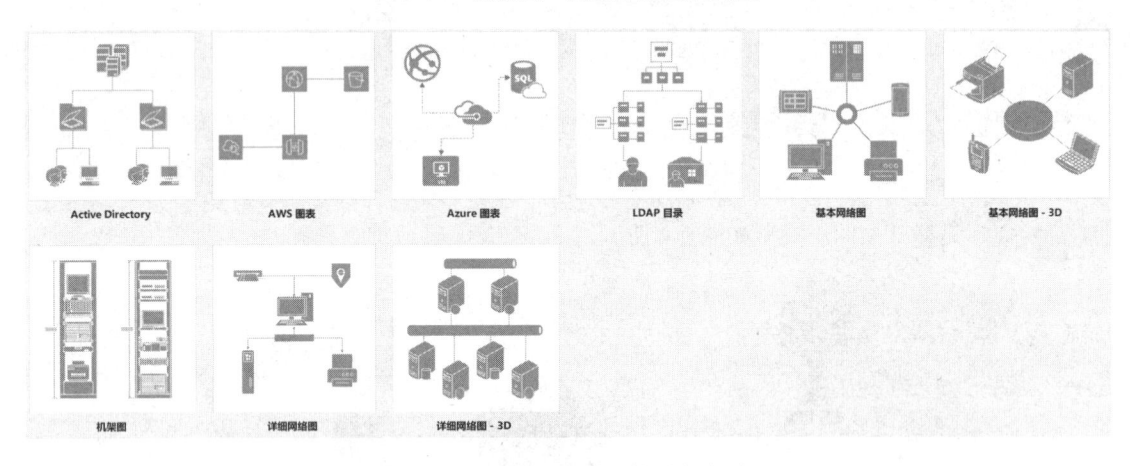

图 9-7 "网络"类型下的图表类型

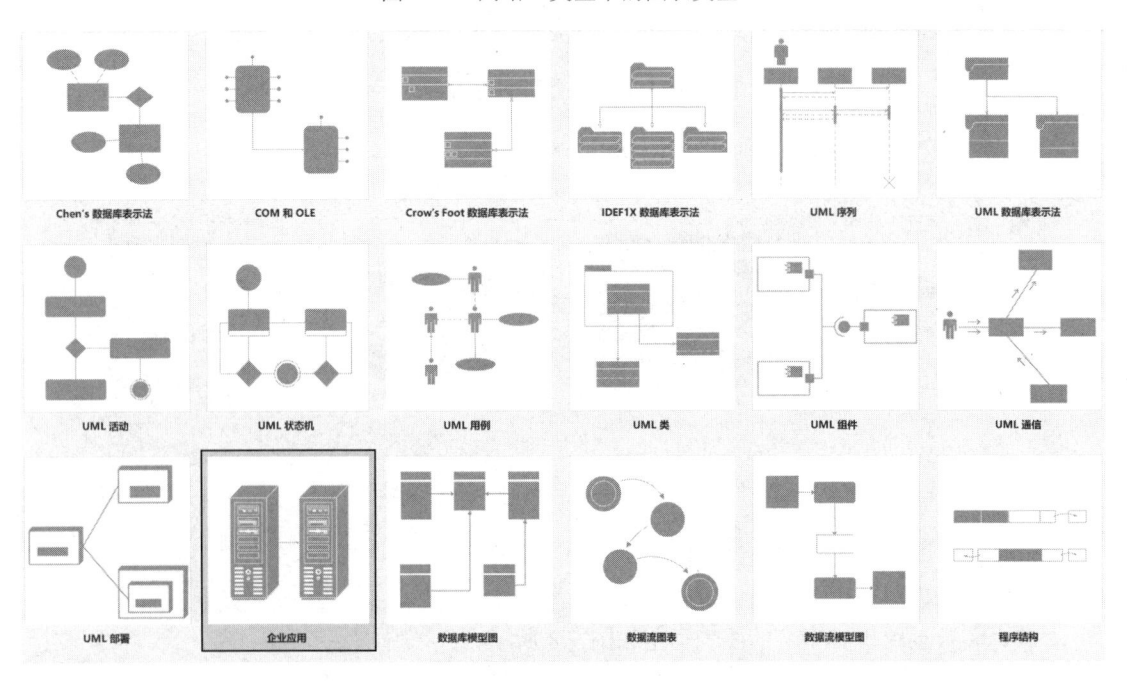

图 9-8 "软件和数据库"类型下的图表类型

可见，Visio 提供了丰富的图表模板用于辅助用户完成各种图表的绘制。

9.2.2 项目图表分析与效果

1. 组织结构图

组织结构图从属于"商务"类型，主要用于明确组织内分工、从属关系和职责范围。它以图形的方式表示一个组织各个职能单元的职能及其相互关系，能够可视化地表示组织职能的划分和权责划分。组织结构图可以使各职能单元清楚自己在组织内的工作，便于协调组织和工作沟通。本任务中组织结构图效果如图 9-9 所示。

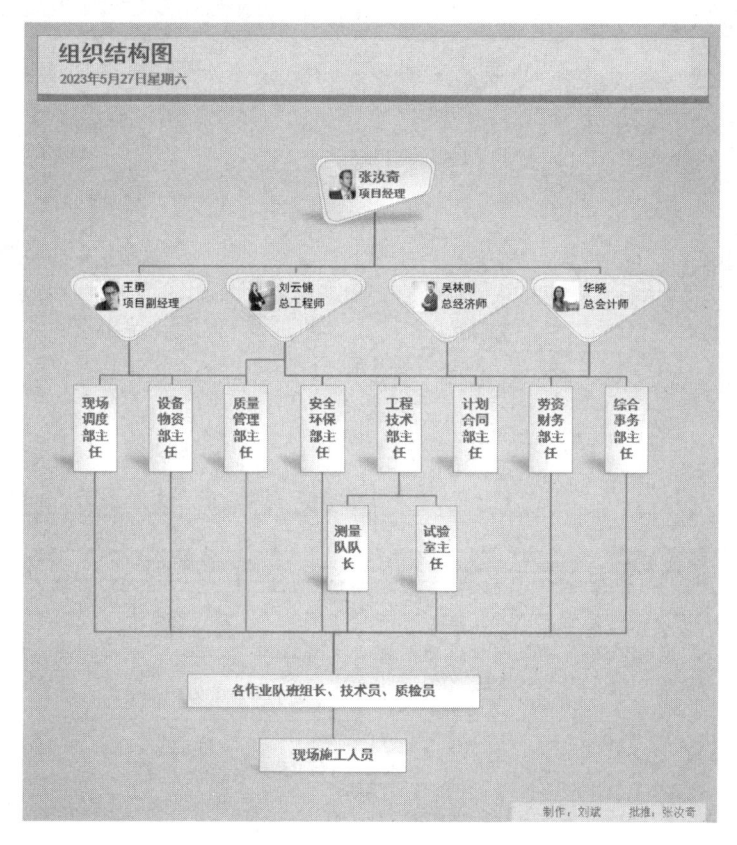

图 9-9 某建筑公司组织结构图

2. 施工任务思维导图（灵感触发图）

灵感触发图又称思维导图、脑图、概念地图、树状图、树枝图或思维地图，是一种利用图像方式进行思考的辅助工具。灵感触发图通常用于规划、解决问题、制定决策和触发灵感，因此，本任务中的施工任务思维导图以"商务"类型下的灵感触发图为模板完成，效果如图 9-10 所示。

3. 施工进度图（甘特图）

甘特图又称为横道图、条状图，以图示通过活动列表和时间刻度表示出特定项目的顺序与持续时间。通过条状图来显示项目进度，以及其他系统内在关系随着时间进展的情况。本任务中的施工进度图以"日程安排"类型下的甘特图为模板完成，效果如图 9-11 所示。

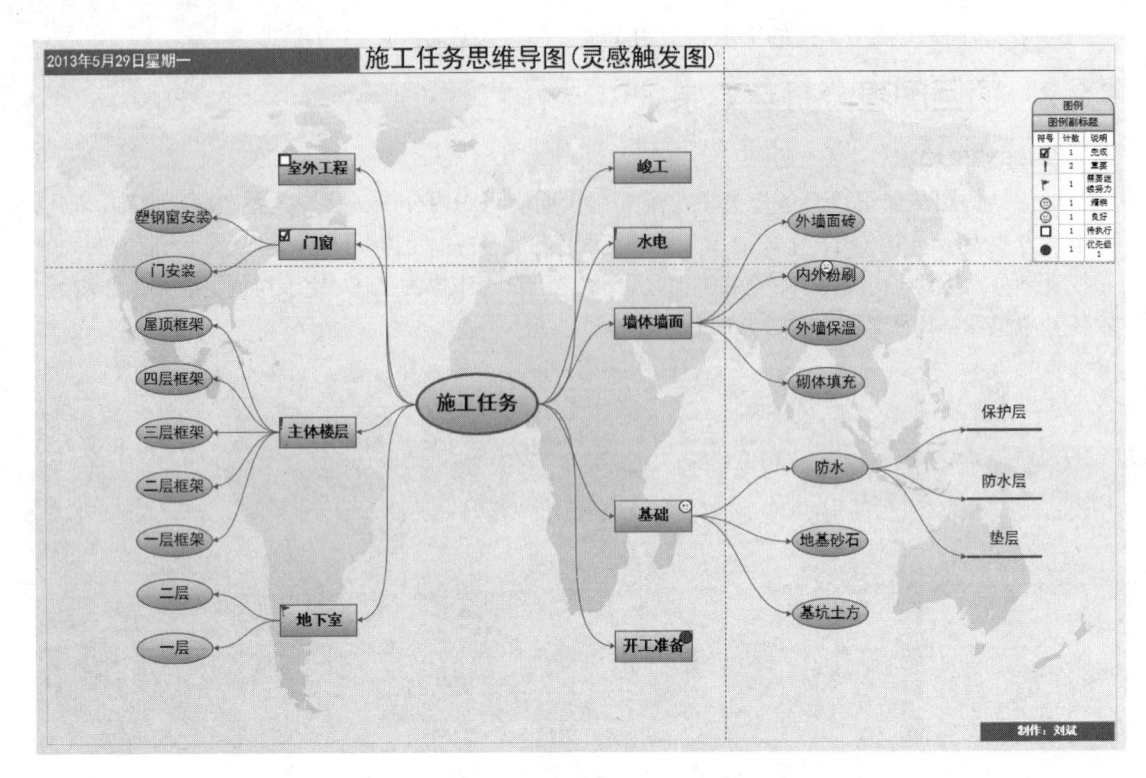

图 9-10 施工任务思维导图（灵感触发图）

图 9-11 施工进度图（甘特图）

4. 工程管理跨职能流程图（泳道图）

工程管理跨职能流程图主要用于显示商务流程与负责该流程的职能单位（如部门）之间的关系。流程图中的每个部门都会在图表中拥有一个水平或垂直的带区，用来表示职能单位，代表流程中步骤的各个形状被放置在对应负责该步骤的职能单位的带区内。因其图形像泳道，故也被称为泳道图。本任务中的工程管理跨职能流程图以"流程图"类型下的跨职能流程图为模板完成，效果如图 9-12 所示。

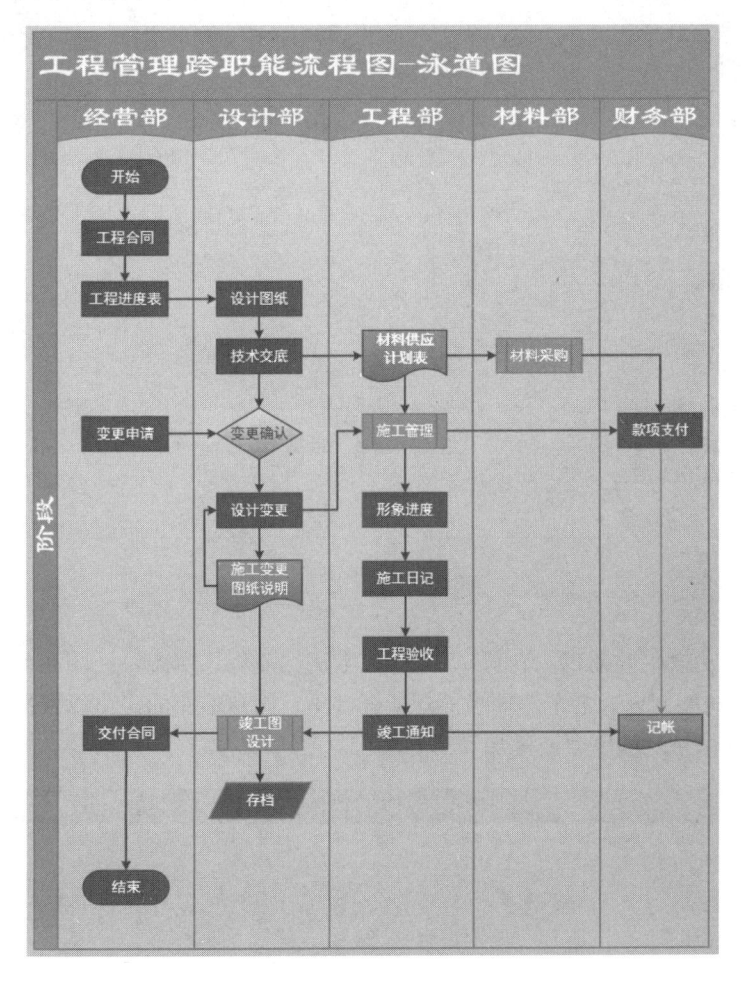

图 9-12　工程管理跨职能流程图（泳道图）

9.3　Visio 绘图基础

微课

9.3.1　操作环境

Visio 工作界面主要分为三大块：功能区、形状区和绘图区。除此之外，还有快速访问工具栏、窗口控制按钮、页标签、状态栏等。同时，根据实际需要，可以调出相应的任务窗格，常见的任务窗格有：大小和位置、扫视和缩放、形状数据、外部数据、数据图形字段、绘图资源管理器等。Visio 基本界面如图 9-13 所示。

237

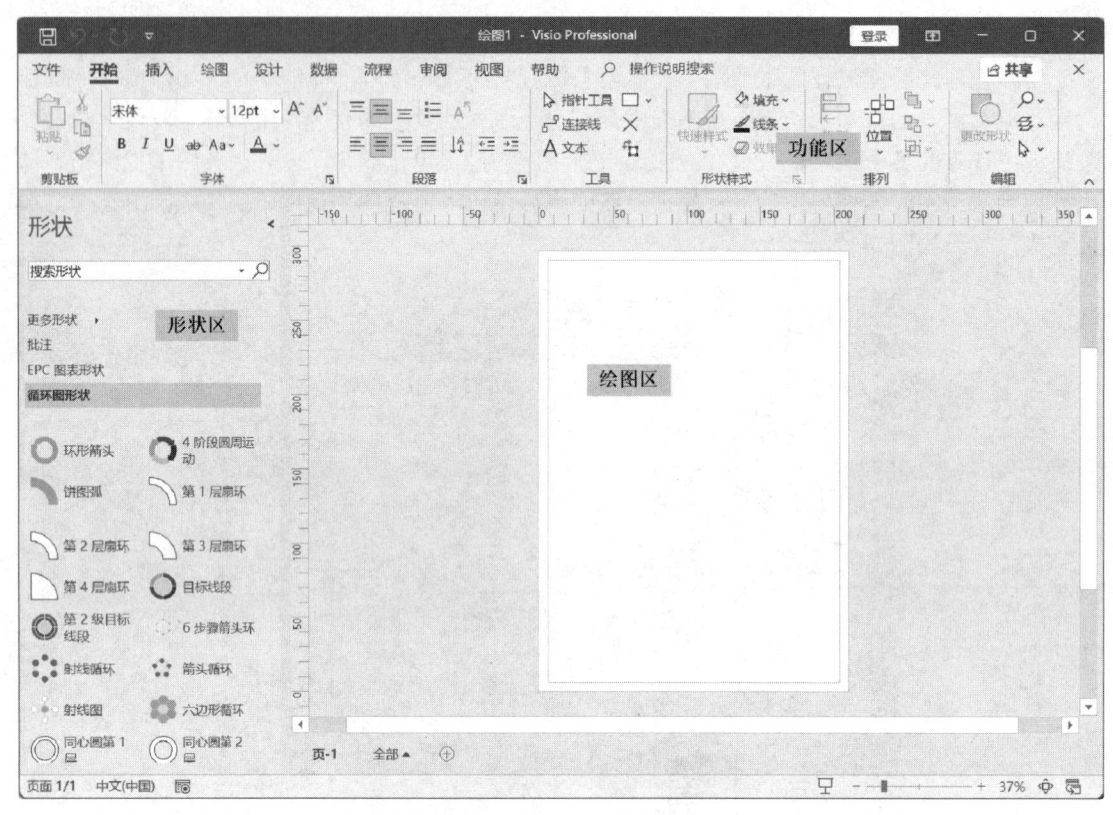

图 9-13　Visio 工作界面

1. 功能区

缺省状态下功能区包括开始、插入、设计、数据、流程、审阅、视图和帮助八个选项卡，每个选项卡根据功能划分为多个选项组。功能区并不是固定不变的，可以根据需要添加功能选项卡，如图 9-14 所示功能区中就添加了"开发工具"选项卡。

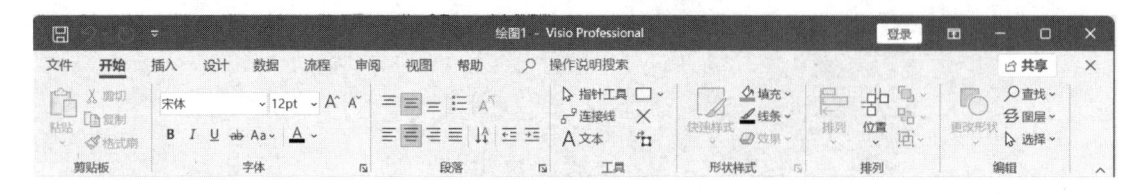

图 9-14　功能区

2. 形状区

形状区包含【模具】和【窗口】两个选项卡。每种类型模具的标题栏包含了模具的名称，如"基本流程图形状模具"里面包含了"流程""判定""文档""数据"等各种和基本流程图相关的形状，如图 9-15 所示。同时，还可以通过【更多形状】菜单打开其他类型下的模具，并将其添加到形状区中供用户绘图使用。

3. 绘图区

绘图区位于工作界面的右下区域，主要显示绘图页。用户可通过拖动模具中的主控形状到绘图区中，输入文字，并连接形状来组成各种图形。

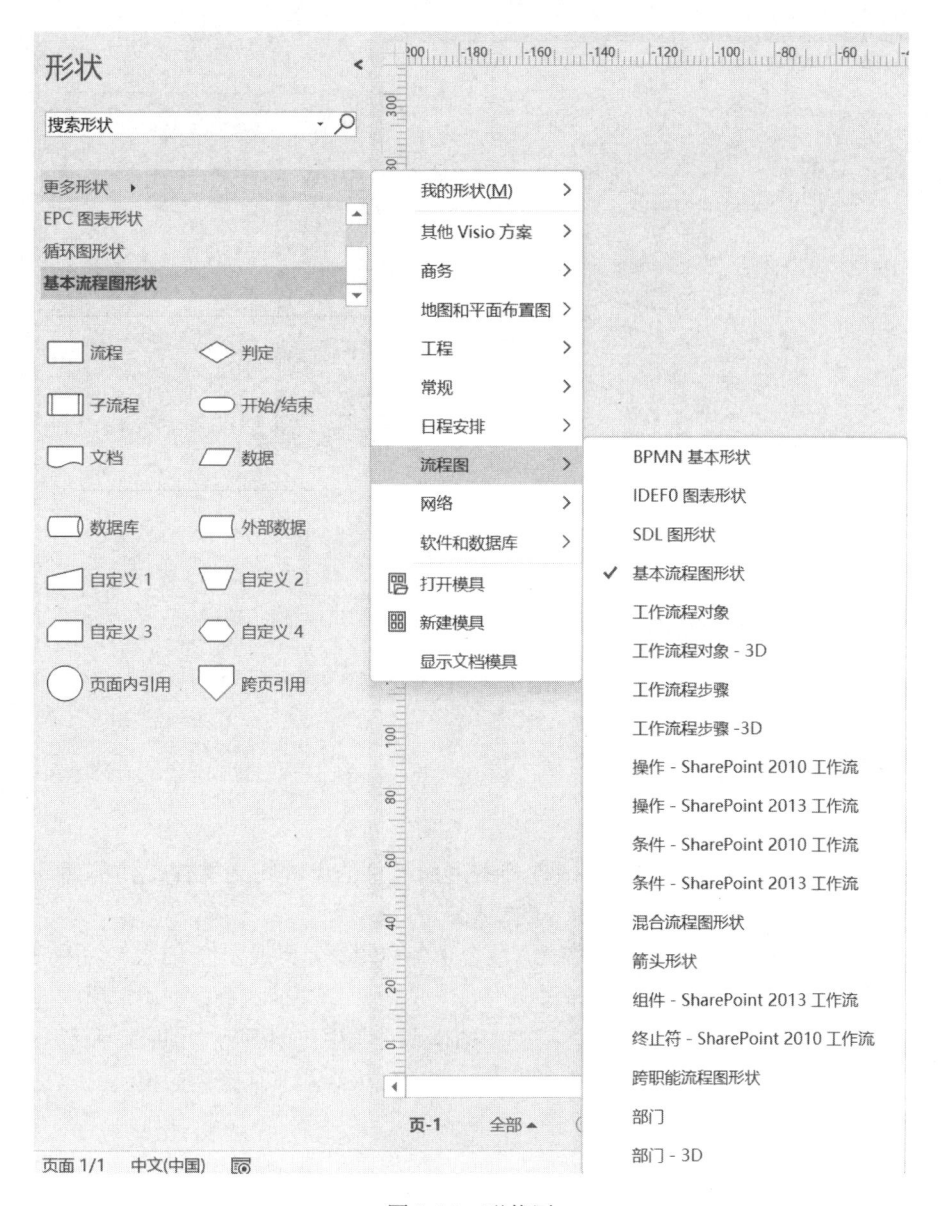

图 9-15　形状区

同时，根据实际需要，可以通过选取【视图】→【显示】→【任务窗格】下的选项，在绘图区中显示【形状】【形状数据】【大小和位置】等任务窗格；或在【开发工具】→【显示/隐藏】选项组中勾选"绘图资源管理器"复选框，显示【绘图资源管理器】任务窗格，如图 9-16 所示。

【绘图资源管理器】任务窗格。该任务窗格（或称窗口）具有分级查看功能，可以用来查找、增加、删除或编辑绘图区中的页面、线型、形状、样式、填充图案等组件。

【大小和位置】任务窗格。在该任务窗格中，用户可以根据图表要求来设置或编辑形状的位置、宽度及角度等，其显示的内容会根据形状的改变而改变。

【形状数据】任务窗格。该任务窗格主要用来修改形状数据，其具体内容会根据形状的改变而改变。

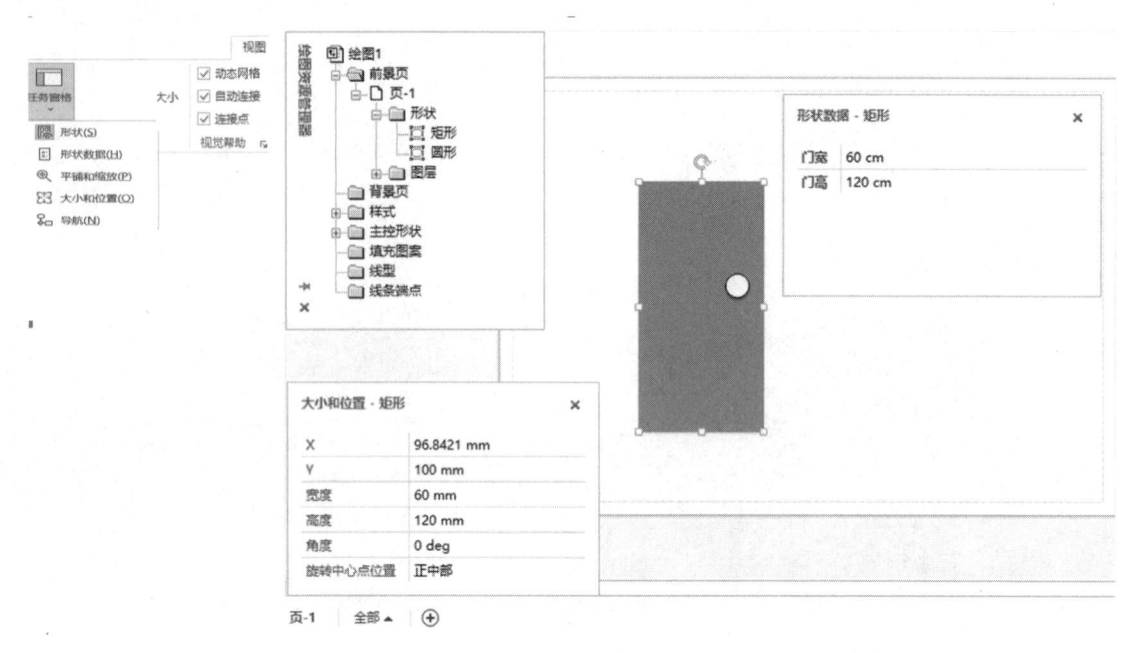

图 9-16　绘图区

9.3.2　概念与术语

1. 模板、模具、形状

模板是 Visio 系统为方便用户绘制各类图形而提供的一种特定文件，如前面所讲的图 9-1 至图 9-8 中所示八种类型下的模板。

模具是系统提供的一种图形素材格式，包含了各种图形元素或图像。Visio 为用户提供了丰富的模具，便于用户在绘制图形时选择与调用。一般情况下，Visio 会根据用户所创建的不同文件类型而设置不同的模具，也就是说，模板中的模具是在用户创建新文档时，系统自动配置并显示在形状区中的。除此之外，用户还可以在绘图文档中添加其他分类的模具，以满足用户绘图的多种需要。

Visio 中的所有图表元素都被称为形状，形状是构成结构图、流程图等图形的基本元素，Visio 中存储了数百个内置形状，用户可以按照绘图需要，将不同类型的形状拖放到绘图页中并进行排列、组合、连接与调整。另外，用户也可以利用绘制工具绘制所需图形。

模板、模具、形状三者的关系：模板包含多种模具，模具由多种形状构成。

2. 绘图页

如果把 Excel 电子表格文件比作 Visio 绘图文档，那么绘图文档中的绘图页就相当于电子表格文件中的工作表（Sheet）。绘图页包括"前景页"和"背景页"两种类型。

在进行了 Visio 绘图基础知识热身后，接下来将通过绘制一系列项目用图，一起来学习 Visio 的具体制图方法。

9.4　绘制组织结构图

为了更好地分工合作、明确责任，以便更好地开展后续工作，在项目开始前有必要设计制作出项目成员的组织结构图，效果如图 9-17 所示。

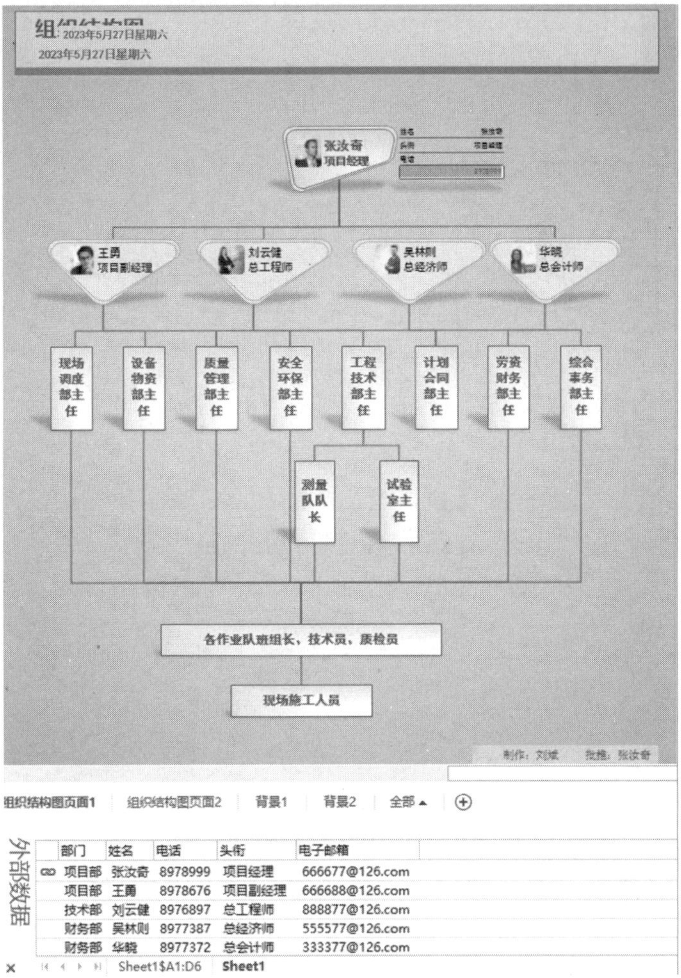

图 9-17　组织结构图效果图

9.4.1　创建绘图文档

可以根据需要创建空白绘图文档（不包含任何模具和模板，适用于进行灵活创建的图表）或模板绘图文档（通过系统提供的模板创建绘图文档）。

1．创建空白绘图文档

启动 Visio，在【新建】页面中选择【空白绘图】选项即可创建一个空白绘图文档，如图 9-18 所示。

2．创建模板绘图文档

Visio 中的模板包括流程图、地图和平面布置图、工程、日程安排图等类型，可以根据需要选择模板创建绘图文档。以下是创建一个组织结构图模板绘图文档的方法。

启动 Visio，在【新建】页面选择【类别】→【商务】类型选项，如图 9-19 所示，在打开的【商务】类型模板页中选择【组织结构图】模板，如图 9-20 所示，即可创建一个组织结构图模板绘图文档，如图 9-21 所示。

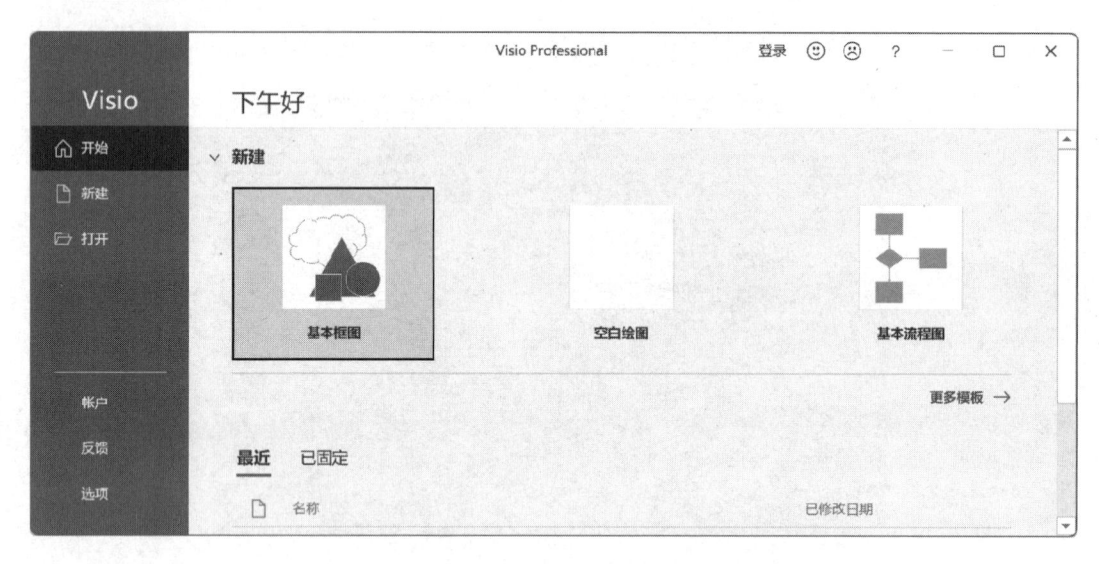

图 9-18　创建空白绘图文档

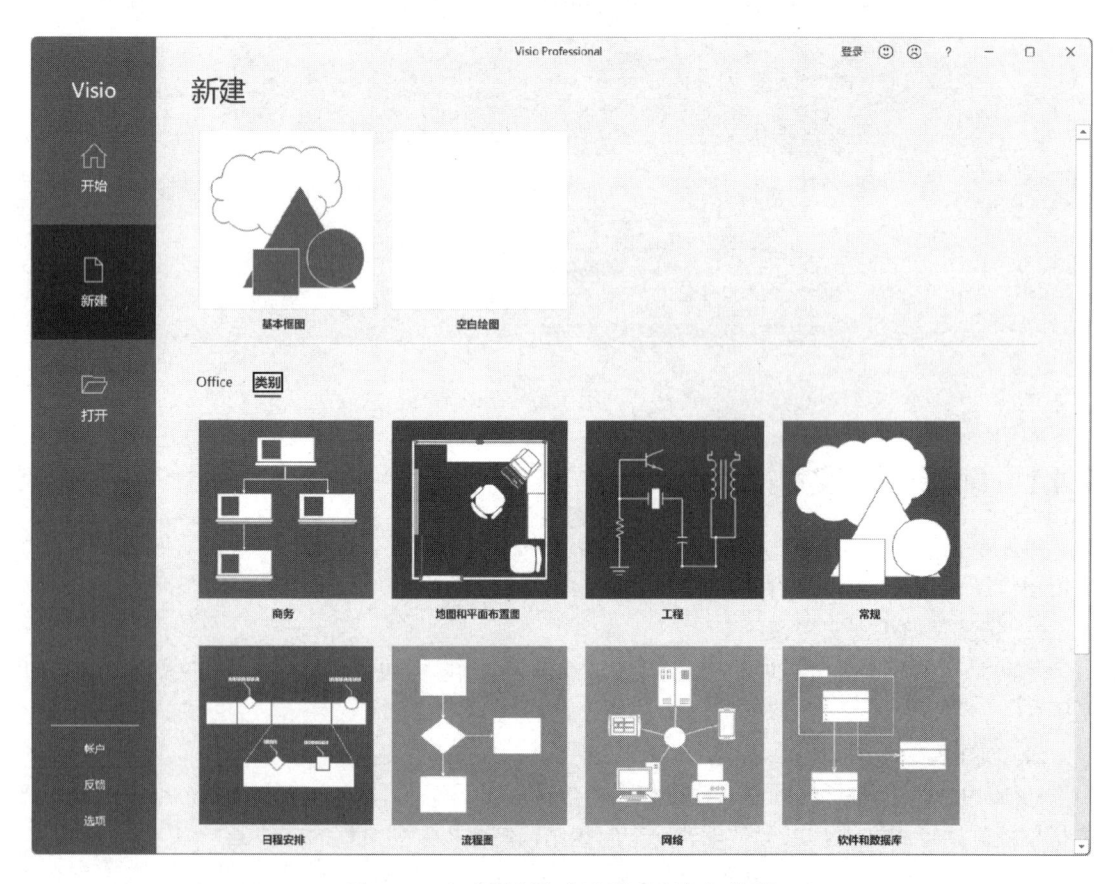

图 9-19　在【类别】中选择【商务】类型

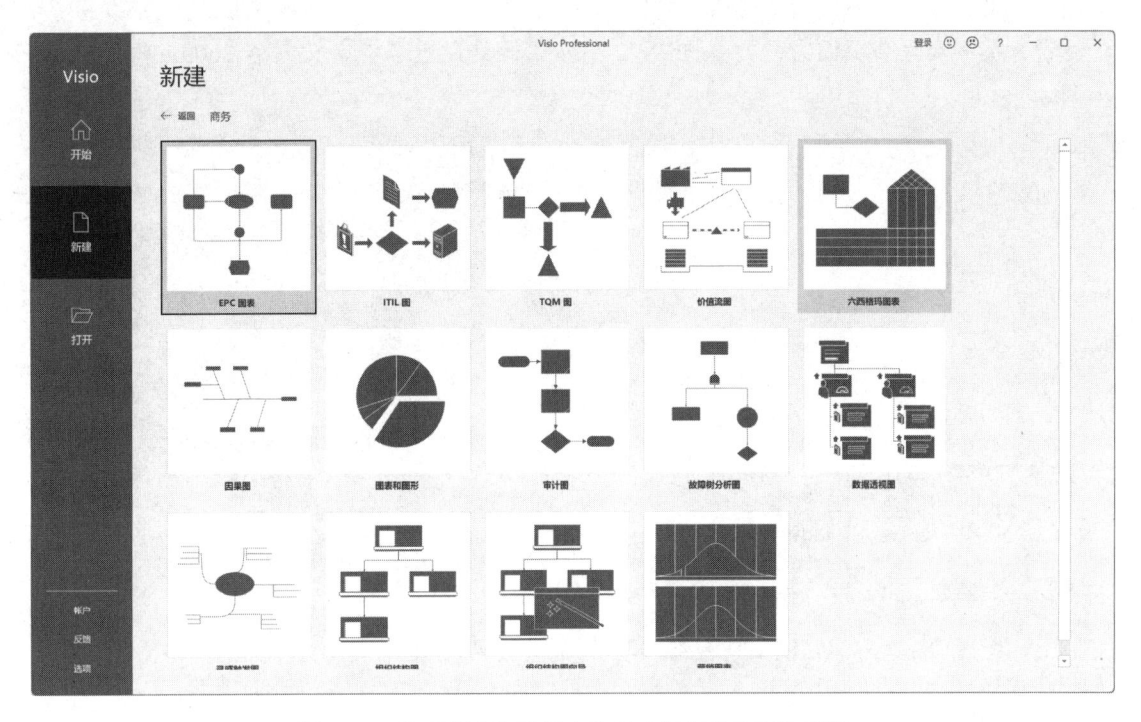

图 9-20 在【商务】类型中选择【组织结构图】模板

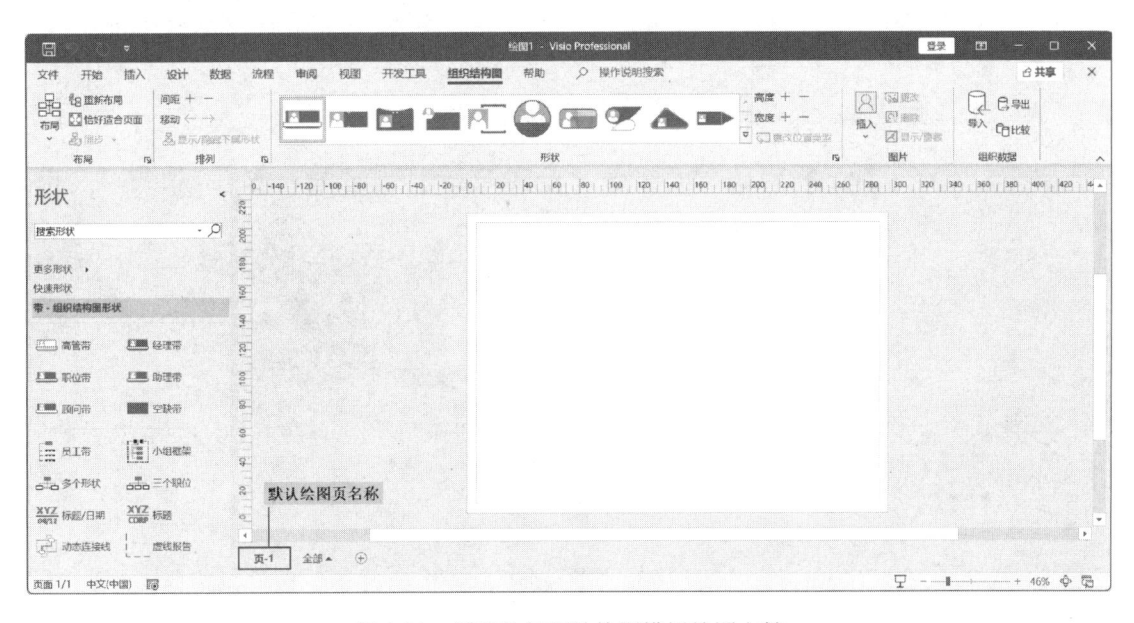

图 9-21 新建的组织结构图模板绘图文档

9.4.2 设置文档页面

1. 设置页面方向和大小

为适应各类图表的显示要求,需要首先对绘图页的方向和尺寸进行设置。单击【设计】→【页面设置】选项组中的【纸张方向】和【大小】按钮进行方向与大小设置,或者单击【页面设置】选项组右下方的对话框启动器 ，在打开的【页面设置】对话框【页面尺寸】选项

243

卡下设置页面尺寸和页面方向，如图 9-22 所示。此处设置了自定义大小 260mm×300mm，纵向。

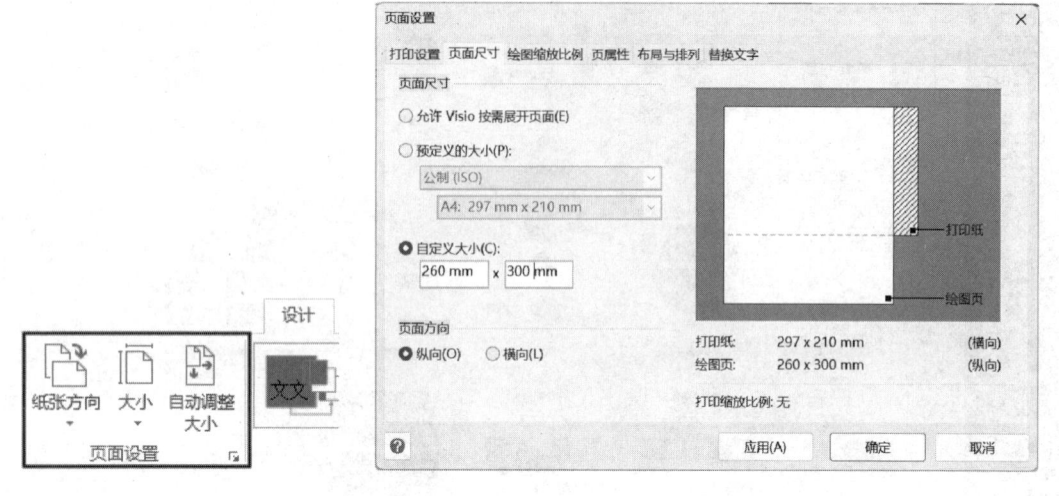

图 9-22　设置页面尺寸和页面方向

2. 设置缩放比例和布局

（1）绘图缩放比例是指现实测量尺寸与绘图页上长度的比例，在【页面设置】对话框【绘图缩放比例】选项卡下进行设置，此处设置了"无缩放"，如图 9-23 所示。选项说明如下。

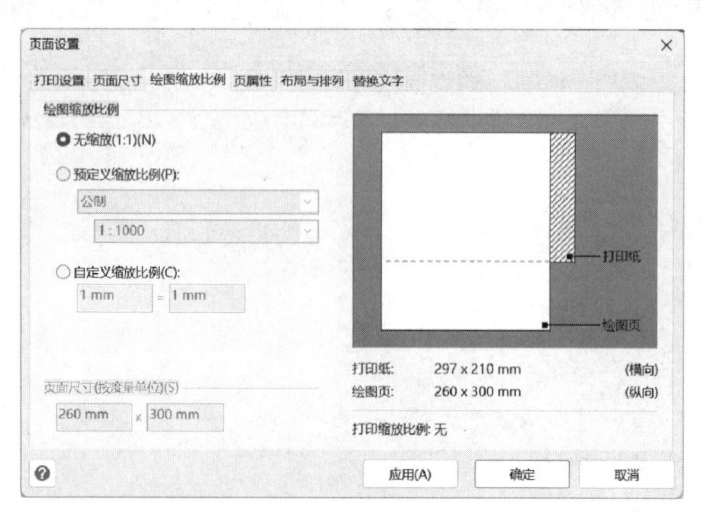

图 9-23　设置绘图缩放比例

- "无缩放（1∶1）"：表示以真实大小显示绘图。
- "预定义缩放比例"：用来设置缩放的类别和比例。其中，缩放类别主要包括：结构、土木工程、公制、机械工程四种类别，每种类别中又分别包含了不同的缩放比例。
- "自定义缩放比例"：用来自定义缩放比例。

（2）布局与排列主要用于设置形状与连接符在绘图中的排列方式，设置如图 9-24 所示。

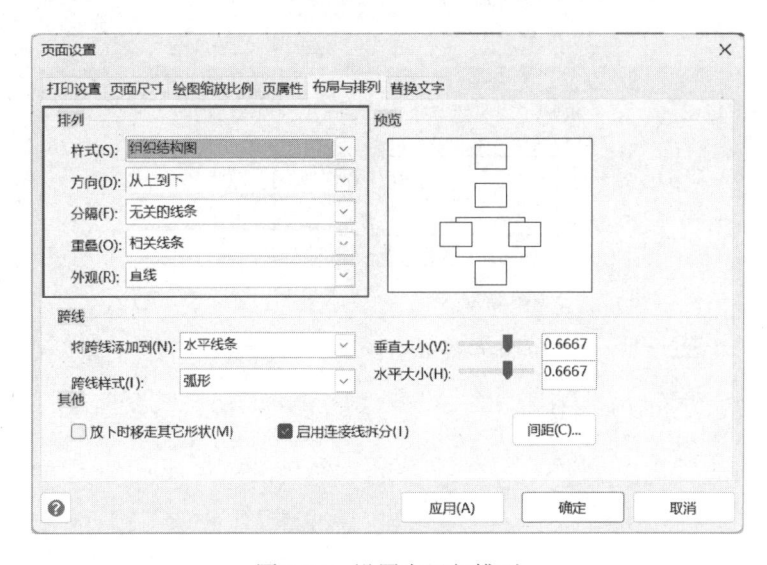

图 9-24 设置布局与排列

9.4.3 管理绘图页

绘图页是 Visio 的核心对象，任何图表都要通过绘图页来完成。绘图页分为前景页和背景页，如图 9-25 所示。

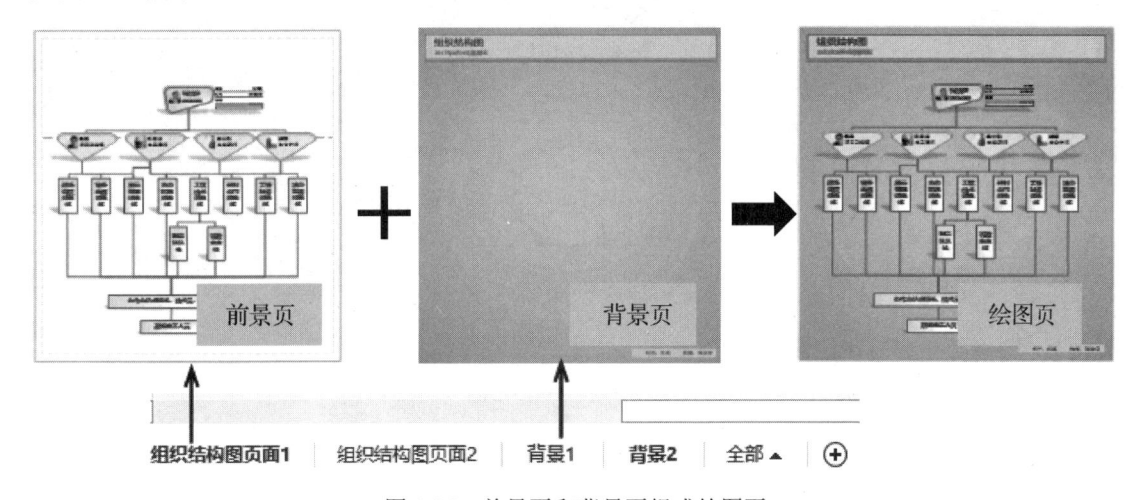

图 9-25 前景页和背景页组成绘图页

前景页主要用于编辑和显示绘图内容，包含流程图形状、组织结构图等绘图模具和模板，是创建绘图内容的主要页面。

背景页相当于 Word 中的页眉页脚，主要用于设置绘图页背景及边框样式等。

1. 创建背景页

在新建组织结构图文档中插入一个背景页。单击【插入】→【页面】→【新建页】→【背景页】选项，打开【页面设置】对话框，在其【页属性】选项卡下设置该背景页的"名称"为"背景 1"，"类型"为"背景"，如图 9-26 和图 9-27 所示，单击【确定】按钮后即可插入一个背景页。

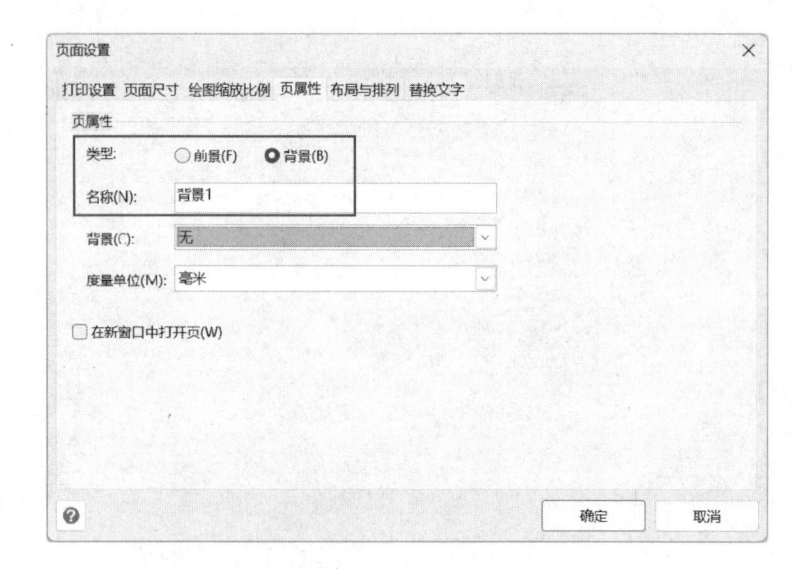

图 9-26　插入绘图页　　　　　　　　　图 9-27　设置页属性

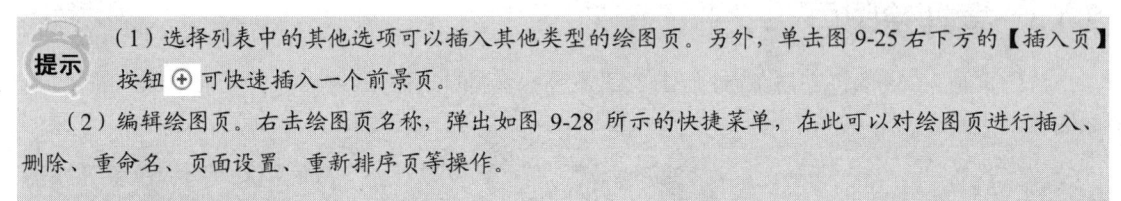

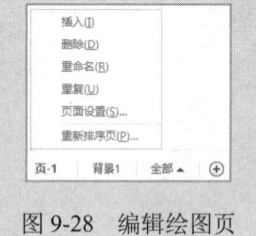

> 提示
> （1）选择列表中的其他选项可以插入其他类型的绘图页。另外，单击图 9-25 右下方的【插入页】按钮 ⊕ 可快速插入一个前景页。
> （2）编辑绘图页。右击绘图页名称，弹出如图 9-28 所示的快捷菜单，在此可以对绘图页进行插入、删除、重命名、页面设置、重新排序页等操作。

图 9-28　编辑绘图页

2. 编辑美化背景页

切换至"背景 1"页面下。

（1）设置主题。在【设计】→【主题】选项组中选择一个设计主题，此处选择了"辐射"主题。在【变体】选项组中选择一种变体，如图 9-29 所示。

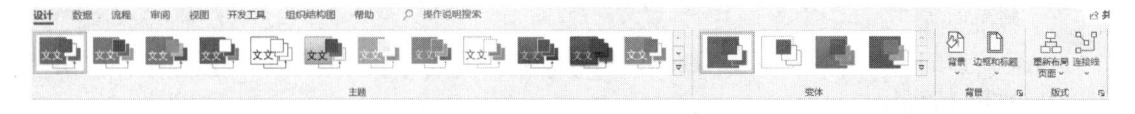

图 9-29　为背景页设置主题和变体

（2）设置背景。系统内置了多种背景样式供用户选择以增加绘图页的美观。

（3）设置边框和标题。边框和标题是系统内置的一种效果样式，作用是为绘图文档添加可显示的边框及可输入内容的标题。设置方法：在【设计】→【背景】选项组中进行背景、边框和标题的设置，如图 9-30 所示。输入标题内容和页脚内容后的背景页如图 9-31 所示。

同样的方法，另外再创建一个背景页，命名为"背景 2"，如图 9-32 所示。

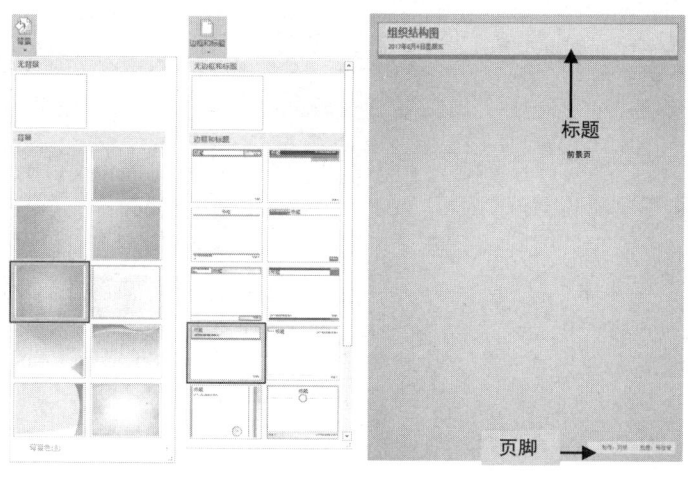

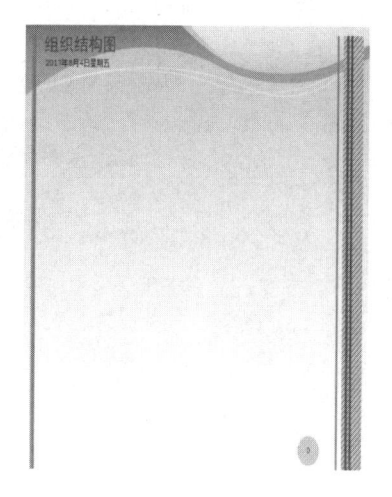

图 9-30　设置背景、边框和标题　　图 9-31　编辑后的背景 1　　图 9-32　背景 2

相关知识——自定义主题元素

除使用内置主题美化绘图页之外，还可以进行自定义主题设置。自定义主题可以设置主题颜色、主题效果、连接线和装饰等四种主题元素，用户可以通过自定义元素设置全新的主题效果。设置方法：单击【设计】→【变体】选项组右下方的【其他】按钮，在其级联菜单中选择需要的选项即可，如图 9-33 所示。

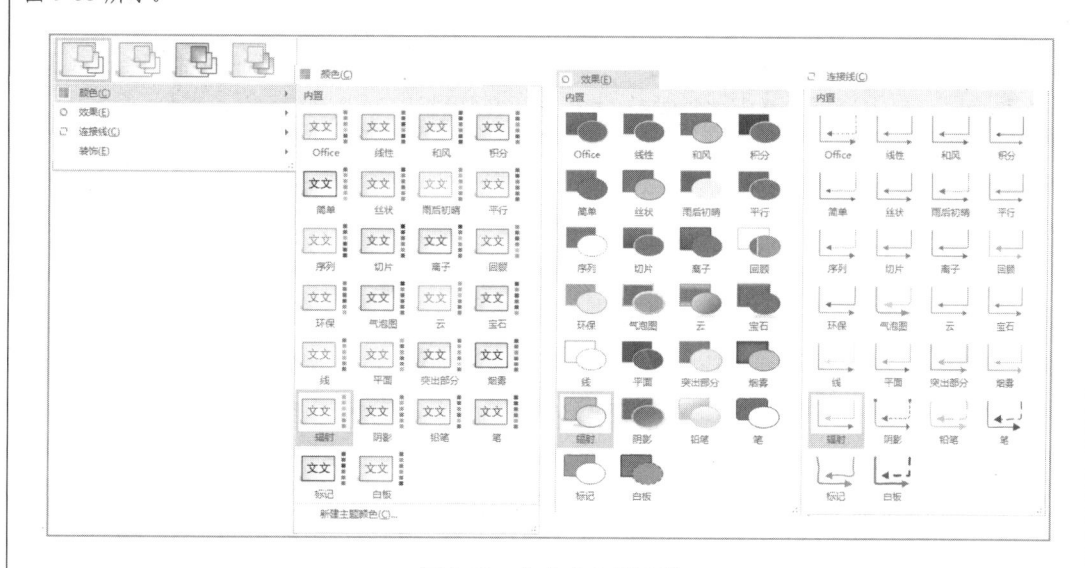

图 9-33　自定义主题元素

3. 为前景页指派背景页

双击图 9-28 中的"页-1"前景页标签，将其重命名为"组织结构图页面 1"。然后为该前景页指派背景页，方法如下：将光标放置于前景页标签上，右击，在弹出的快捷菜单中选择【页面设置】命令，打开【页面设置】对话框；在其【页属性】选项卡下，在"背景"下拉列表中为该前景页指派背景页，如图 9-34 所示。因为之前创建了两个背景页，所以当前可以指派的背景页有两个："背景 1"和"背景 2"。

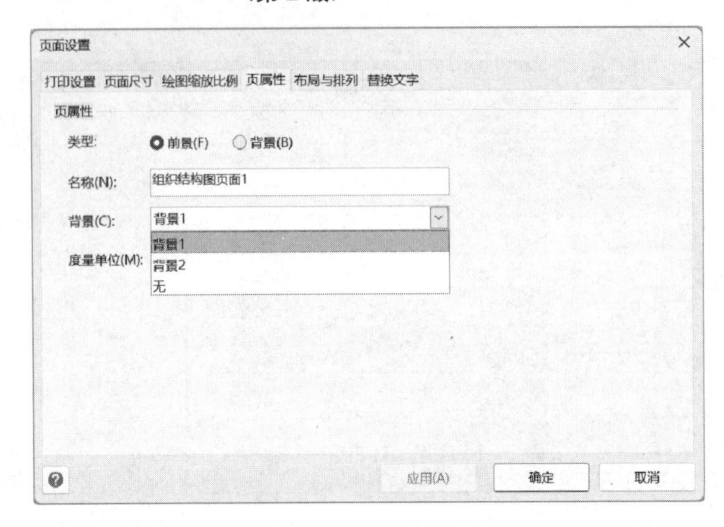

图 9-34　指派背景页

9.4.4　为组织结构图添加形状

1. 获取形状

1）添加模具到【形状】窗格

通过组织结构图模板创建的文档，系统为其配备了默认的形状模具"带-组织结构图形状"，如图 9-35 所示。为了满足用户多样性的设计要求，有时需要添加相关的其他模具到【形状】窗格中，可进行如下设置：在【形状】窗格中选择【更多形状】→【商务】→【组织结构图】选项，在其级联菜单中选择"石头-组织结构图形状"，即可将"石头-组织结构图形状"模具添加到【形状】窗格中，添加后如图 9-36 所示。

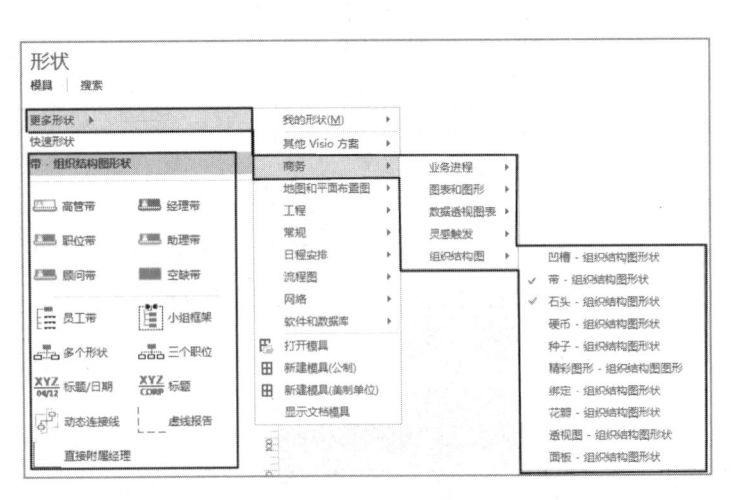

图 9-35　添加其他模具到【形状】窗格　　　　图 9-36　添加模具后的【形状】窗格

2）添加形状到绘图页

切换到"组织结构图页面 1"页面下，将图 9-36 中"石头-组织结构图形状"模具下的 高管石

和 ▽助理石 拖曳到绘图页中适当位置。选择【更多形状】→【常规】→【基本形状】选项，将"基本形状"模具添加到【形状】窗格中。在"基本形状"模具下，将 ▢矩形 拖曳到绘图页中适当位置，如图 9-37 所示。添加形状后的绘图页如图 9-38 所示。

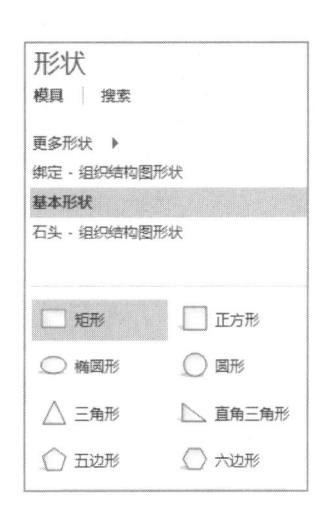

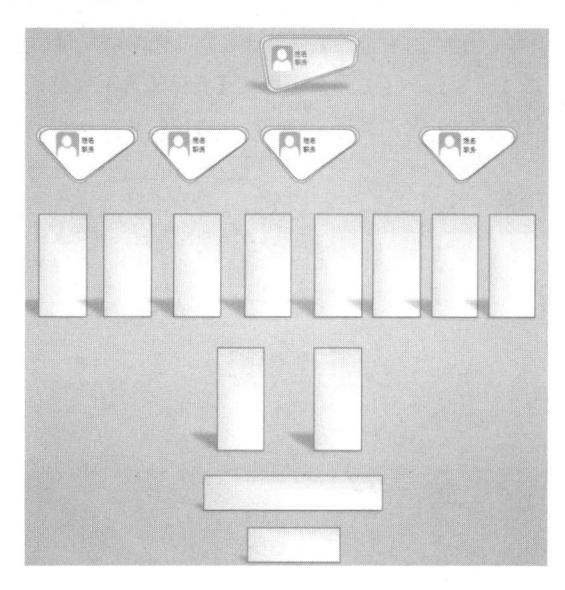

图 9-37　添加"基本形状"模具到【形状】窗格　　　图 9-38　添加形状后的绘图页

> **技　巧**
>
> 复制形状。设置好一个形状后，选中这个形状，按住"Ctrl"键的同时拖动鼠标即可复制此形状。另外，按"Ctrl+Shift"组合键拖动可在水平或垂直方向复制形状（即复制的形状与原形状在水平或垂直方向对齐）。

> **相关知识**
>
> （1）更改组织结构图形状样式。在【组织结构图】→【形状】选项组下选择一种形状样式，可以更换组织结构图中的形状样式，如图 9-39 所示，单击 按钮可调节形状的高度和宽度。

图 9-39　组织结构图形状样式

> （2）选择形状。对形状进行操作前，需要选择相应的形状，与 Word、Excel 等 Office 软件相同，可以单击选择一个形状，或者按住"Shift"或"Ctrl"键的同时选择多个形状。除此之外 Visio 还提供了如图 9-40 所示的多种形状选择方法。
> - "全选"：执行该命令（或按"Ctrl+A"组合键）即可选中当前绘图页中所有形状。
> - "按类型选择"：选择该命令可打开【按类型选择】对话框，如图 9-41 所示，在该对话框中可勾选要选择的形状的类型。

- "选择区域"：拖动鼠标框选形状。
- "套索选择"：将鼠标置于需选择形状的外部，按住鼠标左键拖动，通过不规则形状的圈选区域将这些图形选中。

（3）绘制形状。除使用"形状"模具中提供的形状之外，还可以自己绘制一些基本形状。方法：单击【开始】→【工具】选项组【指针工具】右侧的形状按钮，在其级联菜单中提供了"矩形""椭圆""线条""任意多边形""弧形""铅笔"等基本绘图工具，如图9-42所示，可以使用这些工具绘制图形。

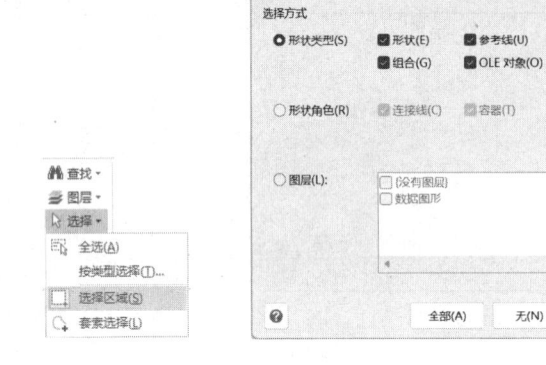

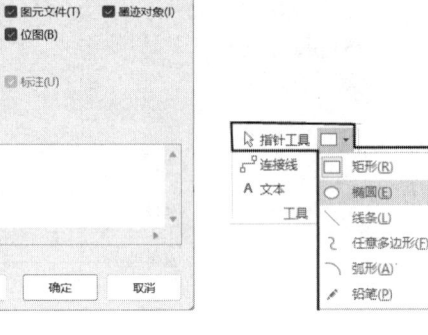

图9-40 选择形状的方法　　　图9-41 【按类型选择】对话框　　　图9-42 基本绘图工具

2. 排列形状

位置排列：拖动鼠标选择第二行所有形状，选择【开始】→【排列】→【位置】→【横向分布】选项，如图9-43所示，可自动横向均匀分布所选形状，使各图形的间隔相同。

对齐形状：选择【开始】→【排列】→【排列】→【顶端对齐】选项，如图9-44所示，将所选形状设置为顶端对齐。

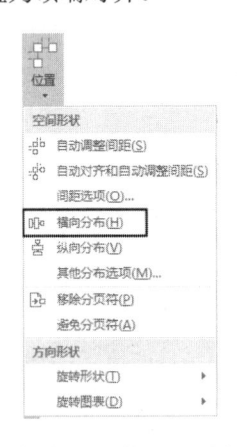

图9-43 【位置】列表　　　图9-44 【排列】列表

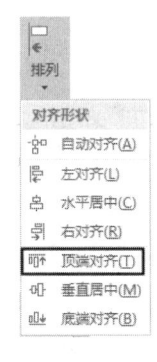

3. 连接形状

连接形状是将相互关联的形状连接在一起以构成完整的结构。连接形状有两种方式：手动连接和自动连接。

1）手动连接形状

（1）连接形状。单击【开始】→【工具】→【连接线】按钮，将光标移

微课

动到第一行图形 A 连接点处,当光标变为 时,拖动鼠标至下方图形 B 连接点处,如图 9-45 所示,松开鼠标即出现连接 A 点到 B 点的连线,效果如图 9-46 所示。依次进行连线,效果如图 9-47 所示。

(2)为形状添加连接点。图 9-47 中从 C 点到 D 点进行连线时得到的总是曲线,这是因为连线时系统会自动绕过下方形状进行连接,若想得到图 9-48 中所示 EF 直线连线,必须在形状上添加连接点。方法:单击 连接线 后面的"连接点"按钮 ✕ ,显示所有形状当前的所有连接点,将光标移动到需添加连接点位置,当光标变为 时,按下"Ctrl"键,同时单击鼠标即可在此处添加一个连接点(即 E 点),如图 9-49 所示,然后连接 E 点与 F 点即可。

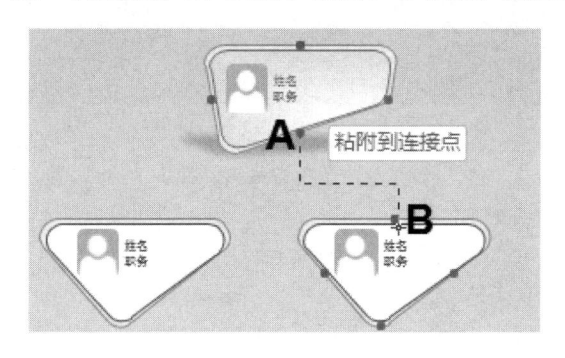

图 9-45　从 A 连接点拖动鼠标至 B 连接点　　　　图 9-46　连线效果

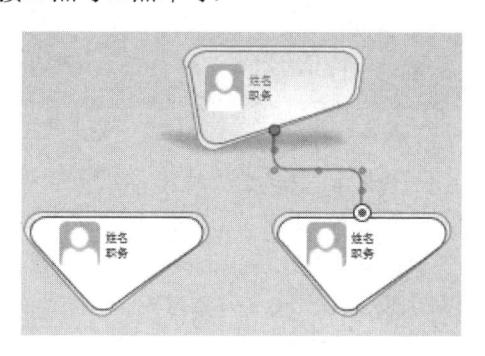

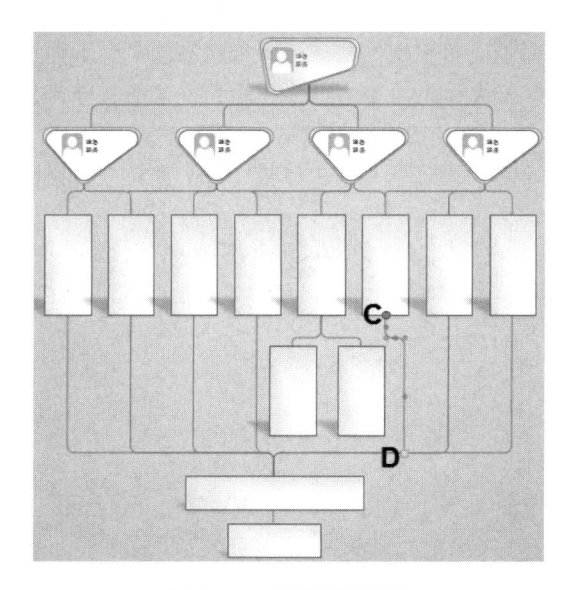

图 9-47　曲线连线效果　　　　图 9-48　直线连线效果

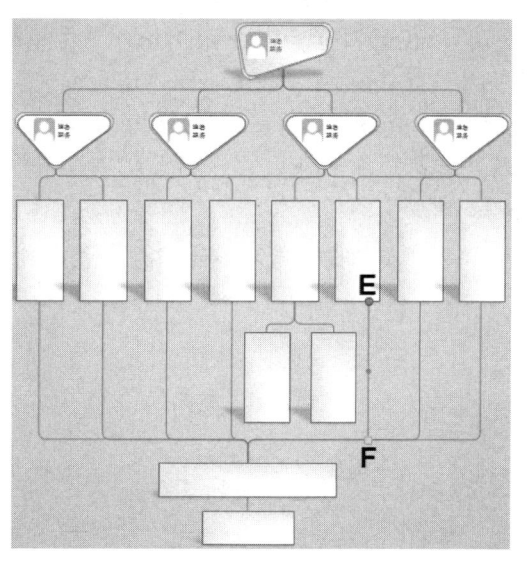

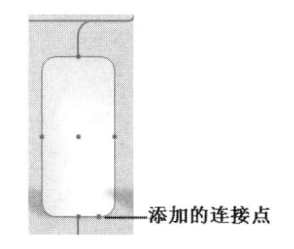

图 9-49　添加连接点

> **注 意**
>
> 要想显示形状的连接点，可以在【视图】→【视觉帮助】列表中，勾选"连接点"复选框，如图9-50所示。
>
> 图9-50 勾选"连接点"复选框

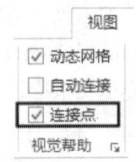

技 巧

（1）移动和删除连接点。

移动连接点：✖ 选中状态下，单击要移动的连接点，被选中的连接点变为红色，按下"Ctrl"键，当光标变为 ✥ 时，移动鼠标至所需位置，然后再次单击即可。

删除连接点：选中需要删除的连接点，连接点变为红色，按"Delete"键即可删除。

（2）连接线与连接点（按钮）。

连接线（连接线按钮）：连线时选中该按钮，不连线时取消选中。

✖（连接点按钮）：在进行添加、删除、移动连接点操作时需选中该按钮。

（3）更改连接线线型。图9-48中连接线是圆角型，可以根据需要更改连接线线型。下面将圆角型改为直角型：按"Ctrl+A"组合键选中所有形状及连线，单击【开始】→【形状样式】选项组右下方【对话框启动器】按钮，在显示的【设置形状格式】窗格中选择"填充"→"线条"→"圆角预设"→"无圆角"选项，如图9-51所示，可见所有连线都变为了直角，效果如图9-52所示。

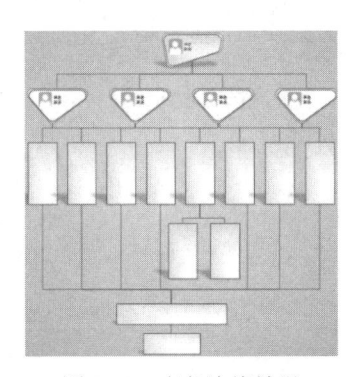

图9-51 圆角预设　　　　图9-52 直角连线效果

相关知识

（1）连接线设置。单击【设计】→【版式】→【连接线】按钮，如图9-53所示。

选择"直线"选项，效果如图9-54所示。

选择"曲线"选项，效果如图9-55所示。

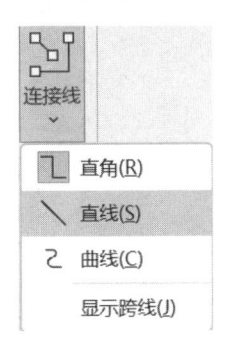

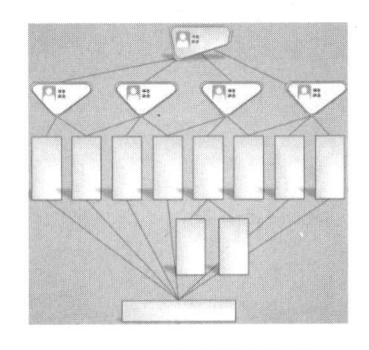

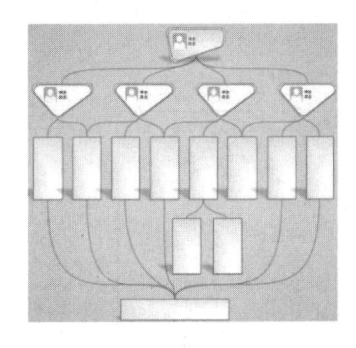

图 9-53　设置连接线　　　图 9-54　直线连接线效果　　　图 9-55　曲线连接线效果

（2）重新布局页面。Visio 允许重定位形状设置图表布局，如图9-56所示。应用效果如图9-57所示。

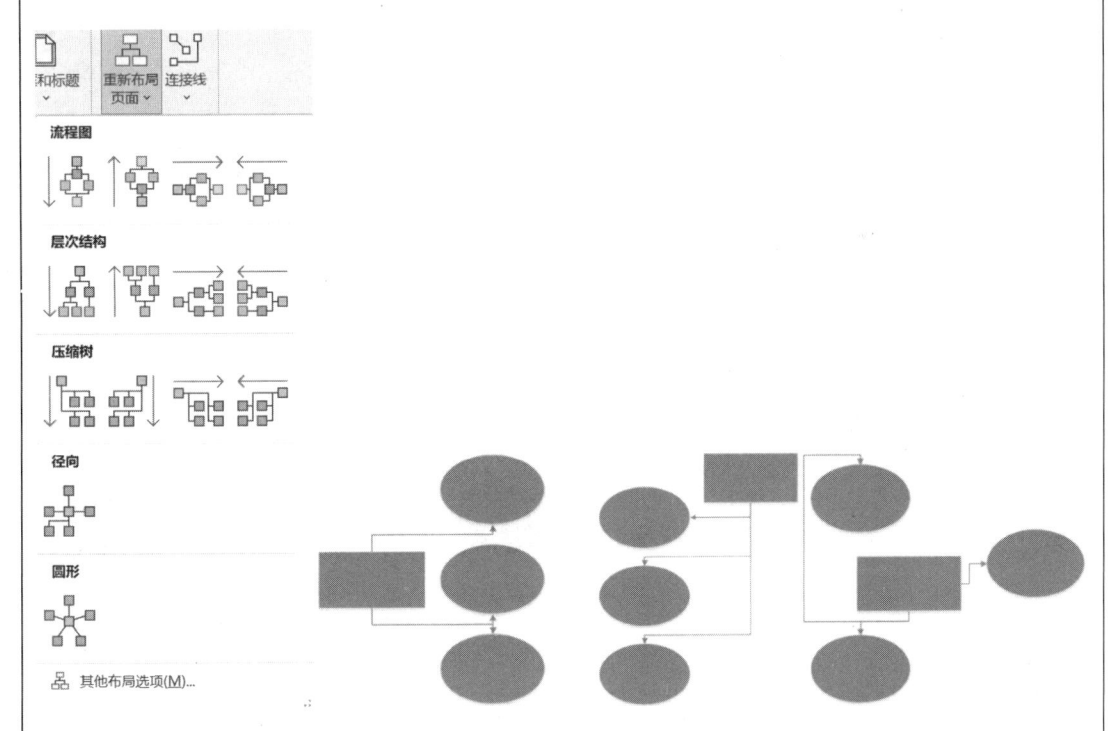

图 9-56　重新布局页面　　　图 9-57　重新布局页面应用效果

（3）使用"连接符"模具连接形状。

第一步：将"连接符"模具添加到【形状】窗格中。在【形状】窗格中单击【更多形状】→【其他 Visio 方案】命令，在其级联菜单中选择【连接符】选项，即可将连接符模具添加到【形状】窗格中，如图9-58所示。

第二步：选择"连接符"模具下的连接符，并将其拖曳到绘图页相应形状的位置，即可完成形状间的连接。连接形状效果如图 9-59 所示。

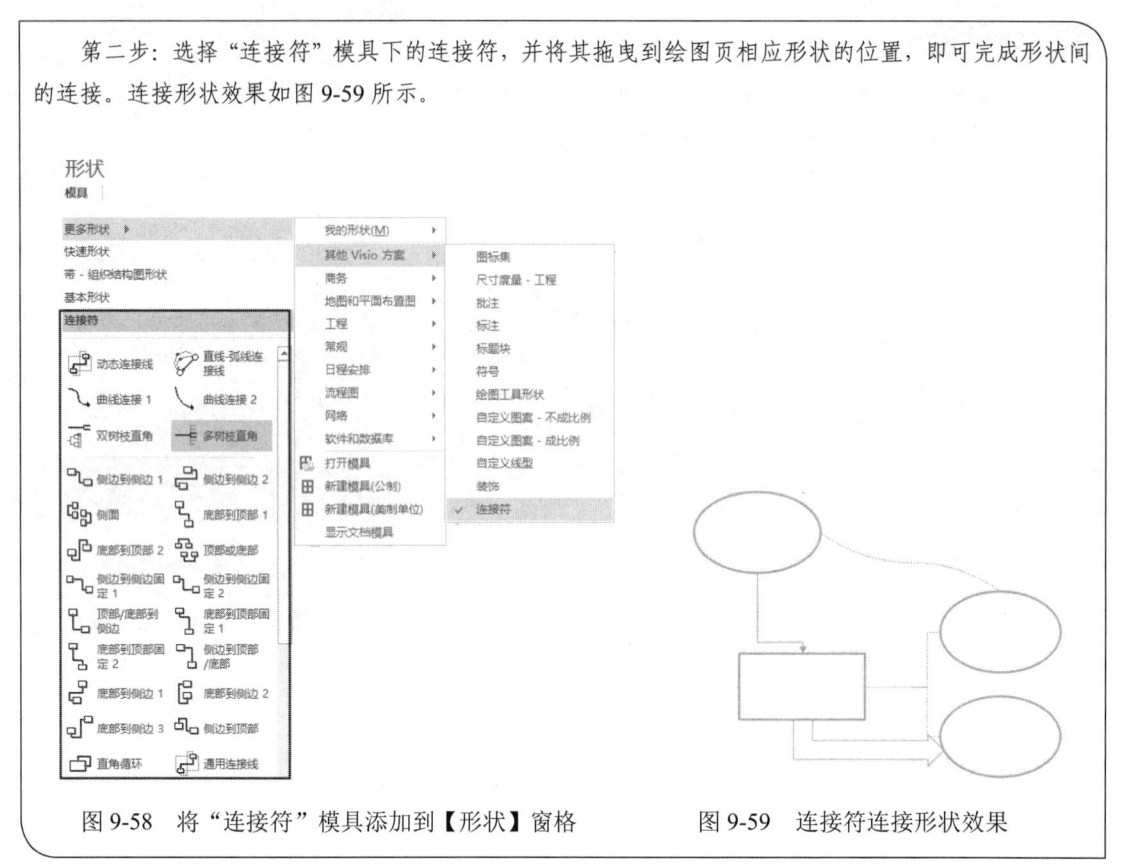

图 9-58 将"连接符"模具添加到【形状】窗格　　图 9-59 连接符连接形状效果

2）自动连接形状

除手动连接形状外，Visio 还提供了自动连接形状功能。在【视图】→【视觉帮助】列表中勾选"自动连接"复选框，启动自动连接功能，如图 9-60 所示。将光标置于形状上，当形状四周出现"自动连接"箭头 ▲ 时，指针旁边会显示一个浮动工具栏，单击工具栏中的形状，即可添加形状并自动建立连接，如图 9-61 所示。

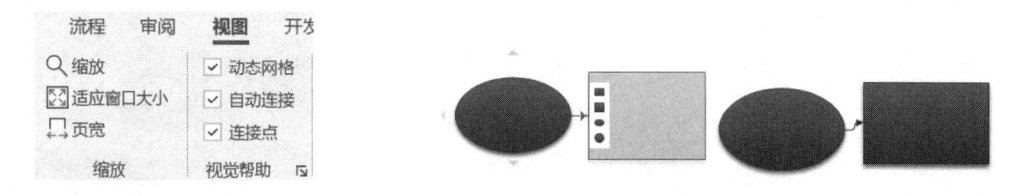

图 9-60 勾选"自动连接"复选项　　图 9-61 自动连接形状

4. 美化形状

Visio 内置了 42 种主题样式和 4 种变体样式，以方便用户快速美化形状。在此基础上，还可以通过设置形状填充颜色、线条样式、艺术效果来美化形状。具体设置与 Word、PPT 等相似，读者可根据需要自行设置。

9.4.5 编辑文本

1. 为形状添加文本

Visio 中大部分形状都包含一个隐含的文本框，双击形状即可输入文本。当形状中没有包含文本框时，可使用【文本】工具为形状添加文本。

直接输入文本方法：双击形状，自动进入文字编辑状态，在显示的文本框中输入文字，按下"Esc"键或单击其他区域即可退出文本输入，如图 9-62 所示。

图 9-62　直接输入文本

> **注 意**
>
> 也可以选择形状后按"F2"键，为形状添加文本。

相关知识

（1）使用文本工具输入文本。单击【开始】→【工具】→【文本】按钮，在形状中绘制文本框并输入文本。

（2）插入文本字段。系统提供了显示系统日期、时间、几何图形等字段信息，默认状态下这些字段信息处于隐藏状态。单击【插入】→【文本】→【域】按钮，在弹出的【字段】对话框中选择显示信息，如图 9-63 所示，即可将字段信息插入形状中，变为可见状态。

（3）锁定文本。一般情况下，纯文本形状或一些标注形状可以随意调整和移动，以便于用户编辑。但是在特殊情况下，用户不希望所添加的文本或注释被编辑，这时就需要利用提供的"保护"功能锁定文本。方法：选择需要锁定的文本形状，单击【开发工具】→【形状设计】→【保护】按钮，在打开的【保护】对话框中选择要保护的选项即可，如图 9-64 所示。

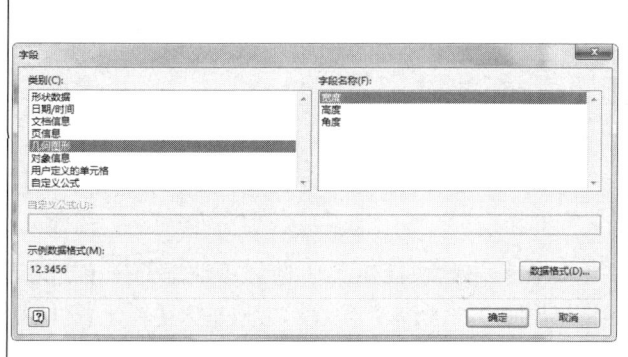

图 9-63　【字段】对话框　　　　图 9-64　【保护】对话框

（4）文本的编辑、文本格式设置、段落设置与 Word、PPT 等相似，此处不再赘述。

2. 为形状添加图像

为组织结构图中部分形状添加图像，效果如图 9-65 所示。选中形状，右击，在弹出的快捷菜单中选择【图片】→【更改图片】命令，如图 9-66 所示，再选择需插入的图片即可。也可以在此进行删除图片或隐藏图片的操作。

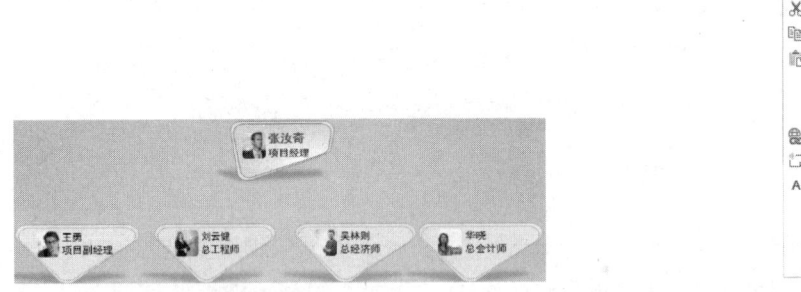

图 9-65　为形状添加图像　　　　　　　　　　图 9-66　更改图片

9.4.6　数据应用

用户可以通过为形状定义数据信息，或通过外部数据库来定义形状信息的方法，以动态与图形化的方式显示图表数据。将形状关联到相应数据中，显示效果如图 9-67 所示。

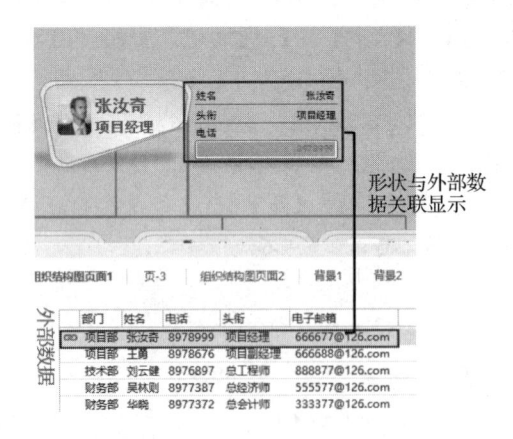

图 9-67　形状与外部数据关联显示

要实现上述关联，可通过以下两种方法实现。

1. 定义形状数据

选择第一行的"项目经理"形状，右击，在弹出的快捷菜单中选择【数据】→【定义形状数据】命令，弹出【定义形状数据】对话框，如图 9-68 所示；通过对话框下方【新建】和【删除】按钮对"属性"列表中的标签进行增删，增删后属性列表项目包括部门、姓名、电话、头衔、电子邮箱，然后依次设置每个标签的名称、类型、格式、值和提示等数据信息，并依次对其他需要定义的形状数据进行上述操作。

右击该形状，在弹出的快捷菜单中选择【数据】→【形状数据】命令，显示【形状数据-高管石】窗口，如图 9-69 所示。

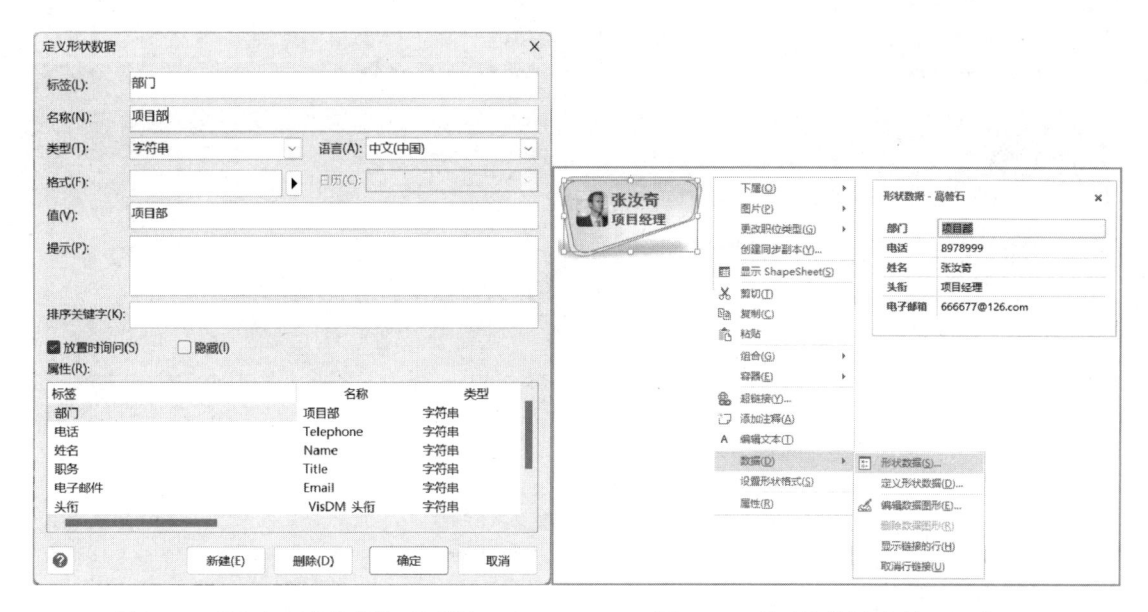

图 9-68　【定义形状数据】对话框　　　　图 9-69　【形状数据-高管石】窗口

2. 导入外部数据

除直接定义形状数据外，还可以将外部数据快速导入形状中，并链接数据。

（1）创建一个 Excel 文件"外部数据.xlsx"，如图 9-70 所示。

（2）在绘图页下，单击【数据】→【外部数据】→【将数据链接到形状】按钮，打开【数据选取器】向导对话框，在"要使用的数据"对应列表中选择数据类型，如图 9-71 所示。然后单击【下一步】按钮，在打开的如图 9-72 所示对话框中，单击【浏览】按钮选择需导入的 Excel 文件，下面根据系统提示依次完成图 9-73 至图 9-76 所示设置。

图 9-70　Excel 文件数据内容　　　　图 9-71　选择数据文件类型

3. 手动链接数据

在【数据】→【显示/隐藏】列表中，勾选"外部数据窗口"复选框，在绘图页中显示【外部数据】窗口，如图 9-77 所示。

257

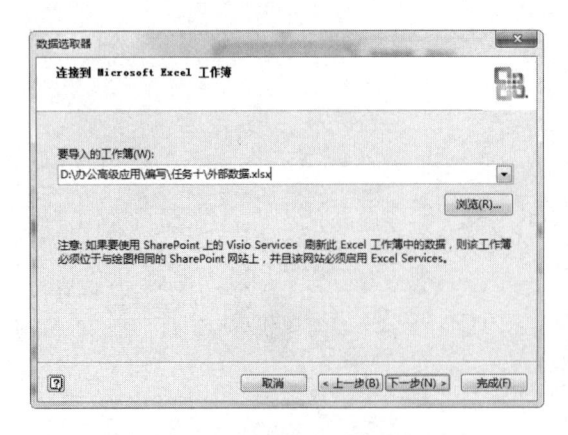

图 9-72　选择要导入的数据文件 　　　　　图 9-73　选择工作表或区域

图 9-74　选择需要链接的行和列 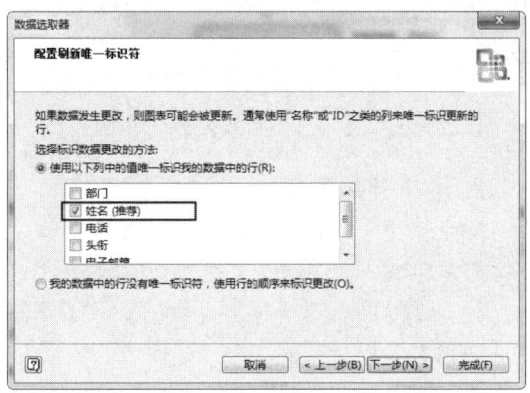　　　　　图 9-75　配置唯一标识符

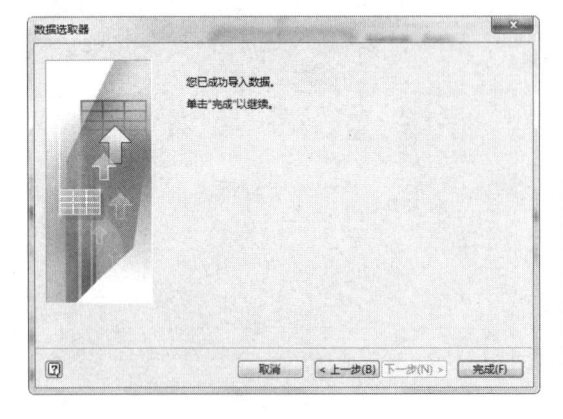

图 9-76　导入数据完成 　　　　　　　　　图 9-77　【外部数据】窗口

方法一：将光标定位在外部数据某条记录上，拖动鼠标至对应形状上，当指针变为链接箭头时，松开鼠标，即可将数据链接到形状上。单击【数据】→【显示数据】→【数据图形】按钮，在图 9-78 所示对话框的"可用数据图形"列表下选择一种数据图形样式，链接数据后形状效果如图 9-79 所示。

方法二：选中形状，将光标定位于外部数据某条记录上，右击，在弹出的快捷菜单中选择

258

【链接到所选的形状】命令，如图 9-80 所示，即可将该数据链接到形状上，同时在该记录前出现链接标记 🔗 。

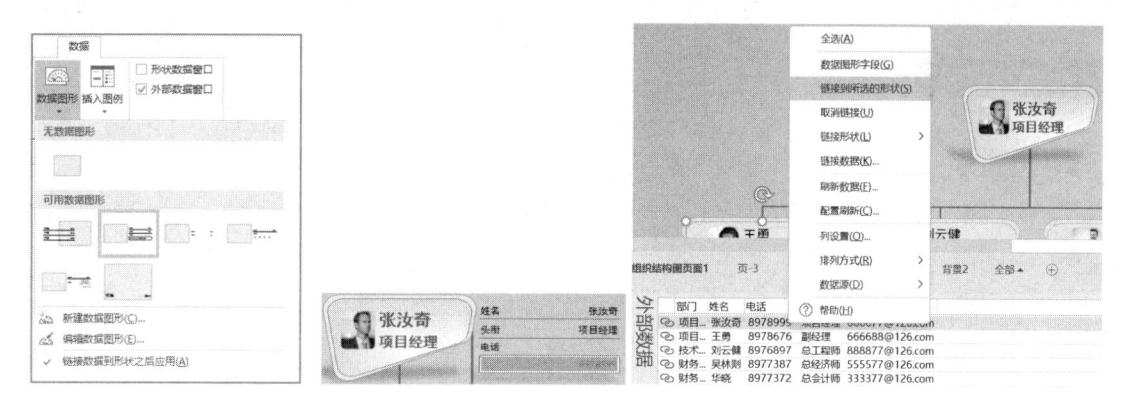

图 9-78　选择数据图形样式　　图 9-79　链接数据后形状效果　　　图 9-80　链接到所选的形状

4. 自动链接数据

自动链接适用于数据容量大或修改较频繁的情况。单击图 9-80 快捷菜单中的【链接数据】命令，弹出【自动链接】向导对话框，如图 9-81 所示，在"希望自动链接到"选项组中选择"此页上的所有形状"单选项。单击【下一步】按钮，弹出如图 9-82 所示对话框，设置自动链接条件：数据列的"姓名"=形状字段的"姓名"。再单击【下一步】按钮，即可完成自动链接设置，效果如图 9-83 所示。

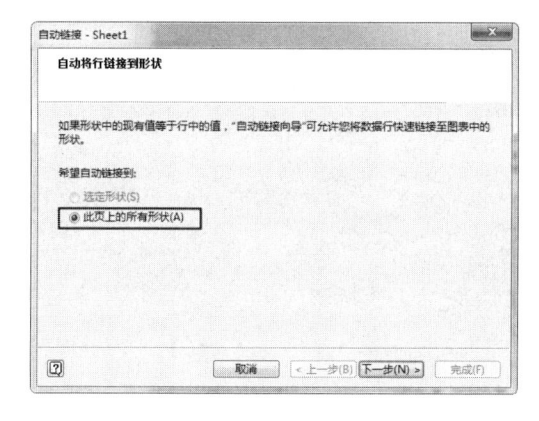

图 9-81　【自动链接】向导对话框　　　　图 9-82　设置自动链接条件

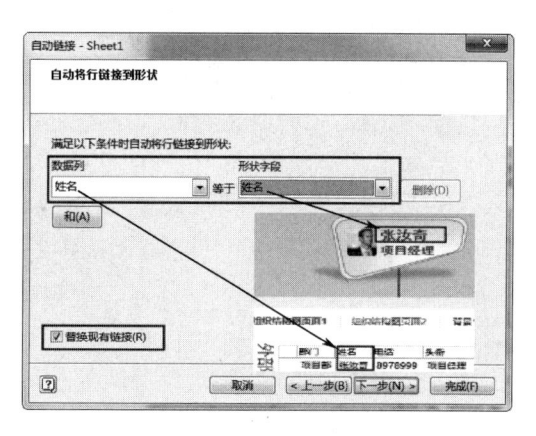

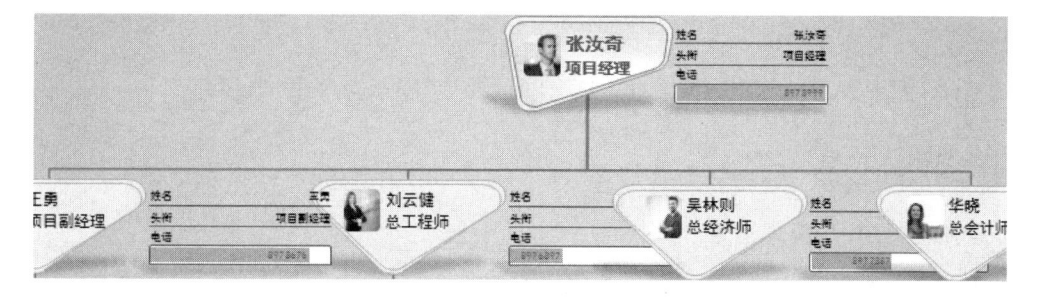

图 9-83　自动链接数据效果

> **注意**
> 在图 9-82 中，若数据列的姓名和形状字段的姓名不相同，则该记录无法链接到形状。

相关知识

删除数据图形。选中需删除数据图形的形状，右击，在弹出的快捷菜单中选择【数据】→【删除数据图形】命令，即可删除该形状后面的数据图形。

刷新形状数据。为保证当前形状数据与外部数据保持一致，可以进行刷新操作。方法：在图 9-80 菜单中选择【刷新数据】命令，即可刷新数据。

取消链接。在【外部数据】窗口中，选中需要取消链接的记录，右击，在弹出的快捷菜单中选择【取消链接】命令即可取消该记录与对应形状的链接。此时，刷新数据无效。

9.5 绘制施工任务思维导图（灵感触发图）

施工任务思维导图是协助思考和规划项目施工所涉及哪些任务，并使杂乱无章的任务流程转换为易读、清晰的图表，使项目管理者能够清晰地了解各任务间的关系与层次，以便进行规划和决策。效果如图 9-84 所示。

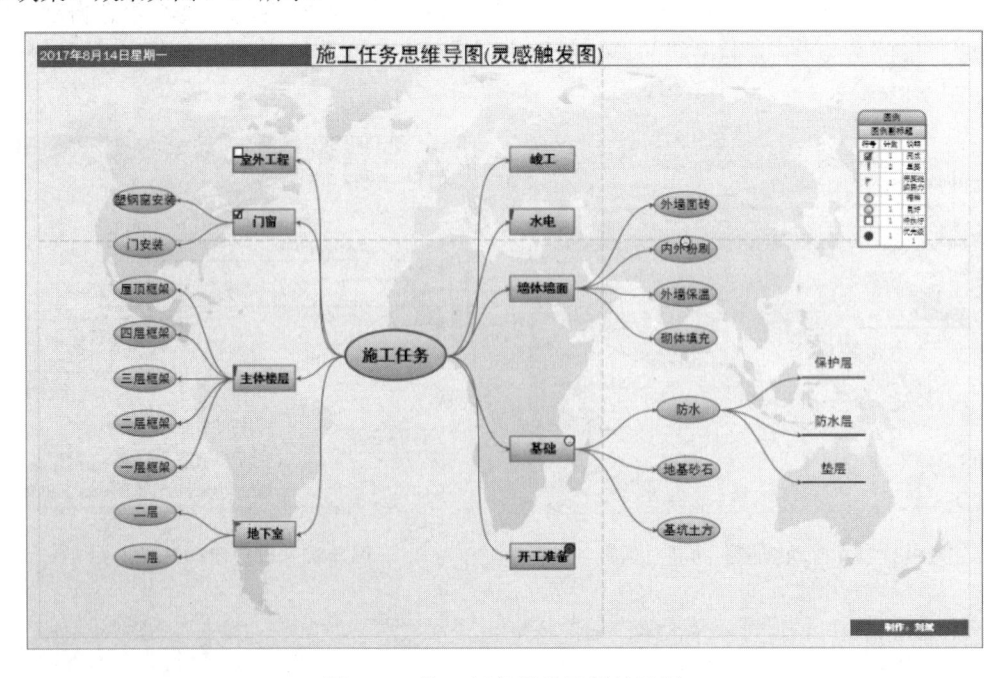

图 9-84 施工任务思维导图效果图

9.5.1 添加任务标题

1. 创建施工任务思维导图

通过【新建】→【类别】→【商务】→【灵感触发图】模板创建施工任务思维导图。

2. 绘图页面设置

页面设置和主题样式设置如表 9-1 所示（供参考）。

表 9-1　绘图页面设置和主题样式设置

页　面　尺　寸	纸　张　方　向	绘图缩放比例
自定义大小（460mm×300mm）	横向	无缩放（1∶1）
主　　　题	变　　体	背　　　景	边框和标题
丝状	丝状，变量 1	世界	简朴型

3. 添加任务标题

新建灵感触发图默认包含两个形状模具："灵感触发形状"和"图例形状"模具，如图 9-85 所示。"灵感触发形状"模具包含主标题、标题、多个标题、动态连接线和关联线等形状，主要用于添加标题和连接线。

1）通过"灵感触发形状"模具添加任务标题

方法一：将"灵感触发形状"模具中的标题和连接线形状依次拖曳到绘图页中，拖动鼠标调整新建标题和动态连接线的位置，如图 9-86 所示。

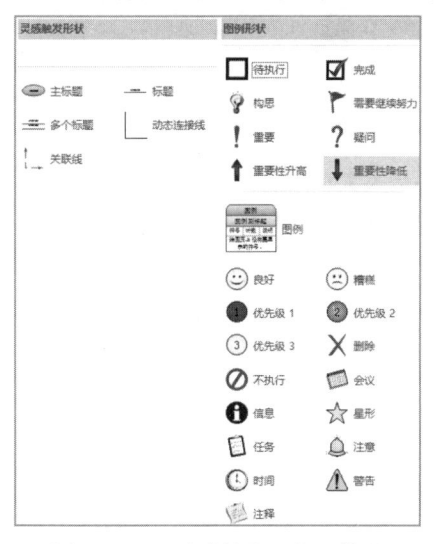

图 9-85　"灵感触发形状"模具　　图 9-86　通过"灵感触发形状"模具添加任务标题和连接线

方法二：将"主标题"拖曳到绘图页中，右击形状，在弹出的快捷菜单中选择【添加多个副标题】命令，弹出【添加多个标题】对话框，如图 9-87 所示键入标题文本（每个标题之间按"Enter"键）；默认添加效果如图 9-88 所示；单击【灵感触发】→【排列】→【布局】按钮，在【布局】对话框中选择一种布局和连接线，如图 9-89 所示。最后布局效果如图 9-90 所示。

图 9-87　【添加多个标题】对话框　　图 9-88　默认添加效果

261

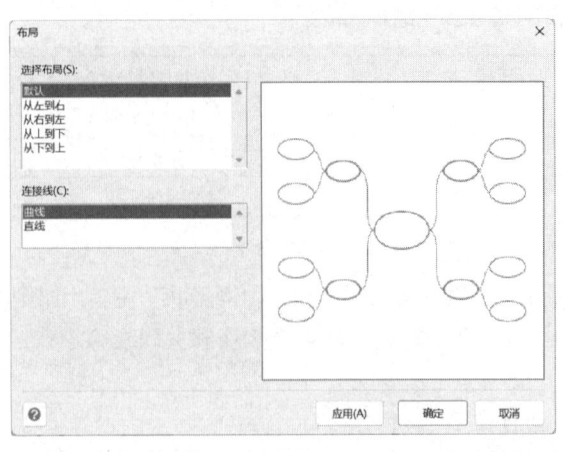

图 9-89 【布局】对话框　　　　　　　图 9-90 布局效果

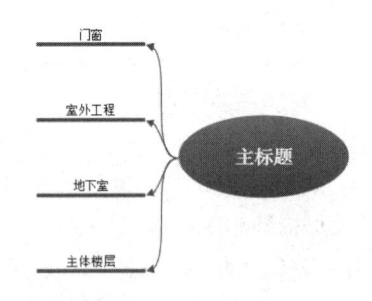

> **注 意**
> 此处拖动形状也可实现位置调整。

2）通过【灵感触发】选项卡添加任务标题

在【灵感触发】选项卡中，如图 9-91 所示，单击【灵感触发】→【添加主题】→【主要】按钮，在绘图页中添加一个主标题；选中主标题，单击【副标题】按钮即可添加一个副标题，重复这个操作。

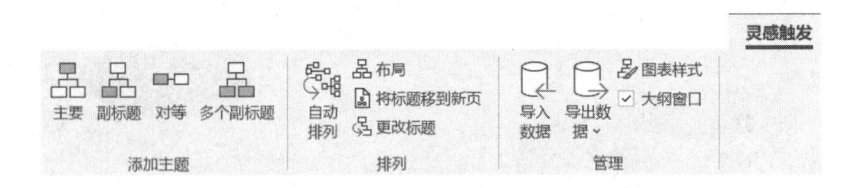

图 9-91 【灵感触发】选项卡

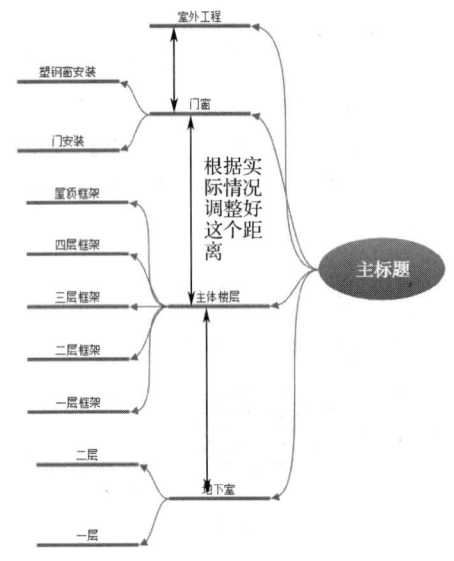

图 9-92 在添加下级标题前首先调整好距离

也可以选中主标题，单击【多个副标题】按钮，这个方法同上面介绍的"方法二"，请自行尝试。

除上面几种方法外，还有一种最直接的方法，就是右击某形状，在弹出的快捷菜单中选择为其添加副标题或是多个副标题，即可实现该形状标题的添加。

说明：在添加标题的过程中，要根据下一级标题的数目调整好标题之间的距离，如图 9-92 所示，然后再添加下级标题。这样就避免了因距离不够而使添加的下级标题交叉错乱的情况，如图 9-93 所示；一旦出现这个情况，可以再根据需要拖动形状到合适位置。再如，添加到左侧的标题，可以随意拖动到右侧，如图 9-94 所示。

添加任务标题后效果如图 9-95 所示。

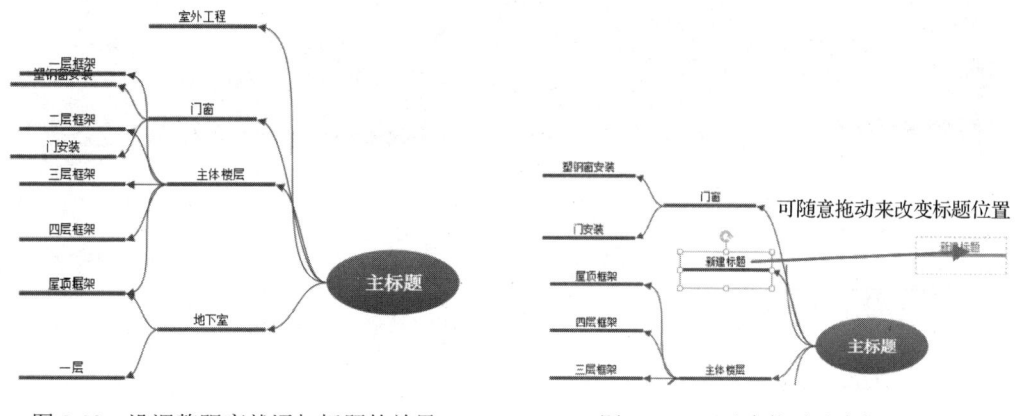

图 9-93　没调整距离就添加标题的效果　　　　图 9-94　可随意拖动改变标题位置

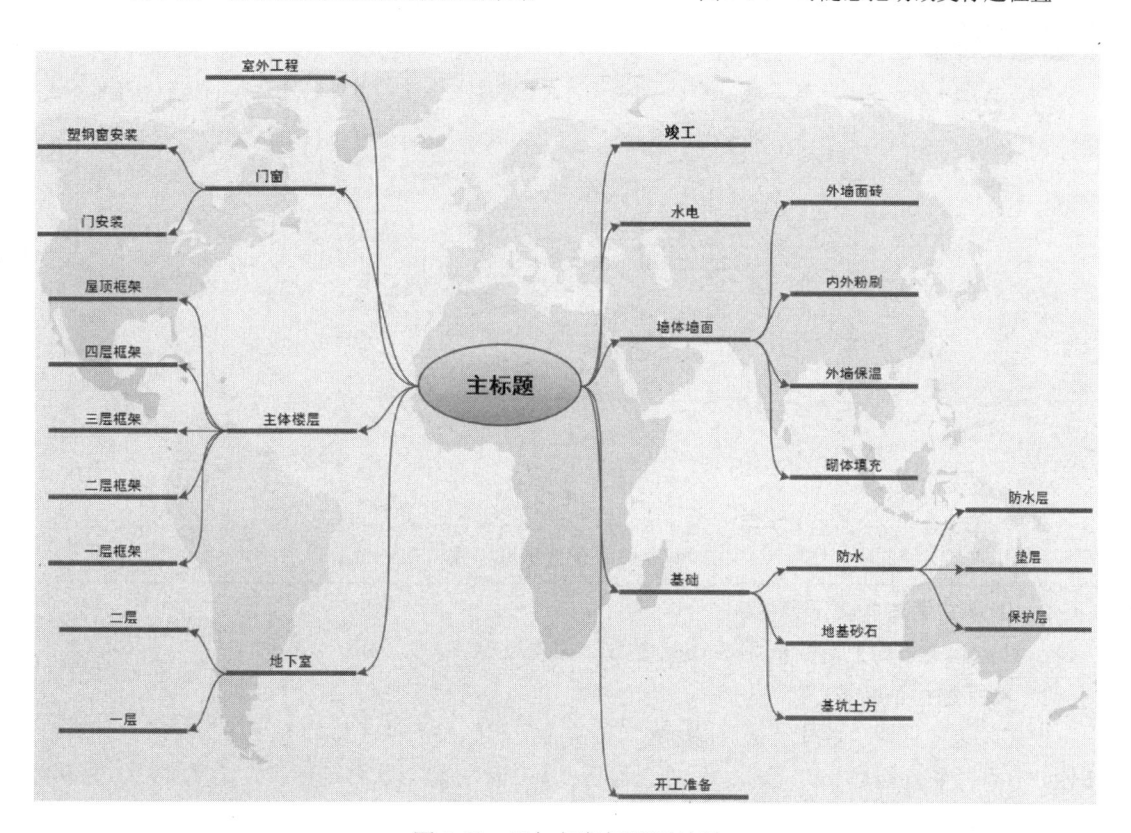

图 9-95　添加任务标题后效果

9.5.2　排列与布局

为增强图表整体效果,需要对图表进行排列与布局操作。

1. 图表样式设置

图表样式设置是将外观样式和形状类型分配到灵感触发图中的不同级别。单击【灵感触发】→【管理】→【图表样式】按钮,打开【灵感触发样式】对话框,在提供的样式列表中选择一种样式,如图 9-96 所示。

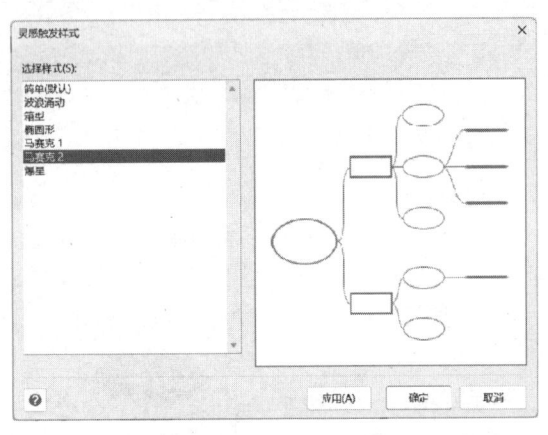

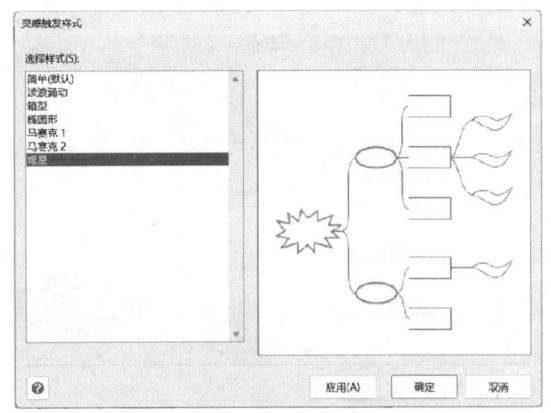

图 9-96 样式选择

> **相关知识**
>
> 可以选中一个或多个标题，单击图 9-97 中【更改标题】按钮，在打开的【更改形状】对话框中选择一种形状样式，即可更改选定标题的样式。
>
> 图 9-97 更改标题样式

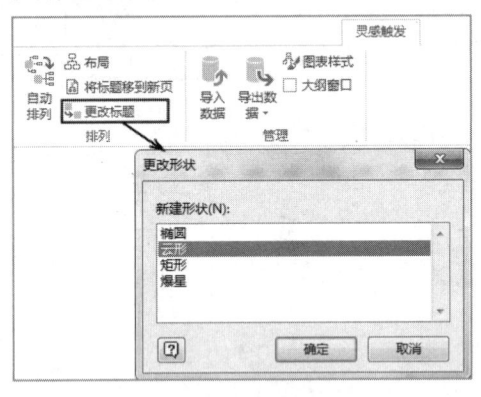

2. 图表布局与连线设置

在图 9-89【布局】对话框中进行图表布局和连线设置。

3. 将标题移到新页

例如，选中形状"墙体墙面" 墙体墙面 ，单击【灵感触发】→【排列】→【将标题移到新页】按钮，打开【移动标题】对话框，可将该形状及其下副标题形状移动至指定绘图页，如图 9-98 所示。移动后效果如图 9-99 所示。回到原页面， 墙体墙面 形状后出现箭头 墙体墙面➙，如图 9-100 所示，将光标放在该形状上，按住"Ctrl"键的同时单击鼠标即可链接到图 9-99 所示的"页-2"。

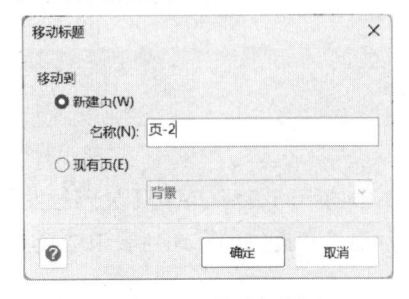

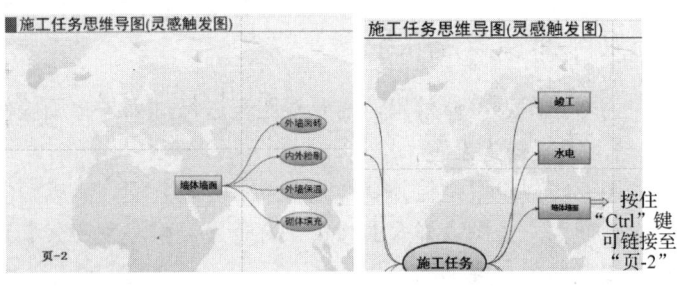

图 9-98 移动标题　　图 9-99 移动标题后效果　　图 9-100 形状链接

9.5.3 设置图例

图例用于标注标题附加信息（标题所标注任务的属性）。

（1）将左侧窗格中"图例形状"下的图例形状拖曳到对应标题上。

（2）再将"图例形状"下的 形状拖曳到绘图页中，效果如图 9-101 所示。

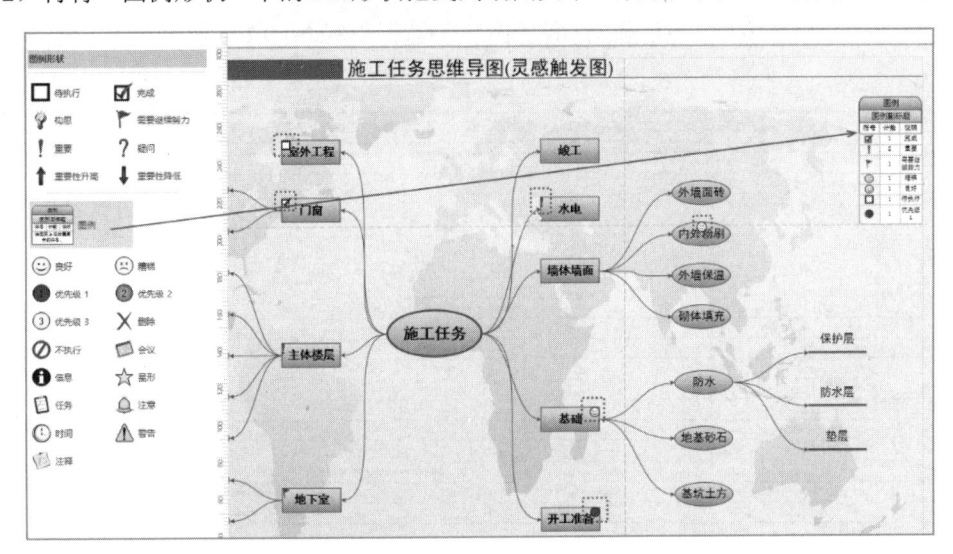

图 9-101　添加图例效果

9.5.4 导出施工任务

施工任务思维导图制作完成后，可以将其任务标题导出为 Word、Excel 或 XML 格式，如图 9-102 和图 9-103 所示。根据需要对导出后的数据进行编辑修改后，可以再导入并生成灵感触发图，也可以作为后面甘特图的输入。导入导出数据通过如图 9-104 所示选项完成。

图 9-102　导出为 Word 文档　　　图 9-103　导出为 Excel 文件　　　图 9-104　导入导出数据

9.6 绘制施工进度横道图（甘特图）

项目施工前，有必要使用甘特图规划项目的进度，以保证项目能够在预定时间内顺利完成。甘特图主要以条形图（横道图）形式显示项目中的任务名称、开始时间、完成时间、持续时间、任务之间关联关系、实施顺序等任务信息。本任务施工进度横道图如图 9-105 所示。

图 9-105　施工进度横道图

9.6.1　设置甘特图选项

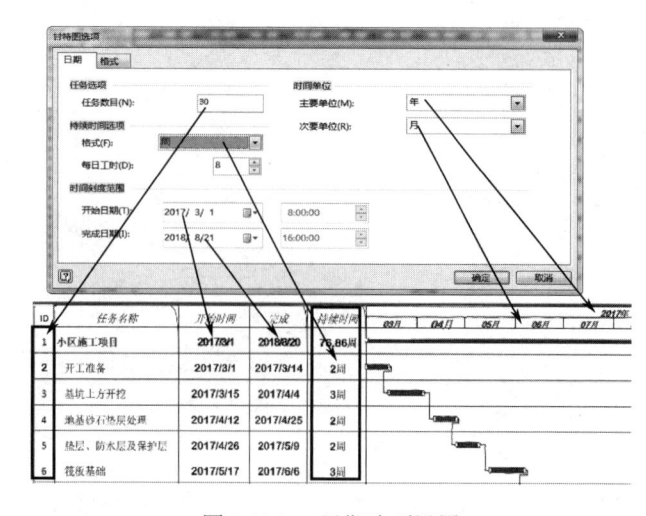

图 9-106　日期选项设置

1. 创建甘特图框架

通过【新建】→【类别】→【日程安排】→【甘特图】模板创建施工进度图。在【形状】窗格"甘特图形状"模具下将 甘特图框架 形状拖至绘图页中，弹出【甘特图选项】对话框。

在【日期】选项卡中设置本任务的任务数目、持续时间的格式、每日工时数、任务开始和完成日期及时间单位，各选项设置及与甘特图中元素对应情况如图 9-106 所示。

在【格式】选项卡中设置任务开始

形状，完成形状，左、右、内部标签形状，以及里程碑形状和摘要栏形状等，如图 9-107 所示。

2. 配置工作时间

单击【甘特图】→【管理】→【配置工作时间】按钮，在打开的【配置工作时间】对话框中勾选工作日和设置工作时间，如图 9-108 所示。

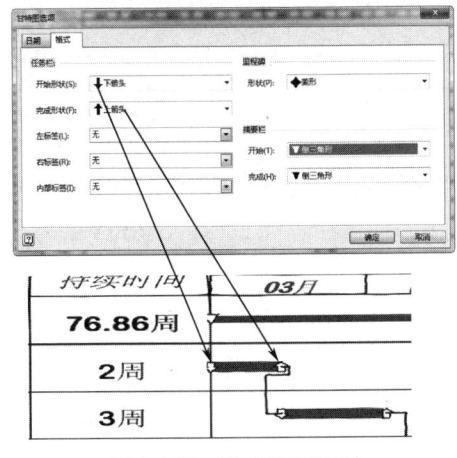

图 9-107　格式选项设置　　　　　　　图 9-108　配置工作时间

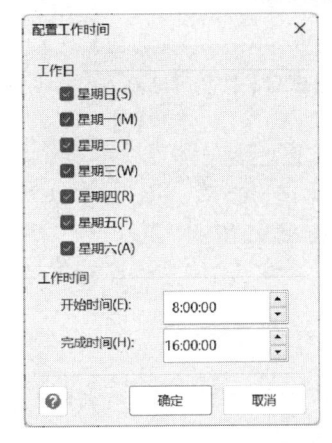

3. 绘图页面设置

页面设置和主题样式设置如表 9-2 所示（供参考）。按"Ctrl+A"组合键选中图表，拖动鼠标将其放置到合适位置。

表 9-2　绘图页面设置和主题样式设置

页 面 尺 寸	纸 张 方 向	绘图缩放比例
自定义大小（760mm×500mm）	横向	无缩放（1∶1）
主　　题	变　体	背　　景	边框和标题
笔	笔，变量 1	活力	模块

9.6.2　管理甘特图任务

1. 输入任务文本

在甘特图中输入所有任务的名称和持续时间，并设置文本格式，如图 9-109 所示。

图 9-109　输入任务文本

2. 降级任务

按住"Shift"键同时选中除任务 1 之外的所有任务，单击【甘特图】→【任务】→【降级】按钮，降级选中任务。

> **相关知识**
>
> 单击图 9-110 中的【甘特图】→【任务】→【新建】按钮，可以在当前任务行上方插入一个新任务行。单击【删除】按钮可删除当前行或选中的一行或多行。 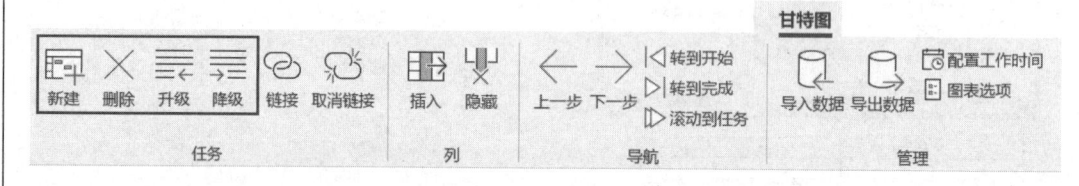
>
> 图 9-110 任务的新建和删除
>
> 调节任务持续时间，除改变任务开始时间和完成数据外，还可以通过改变横道长度改变持续时间，如图 9-111 所示。 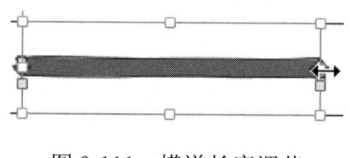
>
> 图 9-111 横道长度调节

3. 链接任务

项目中的任务之间是有一定关系和实施顺序的，比如任务"基坑土方开挖"完成后才能进行下一个任务"地基砂石垫层处理"。为了表达这种关系或关联，需要对任务进行链接。

按住"Shift"键依次单击图 9-112 中任务 2 至任务 16 横道选中这些横道，单击【甘特图】→【任务】→【链接】按钮，即可实现任务链接，键接后如图 9-113 所示。

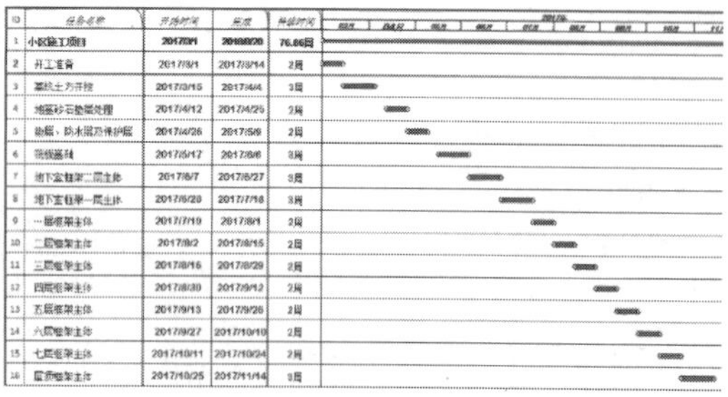

图 9-112 任务链接前 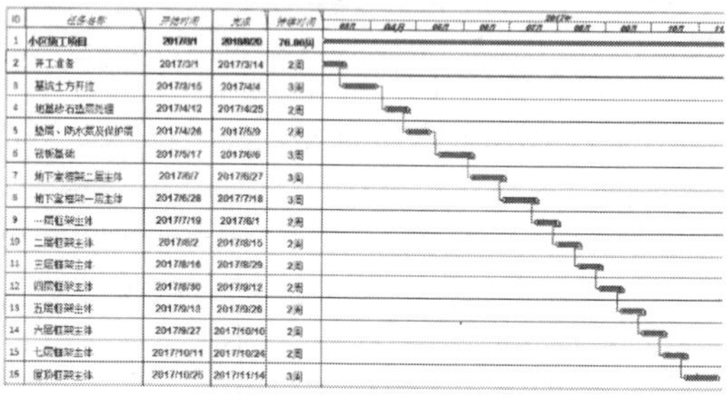   图 9-113 任务链接后

9.6.3 导入导出数据

可以从甘特图中将数据导出为 Project 或 Excel 文件，导出的 Excel 文件如图 9-114 所示。导入数据生成甘特图读者自己尝试完成，此处不再赘述。

任务 9　Visio 图形设计

图 9-114　导出的 Excel 文件

9.7　绘制工程管理跨职能流程图（泳道图）

绘制工程管理跨职能流程图主要显示了工程管理过程中不同阶段和不同部门间的工作流程。通过跨职能流程图，可以清楚地查看和了解整个项目的工作流程及步骤，如图 9-115 所示。

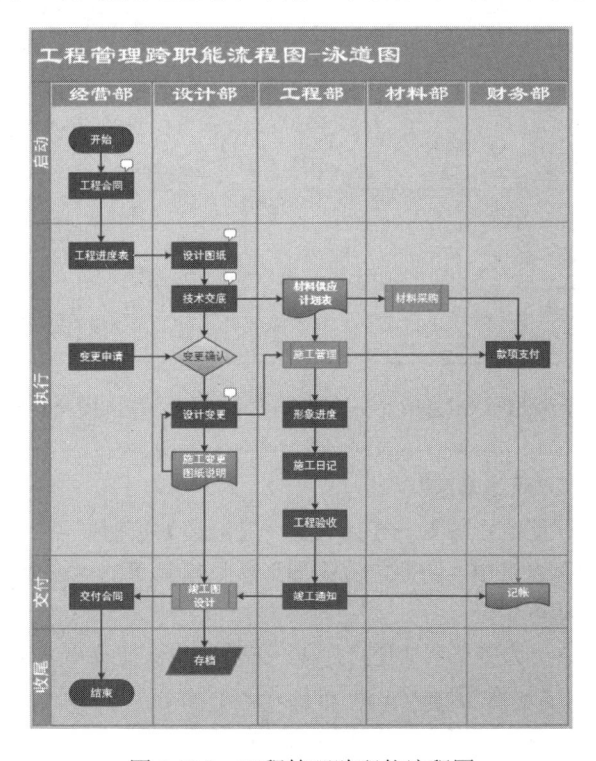

图 9-115　工程管理跨职能流程图

269

9.7.1 创建流程图框架

1. 创建跨职能流程图

通过【新建】→【类别】→【流程图】→【跨职能流程图】模板创建跨职能流程图，如图 9-116 所示。

图 9-116 垂直泳道

> **说明**
>
> 图 9-116 中新建的跨职能流程图为垂直泳道，可以通过单击【跨职能流程图】→【排列】→【泳道方向】按钮下的命令来设置泳道方向，如图 9-117 所示，选择【设置默认值】命令，在打开的对话框中可以选择泳道默认方向，如图 9-118 所示。 
>
> 图 9-117 设置泳道方向 　　　图 9-118 选择泳道默认方向

2. 添加泳道（或称"职能带区"）

方法一：单击【跨职能流程图】→【插入】→【泳道】按钮即可插入一个泳道。

方法二：将【形状】窗格中"跨职能流程图形状"模具下的"泳道"形状 泳道 拖至绘图页中需插入泳道的位置即可。

方法三：单击泳道边框选中某个泳道，右击，在弹出的快捷菜单中选择【在此之前插入"泳道"】或【在此之后插入"泳道"】命令，即可插入一个泳道。

插入泳道后，双击标题栏，在文本框中输入标题名称。

3. 添加分隔符

方法一：单击【跨职能流程图】→【插入】→【分隔符】按钮即可插入一个分隔符。

方法二：将【形状】窗格中"跨职能流程图形状"模具下的"分隔符"形状——分隔符(垂直)或 分隔符 拖至绘图页需插入分隔符的位置即可。

插入分隔符形状后，双击标题栏，在文本框中输入标题名称。插入泳道和分隔符后效果如图 9-119 所示。

图 9-119　添加泳道效果

技　巧

选择泳道。单击泳道标题处即可选择这个泳道。

删除泳道。选中需删除的泳道，按"Delete"键即可。

调整泳道大小。选中某个泳道，拖动选择手柄 ↔ 即可调整带区大小。

以上方法也适合编辑分隔符。

单击图 9-120 中的【旋转线标签】 旋转线标签 按钮，可以将泳道标题标签方向旋转为水平或垂直。

同样，在图 9-120 中，可通过"显示标题栏"复选框设置是否显示标题栏，通过"显示分隔符"复选框设置是否显示分隔符。

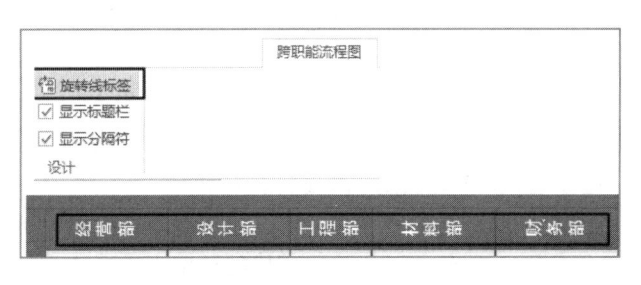

图 9-120　旋转线标签

9.7.2　形状与文本设置

将形状窗格中"基本流程图形状"模具下的形状按照需要依次拖曳到流程图中相应位置，并输入文字。单击【开始】→【工具】→【连接线】按钮，为各形状之间绘制连接线，如图 9-121 所示。

9.7.3　样式设置

1. 设置流程图外观样式

Visio 提供了 12 种跨职能流程图的外观样式。单击【跨职能流程图】→【设计】→【样式】按钮，在其级联列表中选择一种外观样式，如图 9-122 所示，此处选择了第 1 行第 2 列的样式。

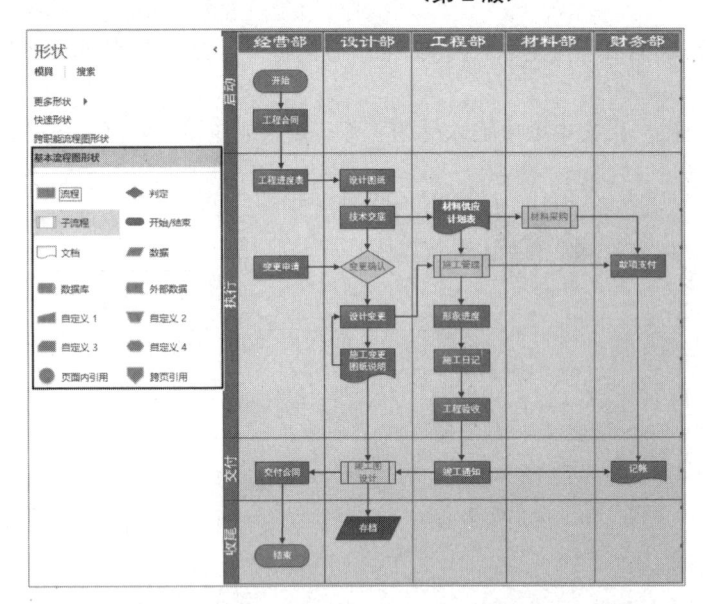

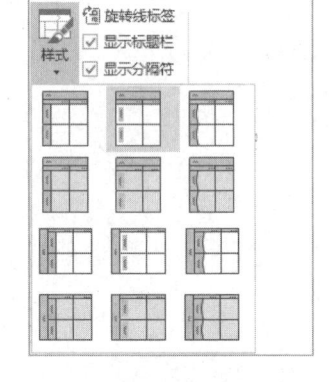

图 9-121　插入形状、文本、连线　　　　　图 9-122　外观样式设置

2. 设置主题和变体效果

绘图页的主题和变体效果及连接线的格式等的设置，具体实现方法上面已介绍，请读者自行设置。

建议：流程图中相同类型的形状应设置相同填充颜色以在视觉上有所区分，使流程图更加清晰。

9.7.4　添加注释与超链接

1. 为形状添加注释

若需要对流程图中某些工作流程添加注释说明，可通过为该形状添加注释实现。选中该形状，右击，在弹出的快捷菜单中选择【添加注释】命令，在打开的注释编辑文本框中输入注释内容即可，如图 9-123 所示。添加了注释的形状右上方会有注释标记💬。

2. 为形状添加超链接

选中需要添加超链接的形状，右击，在弹出的快捷菜单中选择【超链接】命令，在打开的【超链接】对话框中设置超链接文件的地址，如图 9-124 所示。

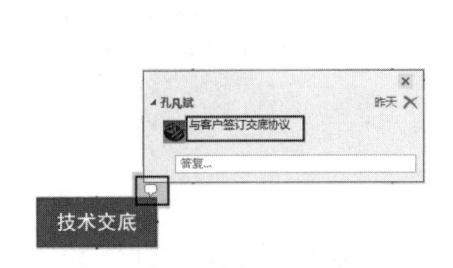

图 9-123　为形状添加注释　　　　　图 9-124　为形状添加超链接

> **说明**
>
> 子地址。如果子地址中指定地址是本 Visio 文件中其他绘图页的名称，即可以链接到本文件其他绘图页。
>
> 建议勾选"超链接使用相对路径"复选框 ☑超链接使用相对路径(U)，这样就把超链接文件放到与本 Visio 文件相同的文件夹下，避免了将 Visio 文件移到别的计算机上而找不到超链接文件的现象。

9.8 综合实践

某公司汇报资料传递流程如下，请据此使用 Visio 设计并绘制这一业务流程的流程图。

业务描述：汇报部门人员拟稿，经部门负责人审核，审核不通过的打回修改拟稿；审核通过的传给部门文书登记并传递给公司文书，公司文书传递给相关公司领导审阅，最后公司文书查看领导的审核意见，判定是否需要修改，需要修改的发送至汇报部门，不需要修改的直接存档。

扫描二维码查看更多综合应用实训案例。

综合应用实训题库 9

参 考 文 献

[1] 吴卿. 办公软件高级应用 Office 2010[M]. 杭州：浙江大学出版社，2012.

[2] 陈遵德. Office 2010 高级应用案例教程[M]. 北京：高等教育出版社，2014.

[3] 王秀庆. 高级办公自动化[M]. 杭州：浙江大学出版社，2012.

[4] Wayne L.Winston. Excel 营销数据分析宝典——大数据时代下易用、超值的数据分析技术[M]. 蒲成，译. 北京：清华大学出版社，2015.

[5] 郭新房. Visio 2013 图形设计从新手到高手[M]. 北京：清华大学出版社，2014.

反侵权盗版声明

电子工业出版社依法对本作品享有专有出版权。任何未经权利人书面许可，复制、销售或通过信息网络传播本作品的行为，歪曲、篡改、剽窃本作品的行为，均违反《中华人民共和国著作权法》，其行为人应承担相应的民事责任和行政责任，构成犯罪的，将被依法追究刑事责任。

为了维护市场秩序，保护权利人的合法权益，我社将依法查处和打击侵权盗版的单位和个人。欢迎社会各界人士积极举报侵权盗版行为，本社将奖励举报有功人员，并保证举报人的信息不被泄露。

举报电话：（010）88254396；（010）88258888
传　　真：（010）88254397
E-mail：　dbqq@phei.com.cn
通信地址：北京市海淀区万寿路173信箱
　　　　　电子工业出版社总编办公室
邮　　编：100036